全国高职高专电气类精品规划教材

发电厂及变电站电气设备

主　编　吴　靓　谢珍贵
副主编　赵志英　袁兴惠　刘斐雯　朱华杰

中国水利水电出版社
www.waterpub.com.cn

内容提要

《发电厂及变电站电气设备》是高职高专强电类系列教材之一，主要介绍了发电厂及变电站电气一次部分的知识。全书共10章，内容包括：绪论、电力系统中性点的运行方式、电弧及电气触头的基本理论、电气设备及载流导体 、电气主接线、自用电接线、配电装置、接地装置、电气设备选择和电气总布置。

本课程是高职高专院校强电类专业的主干专业课，具有实践性强、应用性广的特点。通过本课程的学习，可使学生深入了解发电厂及变电站电气一次部分的基本理论，具备电气运行、安装、检修的能力，为学习后续专业课、强化职业技能、增强工作能力打下坚实的基础。

本教材在编写的过程中充分考虑了高职高专院校的特点，对一些理论性强、计算复杂的章节进行了删减，增加了新设备、新技术的介绍。本教材可作为高职高专院校培养应用型技术人才的教学用书，也可作为从事发电厂及变电站设计、运行、安装检修以及管理工作的有关工程技术人员的参考用书。

图书在版编目（CIP）数据

发电厂及变电站电气设备/吴靓，谢珍贵主编．—北京：中国水利水电出版社，2004.8（2023.8重印）
全国高职高专电气类精品规划教材
ISBN 978-7-5084-2226-8

Ⅰ.发…　Ⅱ.①吴…②谢…　Ⅲ.①发电厂-电气设备-高等学校：技术学校-教材②变电所-电气设备-高等学校：技术学校-教材　Ⅳ.TM6

中国版本图书馆CIP数据核字（2004）第065435号

书　　名	全国高职高专电气类精品规划教材 **发电厂及变电站电气设备**
作　　者	主编　吴靓　谢珍贵
出版发行	中国水利水电出版社 （北京市海淀区玉渊潭南路1号D座　100038） 网址：www.waterpub.com.cn E-mail：sales@mwr.gov.cn 电话：（010）68545888（营销中心）
经　　售	北京科水图书销售有限公司 电话：（010）68545874、63202643 全国各地新华书店和相关出版物销售网点
排　　版	中国水利水电出版社微机排版中心
印　　刷	天津嘉恒印务有限公司
规　　格	184mm×230mm　16开本　15印张　293千字
版　　次	2004年8月第1版　2023年8月第15次印刷
印　　数	56101—57600册
定　　价	**43.00**元

序

教育部在《2003－2007年教育振兴行动计划》中提出要实施“职业教育与创新工程”，大力发展职业教育，大量培养高素质的技能型特别是高技能人才，并强调要以就业为导向，转变办学模式，大力推动职业教育。因此，高职高专教育的人才培养模式应体现以培养技术应用能力为主线和全面推进素质教育的要求。教材是体现教学内容和教学方法的知识载体，进行教学活动的基本工具；是深化教育教学改革，保障和提高教学质量的重要支柱和基础。因此，教材建设是高职高专教育的一项基础性工程，必须适应高职高专教育改革与发展的需要。

为贯彻这一思想，2003年12月，在福建厦门，中国水利水电出版社组织全国14家高职高专学校共同研讨高职高专教学的目前状况、特色及发展趋势，并决定编写一批符合当前高职高专教学特色的教材，于是就有了《全国高职高专电气类精品规划教材》。

《全国高职高专电气类精品规划教材》是为适应高职高专教育改革与发展的需要，以培养技术应用为主线的技能型特别是高技能人才的系列教材。为了确保教材的编写质量，参与编写人员都是经过院校推荐、编委会答辩并聘任的，有着丰富的教学和实践经验，其中主编都有编写教材的经历。教材较好地反映了当前电气技术的先进水平和最新岗位资格要求，体现了培养学生的技术应用能力和推进素质教育的要求，具有创新特色。同时，结合教育部两年制高职教育的试点推行，编委会也对各门教材提出了满足这一发展需要的内容编写要求，可以说，这套教材既能适应三年制高职高专教育的要求，也适应两年制高职高专教育的要求。

《全国高职高专电气类精品规划教材》的出版，是对高职高专教材建设的一次有益探讨，因为时间仓促，教材可能存在一些不妥之处，敬请读者批评指正。

《全国高职高专电气类精品规划教材》编委会

2004年8月

前　言

《发电厂及变电站电气设备》是高职高专院校强电类专业的主干专业课，具有实践性强、应用性广的特点。学习本课程的任务是：使学生掌握发电厂、变电站电气设备的基本理论知识及电气设备结构、工作原理和性能，学习电气主接线、厂用电接线的形式、特点和设计方法，学习配电装置、接地装置等的基本知识，使学生深入了解电气一次部分的基本理论，具备电气运行、安装、检修的能力，为学习后续专业课、强化职业技能、增强工作能力打下坚实的基础。

本课程是实践性非常强的课程，在教学过程中应结合实验实习、教具模型以及多媒体教学手段，加强学生对发电厂、变电站电气设备的感性认识。本书在编写的过程中充分考虑了高职高专院校的特点，对一些理论性强、计算复杂的章节进行了删减，增加了新设备、新技术的介绍。

全书共10章，其中第1章、第4章的4.1节、第8章由广东水利电力职业技术学院的吴靓编写，第5章、第6章由福建水利电力职业技术学院的谢珍贵编写，第9章由南昌工程学院的赵志英编写，第7章、第10章由四川水利职业技术学院的袁兴惠编写，第2章、第3章由四川电力职业技术学院的刘斐雯编写，第4章的4.2~4.4节由长江工程职业技术学院的朱华杰编写，由吴靓对全书进行了统稿。

由于编写时间仓促，编者水平有限，书中错误和不足之处在所难免，恳切希望使用此书的读者批评指正。

编　者

2004年8月

目录

第1章

绪　　论

【教学要求】　了解我国电力工业发展概况；掌握电力系统的基本概念及发电厂、变电站的常见类型；了解发电厂、变电站常用电气设备；掌握额定电压的确定方法。

1.1　电力工业发展概况及前景

电力工业是国民经济的一项基础工业和国民经济发展的先行产业，它是一种将煤、石油、天然气、水能、核能、风能等一次能源转换成电能这个二次能源的工业，它为国民经济的其他各部门快速、稳定地发展提供足够的动力，其发展水平是反映国家经济发达程度的重要标志。

中国电力工业自1882年建立第一个火电厂，至今已经走过100多年的发展历程。中华人民共和国成立前的67年间，民不聊生，百废待兴，电力工业的发展步履蹒跚，十分缓慢。从1882年在上海建立第一个火电厂，1912年在昆明滇池石龙坝建立第一座水电站开始，至1949年全国解放，多年来全国总装机容量仅增至185万kW，年发电量43亿kW·h，居世界第25位；110kV电压等级的电力系统仅东北两个，总容量不超过72万kW。发电厂大部分集中在东北和沿海城市，设备陈旧，类型庞杂，规格极不统一，效率低，安全可靠性很差。

中华人民共和国成立后，人民生活安定，经济蒸蒸日上，电力工业大步前进，快速发展。到1978年，在不到30年的时间里，全国发电装机容量达到5712万kW，年发电量达到2566亿kW·h，分别比1949年增长了29.9倍和58.7倍，装机容量和发电量分别跃居世界第8位和第7位。电网也初具规模，建成了330kV和220kV输电线路535km和22672km。改革开放之后，电力工业加快了发展的步伐，1987年全国发电装机容量实现了历史性的突破，达到了1亿kW，此后，电力工业连续每年新投产发电机组都超过1000万kW，从1987年后仅用7年的时间，到1995年3月，全国发电装机容量翻了一番，跨上了2亿kW的台阶，1995年后又仅用5年的时间，到2000年，全国发电装机容量又跨上了3亿kW的台阶。这期间，我国发电装机容量和发电量先后超过法国、英国、加拿大、德国、俄罗斯和日本等发达国家，于1996年底跃居世界第2位，仅次于美国。截止2001年底，全国发电装机容量和发电量分别达到3.3861亿kW和14839亿kW·h（不含台湾和港澳地区），成为世界电力大国。

从1988年至2001年这十多年间，我国电力工业得到了飞速的发展，大区联网和西电东送联网建设不断加强，相应的城乡电网也得到了改造和加强，到2001年底，我国220kV及以上线路达到17.66万km，变电容量达到4.73亿kVA。针对我国能源结构的实际情况，我国的电源发展实施了“优先开发水电，大力发展火电，适当发展核电，积极发展新能源发电”的方针，使电源发展呈现多种能源互补的格局。到2001年底，全国水电装机达到8301万kW，火电达到25314万kW，核电达到210万kW，风力和新能源发电达到37万kW。在水电方面，我国取得了骄人的成绩，有许多世界之最，1994年12月开工建设的长江三峡工程是世界上最大的电站，总装机容量为18200MW，是曾经世界上最大的巴西伊泰普水电站的1.4倍；已建成的装机容量为240万kW的广州抽水蓄能电站是世界最大的抽水蓄能电站；西藏的羊卓雍湖水电站是世界上海拔最高的电站等。

目前，我国电力工业已开始进入“大机组”、“大电网”、“超高压”、“高自动化”的发展新阶段，科技水平不断提高，调度自动化、光纤通信、计算机控制等高新技术已在电力系统中得到了广泛应用。现在，我国已经掌握了先进的30万kW，50万kW和超临界60万kW火电机组、100万kW级核电机组和500kV交直流输变电工程的设计、施工、调试和运行技术，掌握了180m级的各类大坝的筑坝技术和大型电站的设计、施工技术；各大电网的计算机监控调度系统进入实用化阶段，电网运行和调度实现了自动化，现代化。展望21世纪的中国电力，我们坚信：中国电力工业必将展现更加美好的前景，中国一定能够成为世界电力强国。

1.2 电力系统基本概念

1.2.1 电力系统

为了提高供电的可靠性和经济性，目前广泛地将分散于各地区的众多发电厂用电力网连接起来并联工作，以实现大容量、远距离的输送，将电能输送到远方的电力负荷中心。这些由发电厂、升压变电站、输电线路、降压变电站及电力用户所组成的统一整体，称为电力系统。电力系统加上带动发电机转动的动力装置构成的整体称为动力系统。其中，由各类升压变电站、输电线路、降压变电站组成的电能传输和分配的网络称为电力网。动力系统、电力系统和电力网三者的联系与区别如图 1-1 所示。

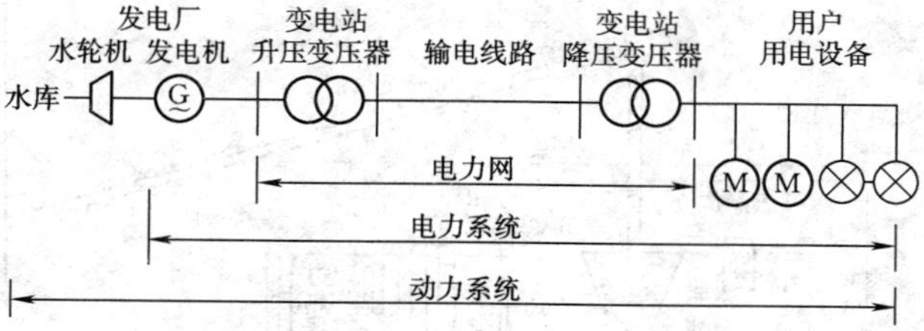

图 1-1 电力系统及动力系统示意图

1.2.1.1 发电厂

发电厂是电力系统的中心环节，它是把其他形式的一次能源转变成二次能源的一种特殊工厂。按其所用能源划分，主要有火力发电厂、水力发电厂、核能发电厂、风力发电站、潮汐发电站等，此外还有地热发电、太阳能发电、垃圾发电和沼气发电等。按发电厂的规模和供电范围划分，又可分为区域性发电厂、地方发电厂和自备专用发电厂等。

（1）火力发电厂。火力发电厂是利用煤、石油、天然气或油页岩等燃料的化学能生产电能的工厂。火力发电厂中的原动机可以是凝汽式汽轮机、燃汽轮机或内燃机。我国大部分火力发电厂采用凝汽式汽轮发电机组，故称为凝汽式火力发电厂。图 1-2 为凝汽式火力发电厂生产过程示意图，具体过程如下：首先通过燃烧将燃料的化学能转变为热能，加热锅炉中的水使之变成高温高压蒸汽，过热蒸汽经主蒸汽管进入汽轮机，推动汽轮机的转子旋转，将热能转换为机械能，汽轮机带动联轴的发电机旋转发电，将机械能转换为电能。在汽轮机内做完功的蒸汽经凝汽器放出汽化热而凝结成水后，再送回锅炉，如此重复，循环使用。

由于凝汽式发电厂运行时需要将做过功的蒸汽经凝汽器凝结成水，这样大量的热量被循环水带走，所以热效率较低，只有 30% ~40%，宜建在燃料产地。

为了减少循环水带走的热量以提高火力发电厂的热效率，可将部分做过功的蒸汽从汽轮机中段抽出直接供给热用户，这种既发电又供热的火力发电厂称为热电厂，其效率可上升到 60% ~70%，一般建在大城市及工业区附近。

（2）水力发电厂。水力发电厂（通常称水电厂）是利用江河水流的水能生产电能的工厂。它的基本生产过程是：从河流较高处或水库内引水，利用水的压力或流速冲动水轮机旋转，将水能转变为机械能，然后水轮机带动发电机旋转，将机械能转变

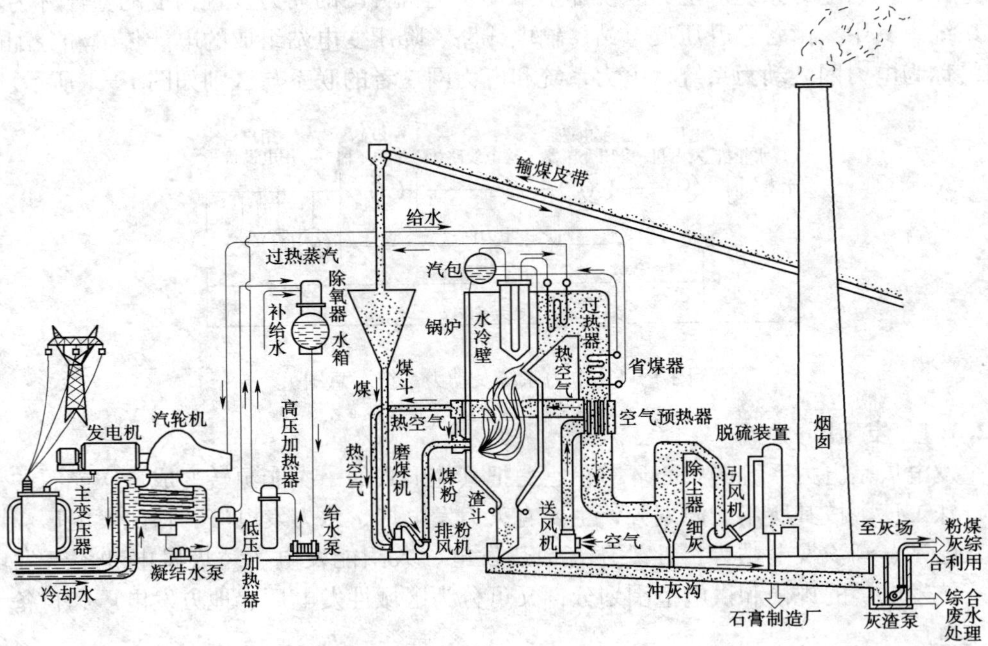

图1-2 凝气式火力发电厂生产过程示意图

为电能。水电厂（站）的装机容量与水头、流量及水库容积有关。按集中落差的方式，水电站一般分为堤坝式、引水式和混合式三种；按主厂房的位置和结构，又可分为坝后式、坝内式、河床式、地下式等数种；按运行方式，则分为有调节水电站、无调节（径流式）水电站和抽水蓄能电站。抽水蓄能电站是一种特殊形式的水力发电厂，由高落差的上下水库和水轮机—发电机—抽水机的可逆机组构成，可实现对电能的调节，其工作方式为利用夜间用电低谷时或丰水期的剩余电力，将下水库的水抽回到上水库内储存能量，此时机组按电动机—水泵的方式工作；待峰荷或枯水时，上水库放水释放能量发电，此时机组按水轮机—发电机的方式工作。抽水蓄能电站可以作为调频、调相和系统的备用容量，一般可与发电出力稳定的核电厂配合使用。

（3）核电厂。核电厂是利用核能发电的工厂，其发电过程与火力发电过程相似，不同的是以核反应堆和蒸汽发生器代替了锅炉设备，如图1-3所示。在核反应堆中，铀在慢中子的撞击下产生链式反应，使原子核分裂，放出巨大的能量，核能转变为热能后将水变为高温高压蒸汽，进入蒸汽发生器内推动汽轮发电机组发电。核电厂能取得较大的经济效益，所需原料极少，如一个百万千瓦电厂，火力发电厂一年约需300

万t燃料，而核电厂仅需30t燃料。目前世界上已投入运行的核电厂有200多座，预计今后核电厂将成为主要电源之一。

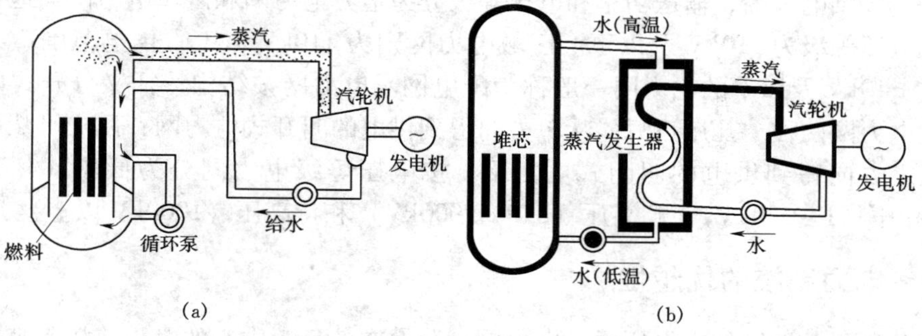

图1-3 核电厂生产过程示意图
(a) 沸水堆型核能发电系统；(b) 压水堆型核能发电系统

除以上三种主要能源的利用外，其他各种形式的一次能源也都逐步得到了利用，如风力发电、地热发电、潮汐发电、太阳能发电、沼气发电等，而生物发电、海水的波浪发电，特别是卫星电站也正在开发之中。

1.2.1.2 变电站

变电站是汇集电源、升降电压和分配电力的场所，是联系发电厂和用户的中间环节。变电站有升压和降压之分。升压变电站通常是发电厂升压站部分，紧靠发电厂。降压变电站通常运离发电厂而靠近负荷中心。根据变电站在电力系统中所处的地位和作用，可分为：

（1）枢纽变电站。枢纽变电站位于电力系统的枢纽点，电压等级一般为330kV及以上，联系多个电源，出线回路多，变电容量大；全站停电后将造成大面积停电，或系统瓦解。枢纽变电站对电力系统运行的稳定和可靠性起着重要作用。

（2）中间变电站。中间变电站位于系统主干环线或系统主要干线的接口处，电压等级一般为220~330kV，汇集2~3个电源和若干线路，高压侧以穿越功率为主，同时降压向地区用户供电。全站停电后将引起区域电网的解列。

（3）地区变电站。地区变电站是一个地区和一个中、小城市的主要变电站，电压等级一般为110~220kV。全站停电后将造成该地区或城市供电的紊乱。

（4）企业变电站。企业变电站是大、中型企业的专用变电站，电压等级一般为35~220kV，1~2回进线。

（5）终端变电站。终端变电站位于配电线路的终端，接近负荷处，高压侧10~110kV引入线，经降压后向用户供电。

1.2.1.3 电力网

电力网是由变电站和不同电压等级的输电线路所组成，其作用是输送、控制和分配电能。按供电范围、输送功率和电压等级分为地方电力网和区域电力网。地方电力网一般电压等级为110kV及以下。区域电力网则为110kV以上，供电范围广，输送功率大。10kV及以下的电力网一般称为配电网。电力网按结构特征又分开式电力网和闭式电力网两种。凡用户只能从单方向得到供电的叫开式电力网；用户可从两个或两个以上方向得到供电的叫闭式电力网。按电压等级电力网分为低压（1kV及以下）、高压（1～330kV）、超高压（330～1000kV）和特高压（1000kV以上）几种。

1.2.2 电力系统的优越性

把分散于各地区的发电厂通过电力网与分散在各负荷中心的用户连接起来，形成电力系统后，使发电、供电和用电成为一个整体，在技术和经济上具有一系列的优点：

（1）提高了电力网运行的可靠性。系统中一个发电厂发生故障时，其他发电厂照样可以向用户供电；一条输电线路发生故障时，用户还可以从系统中的不同部分取得电源。因而具有合理结构的电力系统的可靠性大为增高。

（2）提高了供电的稳定性。电力系统容量较大，个别大负荷的变动即使有较大的冲击，也不会造成电压和频率的明显变化。小容量电力系统或孤立运行电站则不同，较大的冲击负荷很容易引起电网电压和频率的较大波动，影响电能的质量，严重的甚至将系统冲垮，即系统或机组间解裂，造成整体供电中断。

（3）提高了发电的经济性。

1）连成和扩大电力系统可合理利用资源，提高经济效益。如果没有电力系统，很多能源会变得难以充分利用。在电力系统中可实现水电和火电之间的相互调济：丰水期可多发水电，少发火电，节约燃料；枯水期则多发火电以补充水电。具有不同调节性能和特性的水电站之间，以及风力、潮汐、太阳能和核电站等，只有与较大的系统相接，才能相互配合，实现经济调度，达到合理利用资源、提高经济效益的目的。

2）连成和扩大电力系统可提高发电的平均效率和其他经济指标。只有在大的电力系统内，才能采用大容量的机组，从而获得较高的发电效率、较低的相对投资和较低的运行维护费用。此外，在电力系统内，在各发电厂之间可以合理地分配负荷，可以让效率高的机组多发电，在提高平均发电效率上实现经济调度。

3）连成和扩大电力系统可减小总装机容量。电力系统中的综合最大负荷常小于各发电厂单独供电时各片最大负荷的总和。这是因为存在不同地区间负荷性质的差别、负荷的东西时差和南北季差等，有利于错开各地区的高峰负荷，导致减小系统中的综合最大负荷，从而减小了总工作容量。每座孤立运行电站至少要有一台备用机组，以备工作机组检修或故障时投入运行，保障继续供电。在电力系统中，各发电厂的机组之间可以相互备用，还可以错开检修时间，故系统的备用容量只需系统总容量的10%～15%，远小于各发电厂孤立运行时单站的备用容量之和。系统总装机容量（等于工作容量加备用容量）的减小，降低了电站的综合投资和电能生产费用。

1.2.3 电力系统运行的特点及运行要求

由于电能的生产、输送和使用本身所固有的特点，以及连接成电力系统后出现的新问题，决定了电力系统的运行与其他工业生产过程相比具有许多不同的特点：

（1）电能难以储存。电能的生产、分配、输送、再分配直至使用必须在同一时刻完成，即在任一时刻，在系统中必须保持电能的生产、输送和使用处于一种动态的平衡状态。如果在系统运行中发生了供电与用电的不平衡，系统运行的稳定性就会遭到破坏，甚至发生事故，使电力系统及国民经济造成严重损失。

（2）正常输电过程和故障过程都非常迅速。由于电能是以电磁波的形式传播的，其传播速度为光速（300000km/s），因此不论是正常输电过程还是发生故障过程都非常迅速，这就要求有一系列能对系统进行灵敏而迅速地监测、控制和保护的装置，将操作或故障引起的系统变化限制在尽可能小的范围之内。

（3）电力系统的地区性特点较强，组成情况不尽相同。因此在系统规划设计与运行管理时，应从实际出发，针对各个系统的特点来分别进行。

（4）电能生产与国民经济、人民生活的关系密切。电能供应的中断或不足，不仅将直接影响生产，造成人民生活秩序的紊乱，在某些情况下，甚至会酿成极其严重的社会性灾难。

基于上述特点，对电力系统运行有下列基本要求。

1.2.3.1 保证供电的安全可靠性

保证供电的安全可靠性是对电力系统运行的基本要求。所谓电力系统的可靠性是指确保用户能够随时得到供电。这就要求从发电到输电以及配电，每个环节都必须保证安全可靠，不发生故障，以保证连续不断地为用户提供电能。为此，要保证电力系统中各元件的质量，及时搞好设备的正常维护及定期的检修与试验，加强和完善各项安全技术措施，提高电力系统的运行和管理水平，杜绝可能发生的直接或间接的人员责任事故。

目前，要绝对防止事故的产生是不可能的，而各用户对供电可靠性的要求也不一样。通常按重要性将用户分为Ⅰ、Ⅱ、Ⅲ三类加以区别对待，以保证其相应的供电可靠性。

(1) Ⅰ类用户：对这类负荷停止供电，会带来人身危险，设备损坏，产生大量废品，长期破坏生产秩序，给国民经济带来巨大的损失或造成重大的政治影响。

对Ⅰ类用户通常应设置两路以上相互独立的电源供电，其中每一路电源的容量均应保证在此电源单独供电的情况下就能满足用户的用电要求，确保当任何一路电源发生故障或检修时，都不会中断对用户的供电。即Ⅰ类用户要求有很高的供电可靠性。

(2) Ⅱ类用户：对这类负荷停止供电，会造成大量减产，城市公用事业和人民生活受到影响等。

对Ⅱ类用户应设置专用供电线路，条件许可时也可采用双回路供电，并在电力供应出现不足时优先保证其电力供应。

(3) Ⅲ类用户：一般是指短时停电不会造成严重后果的用户，如工厂附属车间、小城镇、小加工厂等。

当系统发生事故，出现供电不足的情况时，应首先切除Ⅲ类用户的用电负荷，以保证Ⅰ类、Ⅱ类用户的用电。

1.2.3.2 保证电能的良好质量

衡量电能质量的指标是频率、电压和波形，当系统的频率、电压和波形不符合电气设备的额定值要求时，往往会影响设备的正常工作，造成振动、损耗增加，使设备的绝缘加速老化甚至损坏，危及设备和人身安全，影响用户的产品质量等。因此，要求系统所提供电能的频率、电压和波形必须符合其额定值的规定。

表1-1 电压的允许变化范围

线路额定电压	正常运行电压允许变化范围
35kV 及以上	±5% U_e
10kV 及以下	±7% U_e
低压照明及农业用电	(-10% ~ +5%) U_e

我国规定的电力系统的额定频率为50Hz，大容量系统允许频率偏差±0.2 Hz，中小容量系统允许频率偏差±0.5Hz。电压的允许变化范围见表1-1。电力系统的频率主要取决于有功功率的平衡，电压主要取决于无功功率的平衡，可通过调频、调压和无功补偿等措施来保证频率和电压的稳定。

通常，要求电力系统的供电电压（或电流）的波形为严格的正弦形，发电机和变压器的设计制造部门已考虑了这一要求，但在电能输送和分配过程中也要不使波形发生畸变，应注意避免或消除电力系统中可能出现的其他谐波源（如整流装置，输电线路的电晕等）。

1.2.3.3 保证足够的发电功率和发电量

根据电力对国民经济的强烈制约作用，电力必须先行，最大限度地满足用户的用电需要，为国民经济的各个部门提供充足的电力。因此，电力系统要超前搞好规划设计，不断增加投入；同时也要充分挖掘设备潜力，最大限度地向用户提供需要的电力。

1.2.3.4 保证电力系统运行的稳定性

电力系统在运行过程中不可避免地会发生短路事故，如果电力系统的稳定性较差时，局部事故的干扰有可能导致整个系统的全面瓦解，而且需要长时间才能恢复，严重时会造成大面积、长时间停电。因此，必须保证电力系统运行的稳定性，做到合理地配置系统参数，自动装置灵敏可靠，合理调度，快速果断地处理事故。

1.2.3.5 保证电力系统运行的经济性

要使电能在生产、输送和分配过程中效率高、损耗小、成本低，必须降低一次能源消耗率、厂用电率和线损率，使这三个指标达到最小。电能成本的降低不仅节省了能源，还将有助于用户生产成本的降低，而给整个国民经济带来效益。要实现经济运行，除进行合理规划设计之外，还需对整个系统实施最佳经济调度。

综上所述：保证对用户不间断地供给充足、优质而又经济的电力，是电力系统的基本任务。

1.3 电气设备概述及额定参数

1.3.1 主要电气设备

根据发电厂和变电站电能的生产、变压、输送、分配和使用的安全、优质、可靠以及经济运行的要求，主要有下列电气设备。

1.3.1.1 一次设备

直接参与生产、输送和分配电能的电气设备称为一次设备，它通常包括以下5类：

（1）能量转换设备。发电机、变压器、电动机等属此类。其中的发电机和主变压器是电站的心脏，简称主机主变。

（2）开关设备。这类电器用于电路的接通和开断。当电路中通过电流，尤其通过很大的短路电流时，要断开电路很不容易，需要具备足够的灭弧能力。按作用及结构特点，开关电器又分为以下几种：

1）断路器。断路器不仅能接通和断开正常的负荷电流，也能关合和断开短路电流。它是作用最重要、构造最复杂、功能最完善的开关电器。

2）熔断器。熔断器不能接通和断开负荷电流，它被设置在电路中专用于断开故障短路电流，切除故障回路。

3）负荷开关。负荷开关允许带负荷接通和断开电路，但其灭弧能力有限，不足以断开短路电流。将负荷开关和熔断器串联在电路中便大体上相当于断路器的功能。

4）隔离开关。隔离开关主要用于设备或电路检修时隔离电源，造成一个可见的、足够的空气间距。

断路器和熔断器都能在其电路故障时断开一定的短路电流以切除故障电路，故称为保护电器。断路器和负荷开关能接通和断开一定的负荷电流，称为操作电器。隔离开关因没有灭弧能力，不能开断负荷电流。若在负荷电流下错误地切开隔离开关，叫做带负荷拉闸，会引起电弧短路，是一种严重的误操作，要尽量避免。

（3）载流导体。该类设备有母线、绝缘子和电缆等，用于电气设备或装置间的连接，通过强电流，传递功率。母线是裸导体，需要用绝缘子支持和绝缘。电缆是绝缘导体，并具有密封的封包层以保护绝缘层，外面还有铠装或塑料护套以保护封包。

（4）互感器。互感器分为电压互感器和电流互感器，分别将一次侧的高电压或大电流按变比转变为二次侧的低电压或小电流，以供给二次回路的测量仪表和继电器。

（5）电抗器和避雷器。电抗器主要用于限制电路中的短路电流；避雷器则用于限制电气设备的过电压。

1.3.1.2 二次设备

对电气一次设备的工作状况进行监测、控制和保护的辅助性电气设备称为二次设备。例如各种电气仪表、继电器、自动控制设备、信号及控制电缆等。二次设备不直接参与电能的生产和分配过程，但对保证主体设备正常、有序地工作和发挥其运行经济效益起着十分重要的作用。

一次设备主要用于高电压、强电流回路；二次设备则用在低电压、小电流回路。但一次设备中的小容量用电设备也多为低电压。有些设备类别一次和二次都有，例如熔断器、负荷开关、母线、电缆等，名字相同，原理也相近，但实物结构差异很大。部分低压设备与高压设备属于同一类别，在电路中的作用基本相同，但名字不同，如低压断路器叫自动开关，隔离开关叫闸刀开关。至于常见的低压胶盖开关、钢壳开关、转换开关、接触器等，都属于负荷开关这一类别，只是某些开关增多了一些功能。例如，有的转换开关可以切换电源；接触器便于远方控制和自动控制等。

1.3.2 电气设备的额定参数

用以表明电气设备在一定条件下长期工作的最佳运行状态的特征量的值叫做额定参数。各类电气设备的额定参数主要有额定电压、额定电流和额定容量等。

1.3.2.1 额定电压

电气设备的额定电压是按长期正常工作时具有最大经济效果所规定的电压。为使电气设备实现标准化和系列化生产，国家规定了标准电压系列，如表1－2所示。

表 1-2　我国交流电力网和电气设备的额定电压（线间电压，kV）

用电设备额定电压与电力网额定电压	发电机额定电压	变压器额定电压		
		原边绕组		副边绕组
		接电力网	接发电机	
0.22	0.23	0.22	0.23	0.23
0.38	0.40	0.38	0.40	0.40
3	3.15	3	3.15	3.15 及 3.3
6	6.3	6	6.3	6.3 及 6.6
10	10.5	10	10.5	10.5 及 11
35		35		38.5
60		60		66
110		110		121
220		220		242
330		330		363
500		500		550
750		750		825

（1）用电设备和电力网的额定电压。我国用电设备的额定电压与电力网的额定电压是相等的。但实际中，由于输送电能时在线路和变压器等元件上产生的电压损失，会使线路上各处的电压不相等，使各点的实际电压偏离额定电压，即线路首端的电压将高出额定电压，线路末端的电压将低于额定电压，其电压分布如图 1-4 所示。

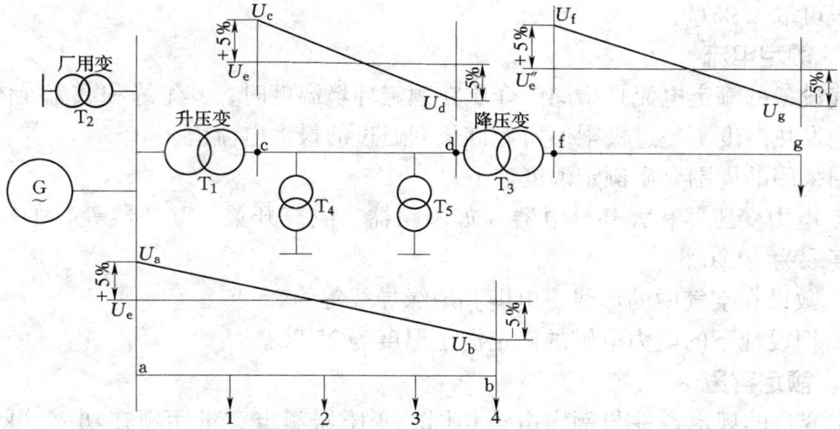

图 1-4　电力网的电压变化

设发电机在额定电压下运行，供电给电力网 ab 部分，由于线路有电压损失，负荷 1 ~4 点将接受到不同的电压，而且由于负荷是变化的，电力网中各点电压也非恒定不变，实际上电力网各点电压随距离和时间而变。但设备的额定电压不可能按上述变化的电压来制造，设备的生产必须标准化。用电设备的额定电压只能力求接近于实际的工作电压。一般规定，用电设备的工作电压允许在额定电压的±5% 范围内变动，而沿线的电压降一般允许为 10% 。因此，若取电力网首端和末端电压的算术平均值，即 $U_e=(U_a+U_b)/2$ 作为用电设备的额定电压，就能满足上述要求，这个电压也就是电力网额定电压。

（2）发电机额定电压。发电机总是处于电力网首端，其额定电压比电力网的高 5% ，即 $U_{Ge}=1.05U_e$。允许线路电压降 10% ，从而保证用电设备的工作电压均在 ±5% 以内。

发电机的额定电压等级见表 1－2 所示。其单机容量越大，采用的额定电压越高。其中 6. 3kV 电压等级广泛应用于容量 20000kW 以下至 500kW 的中小型发电机。而 3. 15kV 等级现已很少采用。

（3）变压器额定电压。变压器在电力系统中具有发电机和用电设备的双重性。变压器的一次绕组是从电网接受电能的，故相当于用电设备；其二次绕组是输出电能，相当于发电机。因此规定：变压器一次绕组的额定电压等于用电设备的额定电压。但是，当变压器的一次绕组直接与发电机的出线端相连时，其一次绕组的额定电压应与发电机额定电压相同，即 $U_1=1.05U_e$。变压器的二次绕组的额定电压（通常指空载电压）比同级电力网的额定电压高 10% ，即 $U_2=1.1U_e$。但是，10kV 及以下电压等级的变压器的阻抗压降在 7. 5% 以下，若线路短，线路上压降小，其二次绕组额定电压可取 $1.05U_e$。

1. 3. 2. 2 额定电流

电气设备的额定电流是指周围介质在额定环境温度时，其绝缘和载流导体及其连接的长期发热温度不超过极限值所允许长期通过的最大电流值。

我国采用的周围介质额定温度如下：

（1）电力变压器和大部分电器（如断路器、隔离开关、互感器等）的额定周围空气温度取为 40 °C。

（2）敷设在空气中的母线、电缆和绝缘导线等为 25 °C。

（3）埋设地下的电力电缆的额定泥土温度为 25 °C。

1. 3. 2. 3 额定容量

额定容量的规定条件与额定电流相同。变压器额定容量用视在功率（kVA）表示；发电机的原动机只能提供有功功率，所以一般以有功功率（kW）表示；当其额定容量用视在功率表示时，需表明功率因数（$\cos\phi$）。电动机也多用有功功率表示。

习题与思考题

1－1　什么是发电厂、变电站、电力系统及电力网？

1－2　试述火电厂、水电厂、核电厂的基本生产过程及其特点。

1－3　电力系统有哪些优越性？电力系统运行要满足哪些基本要求？

1－4　电能质量的主要指标是什么？

1－5　什么是一次设备和二次设备？它们各包含哪些内容？

1－6　一次设备的额定电压是如何规定的？

第 2 章

电力系统中性点的运行方式

【教学要求】 了解中性点运行方式的意义及类别；掌握中性点不接地运行方式的特点及应用，能够绘制中性点不接地系统单相接地故障时，各相电流及电压的变化向量图；了解中性点经消弧线圈接地及直接接地运行方式的特点及应用。

电力系统的中性点实际上是指电力系统中的发电机及各电压等级的变压器的中性点。我国电力系统中性点的运行方式主要有三种：中性点不接地运行方式、中性点经消弧线圈接地运行方式和中性点直接接地运行方式。前两种接地系统统称为小接地电流系统，后一种接地系统又称为大接地电流系统。

电力系统中性点的运行方式不同，其技术特性和工作条件也不同，还与故障分析、继电保护配置、绝缘配合等均密切相关。采用哪一种中性点运行方式，直接影响到电网的绝缘水平、系统供电的可靠性和连续性、电网的造价以及对通信线路的干扰程度。

2.1 中性点不接地系统

中性点不接地的电力系统正常时的电路图和相量图如图 2－1 所示，三相线路的相间及相与地间都存在着分布电容。但相间电容与这里将讨论的问题无关，因此不予考虑，只考虑相与地间的分布电容，且用集中电容 C 来表示，如图 2－1（a）所示。

系统正常运行时，三相相电压 $\dot{U}_A$、$\dot{U}_B$、$\dot{U}_C$ 是对称的，三相的对地电容电流 $\dot{I}_{c0}$ 也是对称的，如图 2－1（b）所示。这时三相的对地电容电流的相量和为零，因此没有电流在地中流过。各相对地电压均为相电压。

当系统发生单相接地故障时，假设 C 相发生金属性接地，其接地电阻为零，如

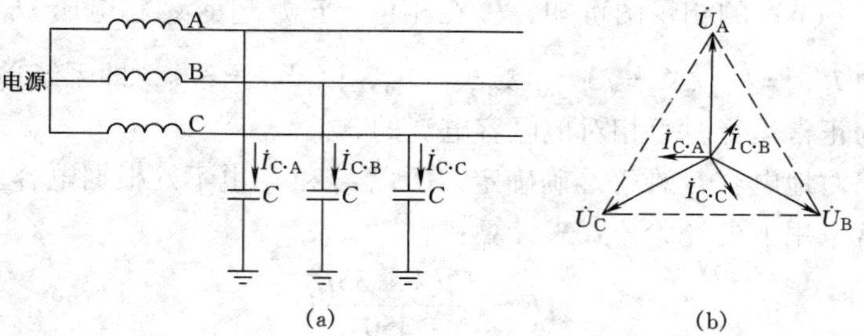

图 2－1　正常运行时的中性点不接地的电力系统

(a) 电路图；(b) 相量图

图2－2 (a) 所示，这时 C 相对地电压为零，而非故障相 A、B 相的对地电压在相位和数值上都发生改变。即：

$$\dot U'_A = \dot U_A + (-\dot U_C) = \dot U_{AC}$$

$$\dot U'_B = \dot U_B + (-\dot U_C) = \dot U_{BC}$$

$$\dot U'_C = \dot U_C + (-\dot U_C) = 0$$

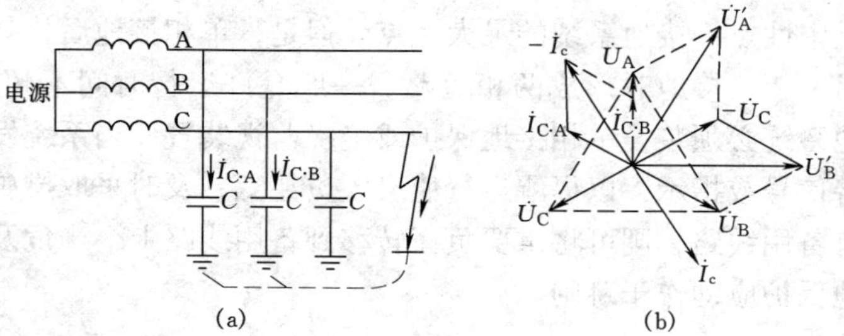

图 2－2　发生单相接地故障时的中性点不接地电力系统

(a) 电路图；(b) 相量图

如图2－2 (b) 所示。由此可见，C 相接地故障时，非故障相 A 相和 B 相对地电压值升高$\sqrt{3}$倍，变为线电压。因此这种系统的设备的相绝缘，不能只按相电压来考虑，而要按线电压来考虑。

C 相接地时，系统的接地电流（接地电容电流）$\dot I_c$ 为 A、B 两相对地电容电流之和，即

$$\dot I_c = -(\dot I'_{C\cdot A} + \dot I'_{C\cdot B})$$

由图2-2（b）的相量图可知，$\dot{I}_c$ 在相位上正好超前C相电压 $\dot{U}_C 90°$。由于 $I_c=\sqrt{3}I_{C\cdot A}$，其中 $I_{C\cdot A}=\dot{U}'_A/X_C=\sqrt{3}U_A/X_C=\sqrt{3}I_{c0}$，因此 $I_c=3I_{c0}$，即系统单相接地时的接地电容电流为正常运行时每相对地电容电流的3倍。

由于线路对地电容 C 难于准确确定，所以 I_{c0} 和 I_c 也不好根据电容 C 来准确计算，在工程中通常采用下列经验公式来计算：

$$I_c=\frac{U_e(l+35L)}{350}$$

式中　I_c——中性点不接地系统的单相接地电容电流（A）；

U_e——电网额定线电压（kV）；

l——同一电压 U_e 具有电气联系的架空线路总长度（km）；

L——同一电压 U_e 具有电气联系的电缆线路总长度（km）。

当系统某一相发生故障，而故障相通过一定的阻抗接地，称为不完全接地。此时，接地相电压大于零而小于相电压，非故障相对地电压则大于相电压而小于线电压。接地电流也比完全接地时小。其具体的电压、电流值与故障相接地电阻值有关。

必须指出：当中性点不接地的电力系统发生单相接地时，由图2-2（b）的相量图看出，系统的三个线电压无论其相位和大小均无改变，因此，系统中所有设备仍可照常运行，这是中性点不接地系统的最大优点。但是，单相接地后，其运行时间不能太长，以免在另一相又接地时形成两相短路。一般允许运行时间不超过2h。并且这种中性点不接地系统必须装设单相接地保护或绝缘监视装置，当系统发生单相接地故障时，发出报警信号或指示，以提醒运行值班人员注意，及时采取措施，查找和消除接地故障；如有备用线路，则可将重要负荷转移到备用线路上，当危及人身和设备安全时，单相接地保护应动作于跳闸。

2.2　中性点经消弧线圈接地系统

中性点不接地系统的主要优点是发生单相接地时仍可继续向用户供电，但有一种情况相当危险，即在发生单相接地时，如果接地电流较大，将在接地点产生断续电弧，这就可能使线路发生谐振过电压现象，因此不宜用于单相接地电流较大的系统。为了克服这个缺点，可将电力系统的中性点经消弧线圈接地。如图2-3（a）所示。

消弧线圈实际上是一种带有铁芯的电感线圈，其电阻很小，感抗很大，其铁芯柱有很多间隙，以避免磁饱和，使消弧线圈有一个稳定的电抗值。系统正常运行时，中性点电位为零，没有电流流过消弧线圈。

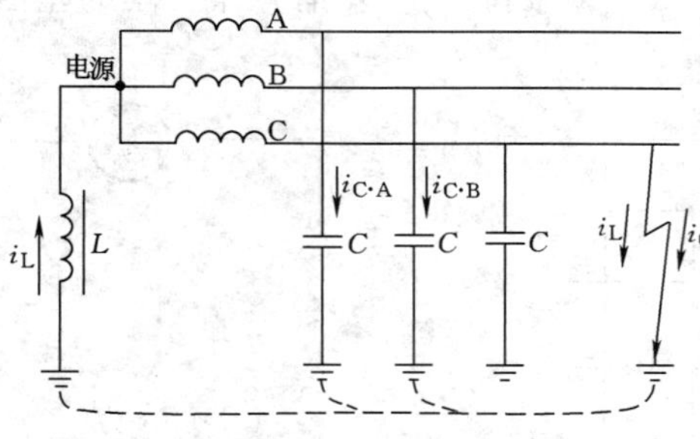

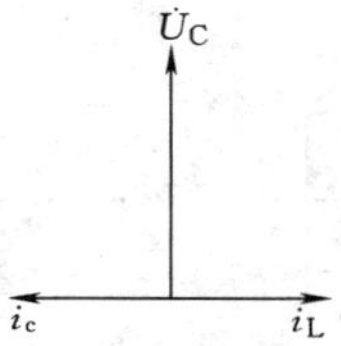

图 2-3 中性点经消弧线圈接地的电力系统

（a）电路图；（b）相量图

当系统发生单相接地时，流过接地点的总电流是接地电容电流 $\dot{I}_c$ 与流过消弧线圈的电感 $\dot{I}_L$ 的相量和。由于 $\dot{I}_c$ 超前 $\dot{U}_c$90°，而 $\dot{I}_L$ 滞后 $\dot{U}_c$90°，如图 2-3（b）所示，所以 $\dot{I}_c$ 和 $\dot{I}_L$ 在接地点互相补偿，可使接地电流小于最小生弧电流，从而消除接地点的电弧以及由此引起的各种危害。另外，当电流过零而电弧熄灭后，消弧线圈还可减小故障相电压的恢复速度，从而减小了电弧重燃的可能性，有利于单相接地故障的消除。

中性点经消弧线圈接地的系统发生单相接地故障时，与中性点不接地的系统中发生单相接地故障时一样，接地相对地电压为零，非故障相对地电压升高$\sqrt{3}$倍。由于相间电压没有改变，因此三相设备仍可以正常运行。但也不能长期运行，必须装设单相接地保护或绝缘监视装置，在单相接地时给予报警信号或指示，运行值班人员应及时采取措施，查找和消除故障，如可能时将重要负荷转移到备用线路上。

根据消弧线圈的电感电流对接地电容电流补偿程度不同，有三种补偿方式：

（1）全补偿，$I_L=I_c$，接地点电流为零。从消弧观点来看，全补偿最好，但在实际中并不采用这种补偿方式。因为在正常运行时，$I_L=I_c$，意味着$\frac{1}{\omega L}=3\omega C$，如图 2-4（a）所示，对于正常运行的电网，若忽略电源及线路的感抗，且线路空载，从 mn 端向右看，利用戴维南定理可将其简化为图 2-4（b）所示电路，其中 C_0 是各相对地电容，U_0 是电源中性点对地电压。在理想情况下，$U_0=0$，但实际上由于三相对地电容不完全相等或断路器三相触头闭合不同时或出现一相断路，会导致 $U_0\neq0$，这正好是一个串联谐振电路，其结果可能导致消弧线圈或电容两端出现过电压，危及电网的绝缘。可见，I_L 和 I_c 差值为零，会形成谐振，导致过电压；I_L 和 I_c 差值过大，会导致接地点电流过大而不易熄弧。因此，维持 I_L 与 I_c 有一个合理的差值是很重要的。

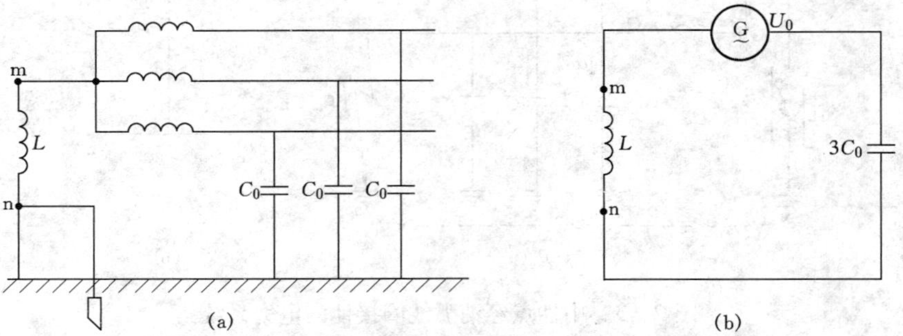

图 2－4　中性点经消弧线圈接地系统正常情况下的等值图

(a) 系统图；(b) 等值图

(2) 欠补偿，$I_L<I_c$，接地点尚有未补偿的电容性电流。欠补偿方式也较少采用，原因是在检修、事故切除部分线路或系统频率降低等情况下，可能使系统接近或达到全补偿，以致出现串联谐振过电压。例如，当电网切除部分运行线路时，会导致 C_0 减小，导致 I_c 减小，从而可能形成 $I_L=I_c$，使电网出现谐振。

(3) 过补偿，$I_L>I_c$，接地点处尚有多余的电感性电流。过补偿可避免谐振过电压的产生，因此得到广泛应用。过补偿接地处的电感电流也不能超过规定值，否则电弧也不能可靠地熄灭。因此，消弧线圈设有分接头，用以调整线圈的匝数，改变电感值的大小，从而调节消弧线圈的补偿电流，以适应系统运行方式的变化，达到消弧的目的。

2.3　中性点直接接地系统

防止单相接地故障不能自动熄弧的另一种方法，就是将系统的中性点直接接地，如图 2－5 所示，系统发生单相接地时即形成单相接地短路，单相短路电流 I_K 比线路正常负荷电流大得多，对系统危害很大。因此，这种系统中装设的短路保护装置立即动作，切断线路，切除接地故障部分，不会产生稳定电弧或间歇电弧，系统其他部分仍能正常运行。

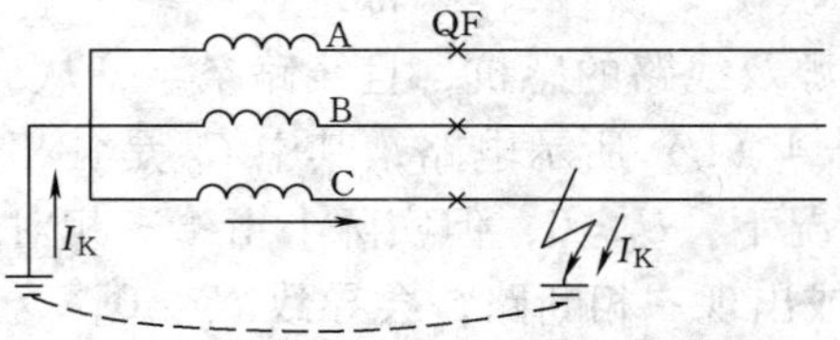

图 2－5　发生单相接地的中性点直接接地的电力系统

中性点直接接地系统中发生单相接地时，相间电压的对称关系被破坏，但未发生接地故障的两完好相的对地电压不会升高，仍维持相电压。因此，中性点直接接地系统中的供电设备的相绝缘只需按相电压来考虑。这对110kV及以上的高压系统来说，具有显著的经济技术价值，因为高压电器，特别是超高压电器，其绝缘问题是影响电器设计制造的关键问题。电器绝缘要求的降低，直接降低了电器的造价，同时改善了电器性能。

2.4 中性点不同接地方式的比较和应用范围

2.4.1 中性点不同接地方式的比较

前面介绍的三种中性点运行方式在运行中表现出不同的优缺点，其中有关供电可靠性、过电压与绝缘水平、继电保护、对通信的干扰、系统稳定等问题对运行关系较大。

2.4.1.1 供电可靠性

小接地电流系统的供电可靠性较高，因为在单相接地时，并未形成短路，流过接地点的电流是数值不大的电容电流或经消弧线圈补偿的残流。在小接地电流系统中，大多数单相接地故障均能迅速消除，即使没能自行消除，也不需立即断开线路（一般允许继续运行2h），因而运行人员可以有充裕的时间处理故障，保证供电尽可能不间断。

大接地电流系统发生单相接地即形成单相短路，必须立即断开电路，这样造成的后果是短期停电（重合闸成功），或者是长期停电（永久性故障，重合闸不成功）。此外，在短路过程中，巨大的短路电流引起的电动力和热效应可能使一些电气设备造成损坏。一些断路器由于切断短路电流的次数增加，会增加其维护检修的工作量。

总之，从供电可靠性的角度来看，小接地电流系统，特别是经消弧线圈接地系统，具有明显优势。

2.4.1.2 过电压与绝缘水平

单相接地时，大接地电流系统非故障相电压不会升高，由于故障线路及时切除，也不会出现弧光接地过电压问题；而小接地电流系统非故障相对地电压升高$\sqrt{3}$倍，且有可能出现弧光接地过电压。因此，对于电力系统的绝缘水平，大接地电流系统按相电压考虑，小接地电流系统则需按线电压考虑。大接地电流系统比小接地电流系统绝缘水平大约可降低20%左右，在选用避雷器时，前者用80%避雷器，后者用100%避雷器。

另一方面，作用在绝缘上的内部过电压是在相对地电压基础上产生和发展的，由于小接地电流系统单相接地时，相对地电压大约是线电压的水平，因此，其各种操作过电压与共振过电压的倍数几乎是大接地电流系统的$\sqrt{3}$倍左右。

从过电压与绝缘水平的观点来看，采用大接地电流系统是有利的。

2.4.1.3 继电保护

大接地电流系统中，单相接地短路时，短路电流大，继电保护简单、可靠、选择性好、灵敏度高，不易使事故扩大，即使简单的电流保护，也具有相当高的灵敏度和可靠性。但小接地电流系统中，单相接地电流往往比正常负荷电流小得多，与零序电流过滤器的不平衡电流相差不多，因而很难用普通的方向继电器来判断故障线路，这就给继电保护造成较大困难。所以小接地电流系统接地保护尚不完满，延长了消除故障时间。

2.4.1.4 对通信的干扰

单相接地产生的电磁干扰对通信的影响是不可忽视的，在某些情况下，它甚至还是选择中性点接地方式的决定因素。

单相接地产生干扰的途径有两种，一种是静电感应，另一种是电磁感应。

在小接地电流系统中，起主要作用的是静电感应，可以用较简单的方法加以限制。在大接地电流系统接地故障时，大的接地电流对邻近的通信线路干扰大，感应电压可能危及工作人员安全或引起信号装置误动作，因此，电力线和通信线间必须保持一定的距离。

一般认为：中性点直接接地系统对通信干扰影响最大；中性点经消弧线圈接地系统对通信的干扰最小。

2.4.1.5 系统稳定性

在大接地电流系统中发生单相接地时，由于接地电流很大，电压的剧烈下降、线路的突然切除可能导致系统稳定的破坏。如果采用小接地电流系统，则流过接地点的电流很小，不存在引起失步的可能。因此，从系统稳定的角度看，中性点直接接地系统是不利的。

2.4.2 中性点运行方式的应用范围

由上分析可见，小接地电流系统主要优点是供电可靠性高，无通信干扰问题，主要缺点是绝缘水平要求高；大接地电流系统则相反。这些优缺点对不同电压等级的系统起主导作用的方面是不同的。实际电力系统中，不同中性点接地方式应用范围大致如下：

（1）3～10kV 系统电压不高，绝缘费用在总投资中所占比重不大，同时这个电压等级配电线路总长度长，雷击瞬间跳闸事故多，因而着重考虑供电可靠性问题。一般多采用中性点不接地系统，仅在线路长或有电缆线路而且单相接地电流越限时，才采用经消弧线圈接地方式。当发电机或调相机直接接在 3～20kV 电网，为了避免因电机内部故障产生电弧烧坏电机，若单相接地电流大于 5A，也应装消弧线圈。

（2）35～66kV 系统和 3～10kV 系统相似，降低绝缘水平经济价值不甚显著，同时，这个电压等级都未全线架设避雷线，雷击事故较多，供电可靠性也是主要问题。虽然可采用中性点不接地系统，但由于 35～66kV 系统电网线路总长度一般都超过 100km，单相接地电流超过限制，因此多采用经消弧线圈接地方式。

（3）110kV 系统由于电压升高，绝缘费用在总投资中所占比重增大，供电可靠性则可通过全线架设避雷线和采用自动重合闸加以改善。因此，我国多数 110kV 系统采用中性点直接接地方式，但雷电活动较强的地区由于考虑供电可靠性也可采用经消弧线圈接地方式。

（4）220kV 及以上系统降低绝缘水平占首要地位，它对总投资影响很大，中性点直接接地系统有明显优势，我国 220kV 系统都采用这种接地方式。在一些发达国家，由于出线走廊限制，当不能保证与通信线间隔距离时，也有采用经消弧线圈接地方式的。

习题与思考题

2－1　电力系统的电源中性点有哪几种运行方式？什么叫小接地电流系统和大接地电流系统？

2－2　在系统发生单相接地故障时，小接地电流系统和大接地电流系统的相对地的电压和线电压有如何的变化？为什么小接地电流系统在发生单相接地故障时可允许短时继续运行而不允许长期运行？应采取什么对策？

2－3　电网对地电容与哪些因素有关？小接地电流系统单相接地电容电流与哪些因素有关？

2－4　为什么说利用消弧线圈进行全补偿并不可取？

2－5　试述中性点直接接地系统在发生单相接地时的后果以及提高供电可靠性的措施。

第3章

电弧及电气触头的基本理论

【教学要求】 掌握电弧的形成及熄灭条件，熟悉电弧形成的物理过程、特性；掌握直流电弧及交流电弧的特性及熄灭条件；掌握开关电器常用的熄弧方法；了解电气触头的类型、工作条件；掌握接触电阻的形成、发展、后果及降低措施。

当用开关电器切断有电流通过的电路时，在开关触头间就会产生电弧，尽管触头已经分开，但电流通过电弧继续流通，只有触头间的电弧熄灭后，电流才真正切断。电弧的温度很高，很容易烧毁触头，或使触头周围的绝缘材料遭受破坏。如果电弧燃烧时间过长，开关内部压力过高，有可能使电器发生爆破事故。因此，当开关触头间出现电弧时，必须尽快予以熄灭。

高压断路器是开关电器中最为完善的一种设备，其最大特点是能断开电路中的负荷电流和短路电流，因此，在运行中其开断能力是标志性能的基本指标。所谓开断能力，就是指断路器在切断电流时熄灭电弧的能力，以保证顺利地分、合电路的任务。本章主要讲述开关电器中的电弧理论、灭弧方法和措施以及电气触头的相关内容。

3.1 电弧的形成和熄灭

3.1.1 电弧的形成

电弧是气体导电现象。如图3-1所示。在断路器触头开断、电网电压较高、开断电流较大的情况下，在触头间形成由绝缘气体或绝缘油受热分解出气体游离产生的自由电子导电的现象。这时伴随有强光和高温（可达数千摄氏度甚至上万摄氏度）。

图3-1 直流电弧的组成

触头周围的介质是绝缘的，电弧的产生说明绝缘介质变成了导电的介质，发生了物态的转化。任何一种物质都有三态，即固态、液态和气态，这三态随温度的升高而改变。当物质变为气态后，若温度再升高，一般要到5000 °C以上，物质就会转化为第四态，即等离子体态。任何等离子体态的物质都是以离子状态存在的，具有导电的特性。因此，电弧的形成过程就是介质向等离子体态的转化过程。

电弧的产生和维持是触头间中性质点（分子和原子）被游离的结果。游离就是中性质点转化为带电质点。从电弧形成过程来看，游离过程主要有以下四种形式：

（1）强电场发射。当开关动、静触头分离的瞬间，触头间距离 s 很小，在外施电压的作用下，触头间出现很高的电场强度 $E\left(E=\dfrac{U}{s}\right)$，当电场强度超过 3×10^6V/m 时，阴极表面的自由电子在电场力的作用下被强行拉出而形成触头空间的自由电子。这种游离方式称为强电场发射，也是在弧隙间最初产生电子的原因。

（2）热电子发射。触头是由金属材料做成的，在常温下，金属内部存在有大量运动着的自由电子。随着温度的升高，自由电子能量增加，运动加剧，有的电子就会跑出金属表面，形成热电子发射。特别是电弧形成后，弧隙间的高温使阴极表面受热出现剧烈的炽热点，不断地发射出电子，在电场作用下，向阳极作加速运动。

（3）碰撞游离。阴极表面发射出的电子和弧隙中原有的少数电子在电场作用下，向阳极方向运动，不断与其他粒子（如气体原子、分子）发生碰撞。只要电子的运动速度 v 足够高，电子的动能 $A=\dfrac{1}{2}mv^2$ 大于原子或分子的游离能，则在电子与气体分子或原子碰撞时，就可使束缚在原子核周围的电子释放出来，形成自由电子和正离子，这种现象称为碰撞游离。新产生的电子向阳极加速运动，同样也会使它所碰撞的中性质点游离。碰撞游离连续进行就可能导致在触头间充满了电子和离子，在外加电压作用下，触头间介质可能被击穿而形成电弧。

（4）热游离。电弧产生之后，弧隙的温度很高，在高温作用下，气体的不规则热运动速度增加。具有足够动能的中性质点互相碰撞时，又可能游离出电子和离子，这种现象称为热游离。一般气体开始发生热游离的温度为9000～10000 °C。金属蒸汽的游离能较小，其热游离温度约为4000～5000 °C。因为开关电器的电弧中总有一些金属蒸汽，而弧心温度总大于4000～5000 °C，所以，热游离的强度足以维持电弧的燃烧。

电弧中发生游离的同时，还进行着使带电质点减少的去游离过程，去游离主要形式有复合和扩散：

（1）复合去游离 。复合是指正离子和负离子互相吸引，结合在一起，电荷互相中和的过程。两异号电荷要在一定时间内，处在很近的范围内，才能完成复合过程，两者相对速度值越大，复合的可能性越小。因电子质量小，易于加速，其运动速度约为正离子的1000倍，所以电子和正离子直接复合几率很小。通常，电子在碰撞时，先附在中性质点上形成负离子，速度大大减慢，而负离子与正离子的复合比电子与正离子间的复合容易得多。

（2）扩散去游离 。扩散是指带电质点从电弧内部逸出而进入周围介质中的现象。弧隙内的扩散去游离有以下几种形式：①浓度扩散，由于弧道中带电质点浓度高，而弧道周围介质中带电质点浓度低，存在着浓度上的差别，带电质点会由浓度高的地方向浓度低的地方扩散，使弧道中的带电质点减少；②温度扩散，由于弧道中温度高，而弧道周围温度低，存在温度差，这样，弧道中的高温带电质点将向温度低的周围介质中扩散，减少了弧道中的带电质点。

游离和去游离是电弧燃烧中的两个相反过程，游离过程使弧道中的带电离子增加，有助于电弧的燃烧；去游离过程能使弧道中的带电离子减少，有利于电弧的熄灭。当这两个过程达到动态平衡时，电弧稳定燃烧。若游离过程大于去游离过程，将使电弧越加剧烈地燃烧；若去游离过程大于游离过程，将使电弧燃烧减弱，以致最终电弧熄灭。

3.1.2 电弧的熄灭

由电弧的形成过程可以得出熄灭电弧的基本方法是：削弱游离过程，加强去游离过程。主要措施为：

（1）提高触头间的开断速度。第一批自由电子是依靠断口间的高电场强度产生的，提高触头的运动速度或增加断口数目，可以缩短触头达到绝缘要求开距所需要的时间，即减少间隙处于高电场强度下的时间，使自由电子不足而迫使电流减小，过程中注入间隙的能量也小，间隙温度较低，使电弧不易形成。

（2）冷却电弧。用冷却绝缘介质降低电弧温度，削弱热发射和热游离作用以熄灭电弧。在高压开关中常用的绝缘介质有三种：油、SF_6和压缩空气（高密度空气）。

（3）增大绝缘介质气体压力。它可使气体密度增加，缩短分子和离子运动的自由程，降低热游离几率，增大复合几率，促使电弧熄灭。

（4）吹弧 。采用绝缘介质吹弧，使电弧拉长，增大冷却面，提高传热率，并强行迫使弧道中游离介质扩散，流入新鲜介质以促使电弧熄灭。

（5）将触头置于真空密室中。由于缺乏导电介质而使电器分断时不能维持电弧燃烧。

3.2 直流电弧的特性及熄灭

3.2.1 直流电弧的特性

在直流电路中产生的电弧叫直流电弧。直流电弧的特性可用沿弧长的电压分布和伏安特性表示。稳定燃烧的直流电弧沿弧长的电压分布如图3-2所示。

$$U_h = U_1 + U_2 + U_3 \qquad (3-1)$$

式中 U_h——电弧在全长上的压降；

U_1——阴极区压降；

U_2——弧柱区压降；

U_3——阳极区压降。

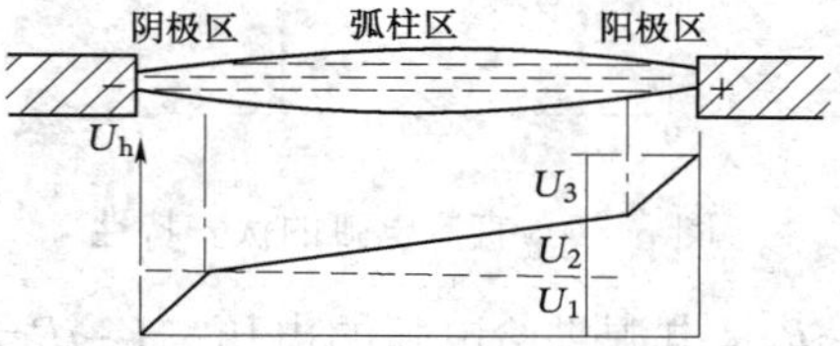

图3-2 直流电弧电压沿弧长的分布

由于电弧的端部靠近触头的区段（阴极区和阳极区）较之于中心区段（弧柱区）温度低，自由电子的密度小，因此导电率低，电位梯度大。特别是阴极区，由于堆积了许多正离子，电位梯度最高；而阳极区主要是接受从弧隙中来的电子，只有在高温下才发射少量电子，所以其电位梯度较阴极区小。

弧柱区压降与电流大小、弧隙长度、介质种类及其状态（介质压力、介质流动方式及流速等）有关。当电弧稳定燃烧时，若弧隙介质情况不变，则电流越大，弧柱区电阻越小，弧柱区压降越低；当弧长增加时，弧柱区电阻增大，弧柱区压降上升，弧柱区压降与弧长基本上成正比。图3-3是具有电弧的R—L直流电路，其电压方程式为

$$E = iR + L\frac{di}{dt} + u_h \qquad (3-2)$$

电弧稳定燃烧时，u_h和i基本保持不变，即$di/dt \approx 0$。若改变电阻R使电弧稳定燃烧，则可画出$u_h = f(i)$曲线，称为电弧的静态伏安特性曲线。如果$di/dt \neq 0$，电弧的$u_h = f(i)$曲线称为动态伏安特性曲线，如图3-4所示。由于热惯性的原因，图中曲线2总低于曲线1。

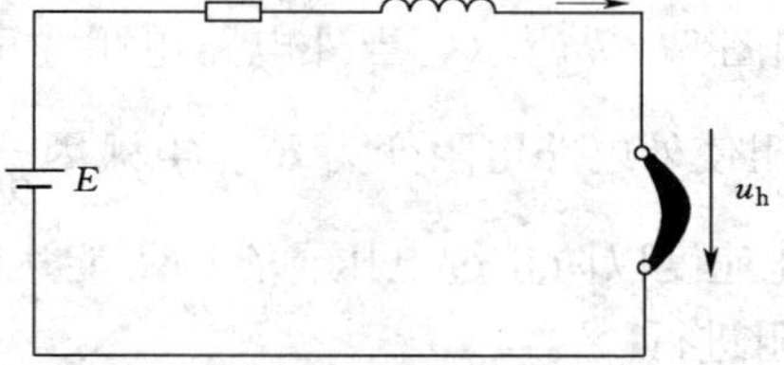

图3-3 具有直流电弧的R—L电路

对于几毫米的短弧，电弧压降主要是近极压降，如果外加电压小于近极压降，电弧将被熄灭。对于几厘米以上的电弧，电弧压降主要由弧柱区压降组成，因此电弧压降正比于电弧长度。当$di/dt = 0$时，由式（3-2）可得

$$E - iR = u_h \qquad (3-3)$$

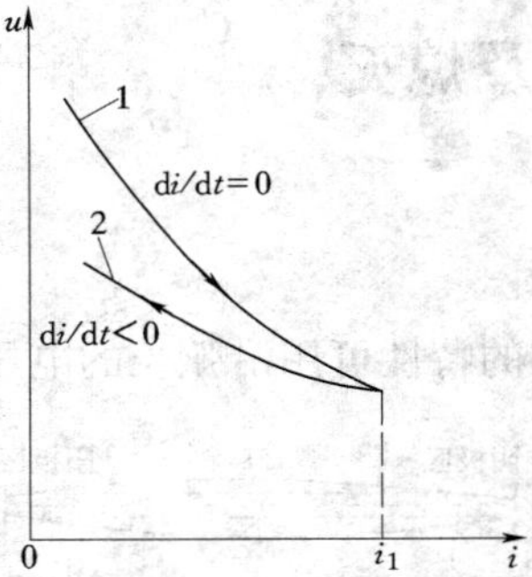

图 3-4 直流电弧的伏安特性

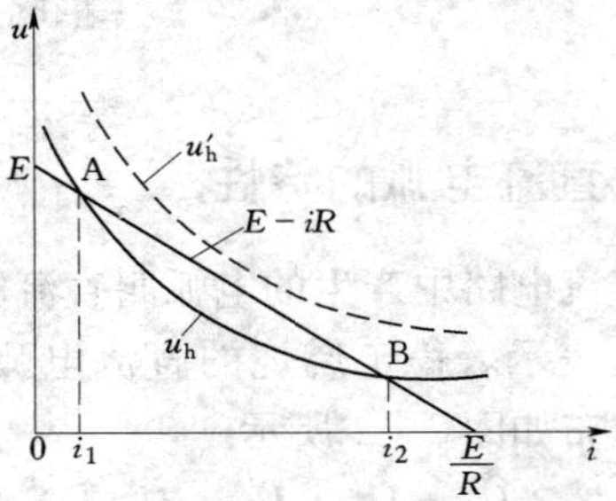

图 3-5 直流电弧的稳定燃烧点

$E-iR$ 是电源供给电弧的电压。$E-iR=f(i)$ 曲线是电路的伏安特性，它与电弧的静态特性曲线 $u_h=f(i)$ 在图3-5中有A和B两个交点，其中B点是电弧稳定燃烧点，A点是不稳定燃烧点。因为在A点若电流 i 略有减小，则 $(E-iR)<u_h$，电弧电流将会继续减小，直至熄灭；若 i 略有增加，则 $(E-iR)>u_h$，电弧电流将继续增大，最后稳定在B点。

如果能将电弧静态伏安特性提高到图3-5中的虚线 u'_h 位置，两条特性曲线 $(E-iR)$ 与 u'_h 无交点，就会将电弧熄灭。因此，直流电弧的熄灭条件：

$$(E-iR)<u_h \tag{3-4}$$

3.2.2 直流电弧的灭弧方法

如图3-4和图3-5所示，由直流电弧的伏安特性曲线可知，其稳定燃烧点在B点，只要能够保证 $(E-iR)<u_h$，则能保持 $\frac{di_h}{dt}<0$，从而使电弧熄灭。因此，消耗电压，即增加电阻压降和电弧压降，是低压开关熄灭电弧的有效方法。具体灭弧方法为：

(1) 拉长电弧。如图3-6所示，当电弧长度为 l_0 时在B点稳定燃烧，如将其拉长经 l_1（临界状态）至 l_2，由于 u_h 的增加而总有 $\frac{di}{dt}<0$，电弧熄灭。

(2) 开断电路时在电路中逐级串入电阻。如图3-7所示。当外电路电阻为 R_0 时，电弧在B点稳定燃烧，如在外电路中串入电阻使外电路电阻变为 R_1，电弧因 $\frac{di}{dt}<0$ 而熄灭。采用此种措施时应注意限制电流的变化速度以防止过电压，否则不能达到熄弧目的。因此由 R_0 变至 R_1 时，需逐级串入电阻进行。

(3) 在断口上装灭弧栅。如图3-8所示，由钢片组成的灭弧栅罩在开关触头

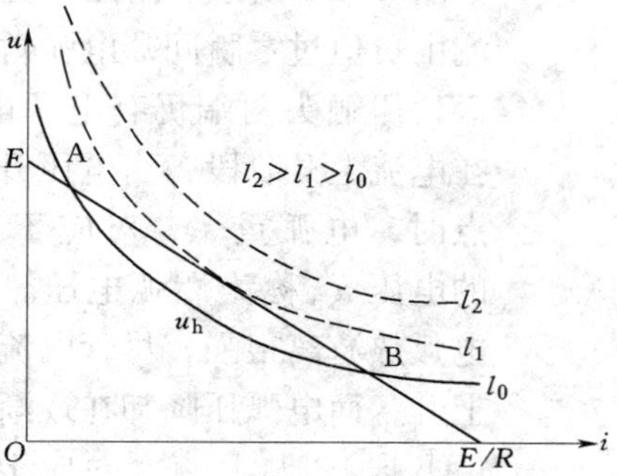

图 3－6　拉长电弧熄灭

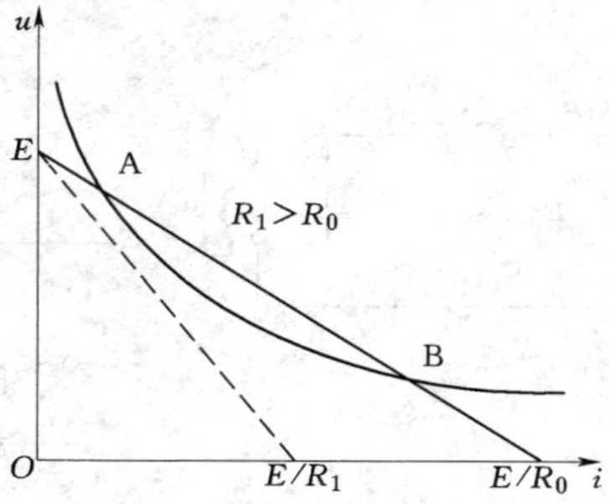

图 3－7　外电路逐级引入电阻灭弧

上，开关开断时，弧电流产生的磁场与钢片产生作用力使电弧拉入灭弧栅内被钢片分割成多段短弧，形成许多对电极，由于电弧的近极压降而使电弧所需电压增加，造成$\frac{di}{dt}$<0，使电弧熄灭。低压开关的灭弧常采用此种方法。

（4）冷却电弧。利用流体介质对电弧进行横吹或纵吹，或者把电弧与耐热绝缘材料（如石棉、水泥或陶土等）密切接触，都可对电弧起冷却作用，并可增强表面复合作用，如图 3－9 所示。

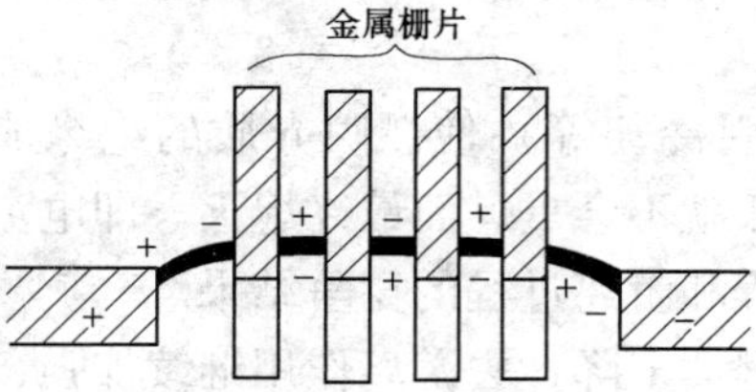

图 3－8　金属栅片分割短弧灭弧

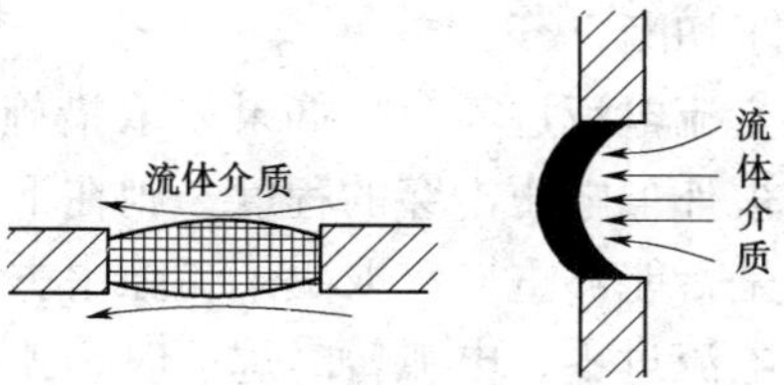

图 3－9　吹弧（横吹和纵吹）

3.3　交流电弧的特性及熄灭

3.3.1　交流电弧的伏安特性

交流电流的瞬时值变化很快，每个周期有 2 次通过零点，因此交流电流一直处于动态过程，而且电流过零时可以自行熄弧。但因弧柱热惯性的作用，致使电流过零后又会重新燃弧。设交流电路处于稳定状态，且电弧长度不变，则交流电弧的伏安特性

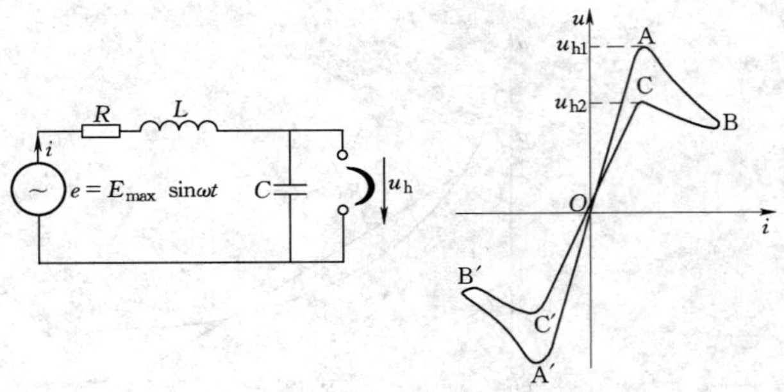

图 3－10 交流电弧的伏安特性

如图 3－10 所示。由图可见，电流由负值过零瞬间，电弧暂时熄灭，但触头两端仍有电源电压。在电流上升阶段，当电压升至 A 点时，电弧重燃，对应于 A 点的电压 u_{h1} 称为燃弧电压。由于电弧热游离很强，尽管电流继续上升，而电弧压降却在逐渐降低（AB 段）；从 B 点（对应于电流峰值）以后电流逐渐减小，电弧压降相应回升（BC 段），到达 C 点（对应于电压 u_{h2}）时电弧再次熄灭，u_{h2} 称为熄弧电压。由此可见，熄弧电压总低于燃弧电压。电流过零后在反方向重燃，其伏安特性与正半周相同。

3.3.2 交流电弧的熄灭条件

由于电源电压的交变使每一交变周期内交流电弧两次过零，即电弧两次自然熄灭，而并非如直流电弧那样需要强行熄灭，因此，熄灭交流电弧的主要问题仅为防止电弧重燃，且产生过电压的可能性低于强行熄灭的直流电弧，从而使交流电路较直流电路易于切断。

当交流电流过零时，如果采取措施（如吹弧冷却等）使弧隙介质的绝缘能力达到不会被外加电压击穿的程度，则在下半周电弧就不会重燃而最终熄灭。即电流过零后电弧是否能够重燃，取决于弧隙中去游离过程和游离过程的竞争结果。

当电流过零、电弧暂时熄灭时，弧隙温度继续下降，去游离作用继续加强，弧隙介质绝缘强度逐渐回升，但因热惯性而使弧隙温度仍然较高，甚至热游离也未完全停止，所以弧隙还具有一定的导电性，在弧隙外加电压作用下仍有残余电流通过。此时弧隙中同时存在着散失能量和输入能量两个过程，若输入能量大于散失能量，则游离过程胜过去游离过程，电弧可以重燃，这种现象叫热击穿；反之，电弧就会熄灭。

电流过零后，弧隙中也同时存在着两个恢复过程：一是弧隙介质绝缘强度的恢复过程，它主要取决于弧隙的冷却条件；二是弧隙电压的恢复过程，即弧隙电压由熄弧电压经过电路参数所决定的电磁振荡，逐渐恢复到电源电压的过程，它主要取决于电路参数。在恢复过程中，若恢复电压高于介质的绝缘强度，电弧将会重燃，这种现象叫电击穿；反之，电弧熄灭。

一般来说，断路器电弧多由电击穿而重燃。

3.3.2.1 弧隙介质强度的恢复过程

电弧电流过零时电弧熄灭，而弧隙的绝缘能力要恢复到绝缘的正常状态尚需一定的时间，此恢复过程称之为弧隙介质强度的恢复过程，以耐受的电压 u_d（t）表示。

弧隙介质强度恢复过程 u_d（t）主要由断路器灭弧装置的结构和灭弧介质的性质所决定，随断路器型式而异。目前，电力系统中常用的灭弧介质有油（变压器油或断路器油）、空气、真空、SF_6 等。图 3－11 为介质强度恢复过程的典型曲线。

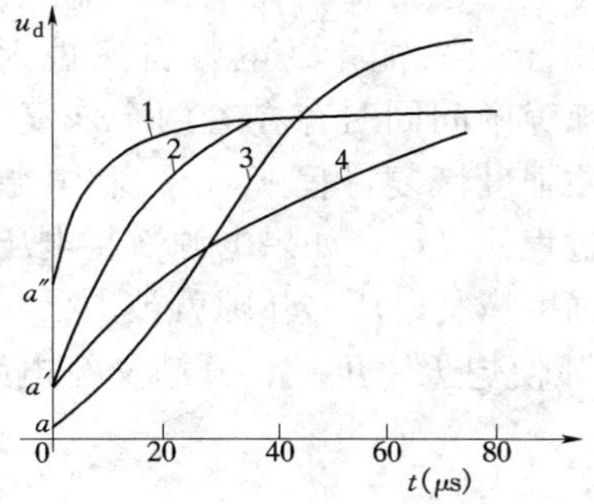

图 3－11 介质强度恢复过程曲线

1—真空；2—SF_6；3—空气；4—油

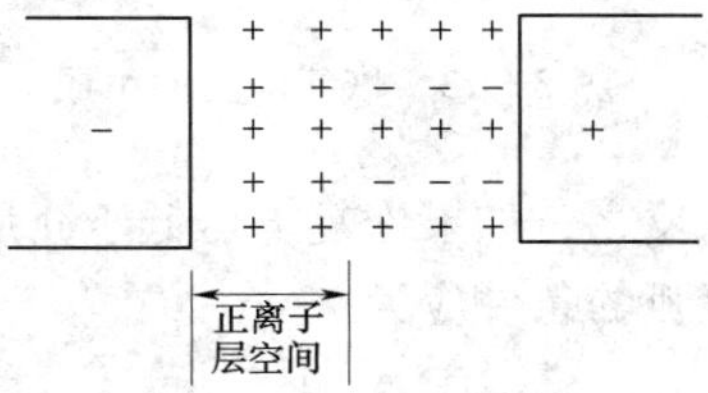

图 3－12 电流过零后电荷重新分布

从图 3－11 中可以看出：在 $t=0$ 电流过零瞬间，介质强度突然出现升高的现象，称为近阴极效应。这是因为在电弧过零之前，弧隙充满着电子和正离子，当电流过零后，弧隙的电极极性发生改变，弧隙中的电子立即向新阳极运动，而比电子质量大一千多倍的正离子则基本未动，从而形成弧隙间电子与正离子运动不平衡，便在新阴极附近呈现正电荷离子层，如图 3－12 所示。电弧电流越大，即电弧温度越高，介质强度恢复越慢。

相反，对电弧冷却越好，温度下降越快，介质强度恢复就越快。在高压断路器中，普遍利用气体或液体吹动电弧来加强弧柱的冷却，加强介质强度的恢复过程，以达到熄弧的目的。

3.3.2.2 弧隙电压的恢复过程

电弧电流自然过零后，电路施加于弧隙的电压，将从不大的电弧电压逐渐增长，一直恢复到电源电压，这一过程中的弧隙电压称为恢复电压，其电压恢复过程以 u_r（t）表示。电压恢复过程与线路参数、负荷性质等有关。一般恢复电压由两部分组成：在电压恢复过程中，首先出现在弧隙两端的是具有过渡过程特性的电压，称为瞬态恢复电压 u_{tr}，如图 3－13 所示，它存在的时间很短，然后，弧隙两端的电压就是电源电压，称为工频恢复电压 u_{sr}，见图 3－13 所示。

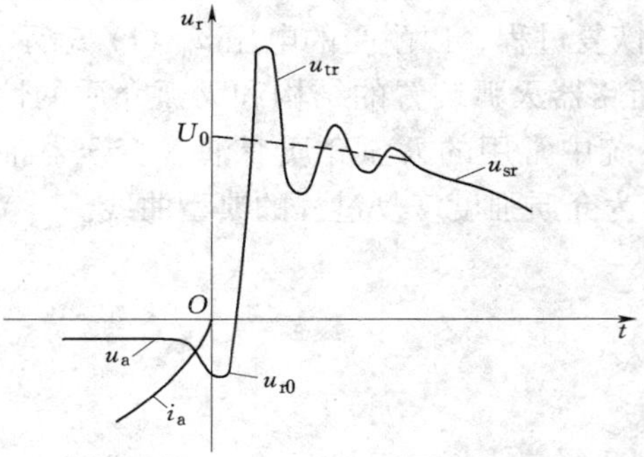

图 3－13　恢复电压的组成

工频恢复电压可以说是电弧熄灭以后加在弧隙上的恢复电压稳态值。而瞬态电压则是从熄弧电压过渡到稳态值之间的暂态分量。瞬态恢复电压 u_{tr} 与工频恢复电压 u_{sr} 合起来，称为恢复电压 u_r。

综上所述可知，在电弧电流过零时，电弧由于失去能量，电弧自然熄灭。此时，弧隙中间同时存在着两个恢复过程，即介质强度恢复过程 $u_d(t)$ 和电源电压恢复过程 $u_r(t)$。如果电源恢复电压高于介质强度恢复电压，弧隙就被击穿，电弧重燃。反之，如果恢复电压低于介质强度时，电弧便熄灭。可见，开断交流电路时，熄灭电弧的条件应为

$$u_d(t) > u_r(t) \tag{3-5}$$

若将两个恢复过程置于同一坐标图上，如图 3－14 所示。当恢复电压按曲线 u_{r1} 变化时，在 t_1 时刻之后，由于恢复电压大于介质强度，电弧就重燃。如按 u_{r2} 曲线变化，电弧就会熄灭。

3.3.3　交流电弧的灭弧方法

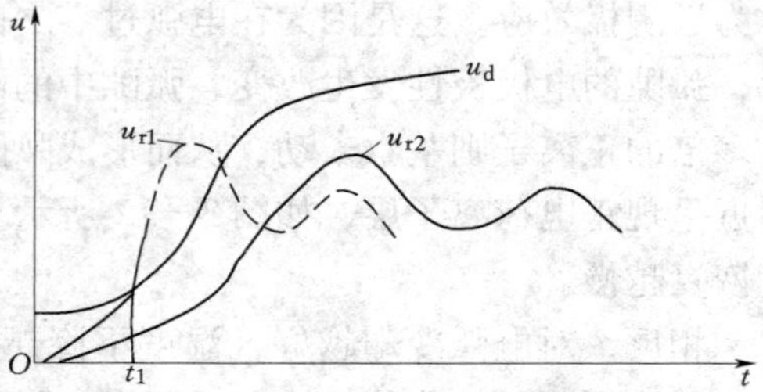

图 3－14　介质强度与恢复电压曲线

由交流电弧的特性可知，交流电流每个周期有 2 次通过零点，电弧 2 次自然熄灭，因此熄灭交流电弧的主要问题是如何防止电弧重燃。当交流电流过零时，如果采取措施使弧隙介质的绝缘能力达到不会被外加电压击穿的程度，则在下半周电弧就不会重燃而最终熄灭。即电流过零后电弧是否能够重燃，取决于弧隙中去游离过程和游离过程的竞争结果。

交流电弧的灭弧有以下几种情况。

3.3.3.1　空气中交流电弧的熄灭

（1）拉长电弧。利用空气、电动力、闸刀等将其拉长，强化去游离过程。

（2）磁吹熄弧。利用电磁力将电弧吹入特制的灭弧装置中熄弧。例如，用绝缘

石棉水泥板制成的灭弧槽，既可拉长电弧，又能加强冷却和复合作用；用金属板制成的灭弧栅，既可将电弧分割成多个短弧，又能增加冷却作用。

（3）气吹熄弧。用压缩空气产生高速气流对电弧进行横吹或纵吹，可使电弧拉长或变细，加速电弧的冷却和扩散去游离作用。高压断路器常采用这种方法熄弧。

3.3.3.2 油中交流电弧的熄灭方法

（1）静止油中电弧的熄灭。断路器等开关电器中常装有绝缘性能很好的变压器油，它既是绝缘介质，又是灭弧介质。当开关触头切断负荷电流或短路电流时，电弧在油中燃烧，使之分解出大量气体，其中含有相当多的氢气（氢气的导热性很高，对电弧有良好的冷却效果），大量气体致使弧隙的去游离作用增强，可使电弧很快地熄灭。

（2）吹弧型油中电弧的熄灭。在高压断路器中多设有一种特制的灭弧室，开关触头置于其中，并盛有变压器油。当触头断开而产生电弧时，油受热而分解出大量气体，经过灭弧室对电弧进行吹动，使之拉长或变细。也可以在触头分断过程中，通过外力（如弹簧推动活塞等）驱动油气吹弧，使电弧尽快熄灭。

3.3.3.3 六氟化硫气体灭弧

六氟化硫（SF_6）气体是一种不可燃的惰性气体，它的热导率随温度的不同而变化，其绝缘性能也很好，它的灭弧能力要比空气高100倍左右，是比较理想的灭弧介质。当用它吹弧时，采用不高的压力和不太大的吹弧速度就能熄灭高压断路器中的电弧。由于六氟化硫断路器具有开断容量大、电寿命长、开断性能好、无火灾危险等优点，因此受到用户的普遍欢迎。

3.3.3.4 真空灭弧

利用真空作为绝缘和灭弧介质（真空断路器灭弧室内的气体压力在1.33×10^{-4}Pa以下）是非常理想的灭弧方法。由于真空间隙内的气体稀薄，分子的自由行程大，发生碰撞的概率很小，因此，碰撞游离不是真空间隙击穿产生电弧的主要因素。真空中的电弧是由触头电极蒸发出来的金属蒸汽形成的，具有很强的扩散能力，因而使电弧电流过零后触头间隙的介质强度能很快恢复起来，使电弧迅速熄灭。目前真空断路器已得到广泛应用。

3.4 电 气 触 头

电气触头是指两个或几个导体之间相互接触的部分。如母线或导体的接触连接处以及开关电器中的动、静触头，都是电气触头。

触头的质量在很大程度上决定于触头的接触电阻值，因为触头在正常工作和通过短路电流时的发热都与其接触电阻有关。实际上，触头间的接触面并不是全部接触，而仅仅是几点接触。触头的表面加工状况、表面氧化程度、接触压力及接触情况都会影响接触电阻的数值。

开关电器触头间的接触压力，一般是利用触头本身的弹性或附加弹簧产生的。利用触头本身的弹性不能保证一定的压力，因而也不能保证规定的接触电阻值，当多次接通或断开后，弹性触头可能变形，造成接触不良。一般采用在触头上附加弹簧的方法，使接触压力增加，这样接触电阻较小而且稳定。

用金属材料制成的触头在空气中容易氧化，对接触电阻有很大的影响。金属表面的氧化物一般都是不良导体，氧化程度越严重，氧化层越厚，接触电阻越大。氧化程度与温度有关，当温度在 60 °C以上时，氧化最为强烈。因此，在可断触头的结构上，使触头接通或断开时造成较大的摩擦，将触头表面的氧化层自动净化以减小接触电阻。

3.4.1 对电气触头的要求

（1）结构可靠。

（2）有良好的导电性能和接触性能。

（3）通过规定的电流时，发热温度不超过规定值。

（4）断开规定容量的电流时有足够的抗熔焊和抗电弧烧伤能力。

（5）通过短路电流时，具有足够的动稳定和热稳定。

3.4.2 触头的分类和结构

3.4.2.1 按接触面的形式划分

（1）平面触头。这种触头在受到很大的压力时，接触点数和实际接触面仍然较小。自动净化能力弱，压强小，接触电阻较大。只限于低压开关中使用，如闸刀开关和插入式熔断器等。

（2）线触头。在高低压开关中普遍采用线触头。线触头是指两个触头间的接触面为线接触的触头，如柱面与平面接触或两圆柱面接触。线接触的接触压力较大，在接通和断开时自动净化能力较强。

（3）点触头。是指两个触头接触面为点接触，如球面和平面接触，或者两个球面的接触。它的优点是接触点更加固定，接触压力更大，接触电阻稳定；缺点是接触面积小，不易散热。这种触头一般应用在工作电流和短路电流较小的情况，如用于继电器和开关电器的辅助触点。

3.4.2.2 按结构形式划分

（1）可断触头。可断触头广泛应用于高低压开关中，主要有以下几种形式：

1）刀形触头：广泛应用于高压隔离开关和低压闸刀开关中。

2）指形触头：结构如图 3-15 所示。它由装在载流导体两侧的接触指 1、楔形触头 3 和夹紧弹簧 4 组成。其特点是动稳定性较好，接通和断开过程中有自净作用；触头系统与灭弧室配合较难；工作表面易受电弧烧损。主要在断路器中作主触头，如 SN4 型少油断路器。隔离开关中应用也较多。

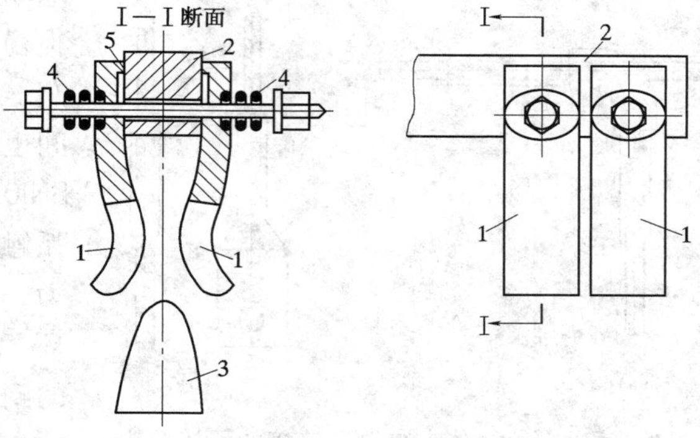

图 3-15　指形触头

1—接触指；2—载流导体；3—锲形触头；4—弹簧；5—接触指上端的凸部

3）插座式触头：结构如图 3-16 所示。它的静触头 1 是由多片梯形触指组成的插座，动触头是圆形铜导电杆 4。由于触指的数量较多，每片触指的接触压力并不很大，接触面的工作非常可靠。在接通和断开过程中，导电杆与触指摩擦，自净作用强，接触电阻比较稳定。动触头的运动方向与动、静触头间的压力方向垂直，接通时触头的弹跳很小。触指片间以及触指与导电杆之间的电流是同一方向，

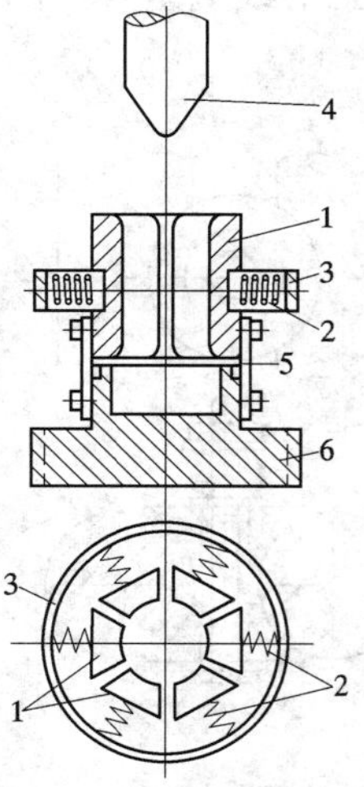

图 3-16　插座式触头

1—静触头片；2—弹簧；3—环；4—动触头；5—挠性连接条；6—触头底座

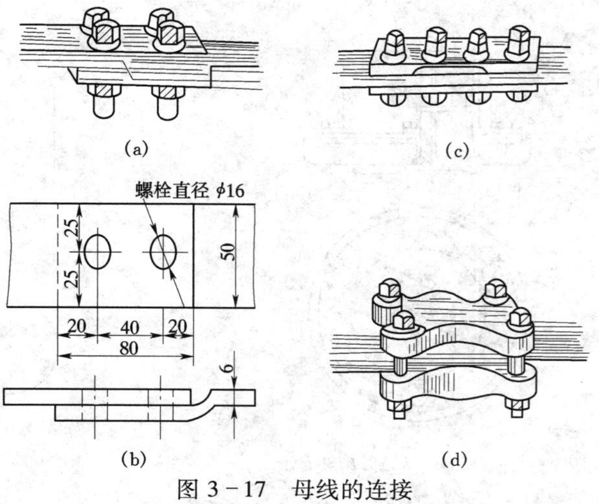

图 3-17　母线的连接

（a）、（b）搭接；（c）用连接片和夹持螺栓的对接；（d）用连接片和夹持螺栓的搭接

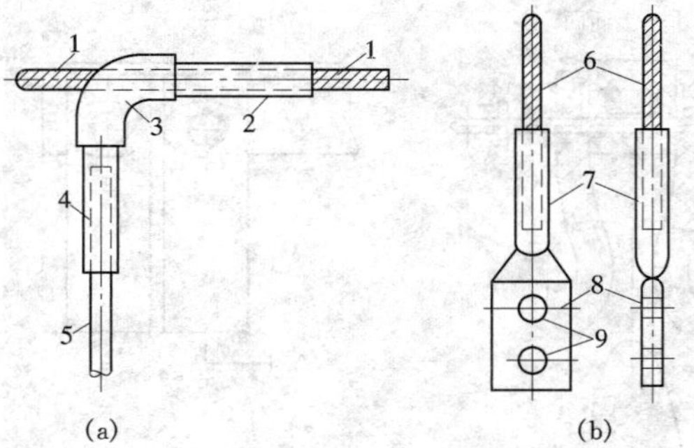

图 3－18 绞线分支与电器连接的压接接头

（a）绞线分支的压接接头；
（b）与电器连接的压接接头
1、5、6—绞线；2、4、7—圆管；
3—夹具的外壳；8—端板；9—螺孔

电动力使触指压紧导电杆，短路时的接触很稳定。但是，插座式触头的结构比较复杂，允许通过的电流也受到限制，断开时间也较长。插座式触头应用于 SN4 和 SNl0 等少油断路器中，作为主触头或灭弧触头。为了增加触头抗电弧灼伤的能力，一般在外套的端部加装铜钨合金保护环3，在动触头的端部镶嵌铜钨合金制成的耐弧触头。

（2）固定触头。固定触头是指连接导体之间不能相对移动的触头，如母线之间，母线与电器的引出端头的连接等。常见的固定连接如图 3－17、图 3－18 所示。固定触头的接触表面都应有适当的防腐措施，以防止外界的侵蚀，保证可靠性和耐久性。防腐的方法一般是在触头连接后，在外面涂以绝缘漆、瓷釉或中性凡士林油等。

（3）滑动触头。滑动触头是指在工作中被连接的导体总是保持接触，能由一个接触面沿着另一个接触面滑动的触头，如电机中的滑环与碳刷、滑线电阻等。图 3－19

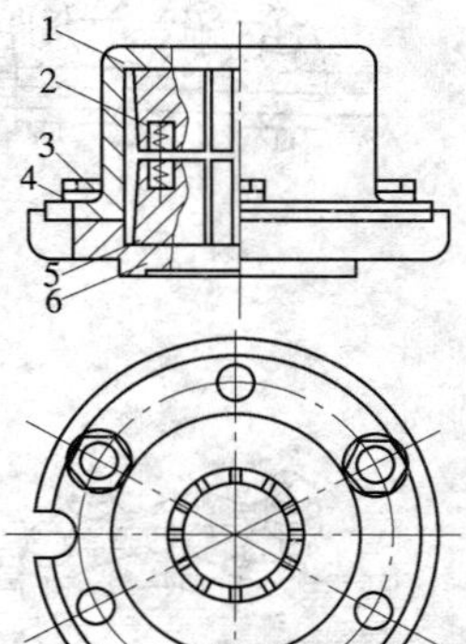

图 3－19 豆形触头

1—上触头座；2—弹簧；
3—螺栓；4—弹簧垫圈；
5—触指；6—下触头座

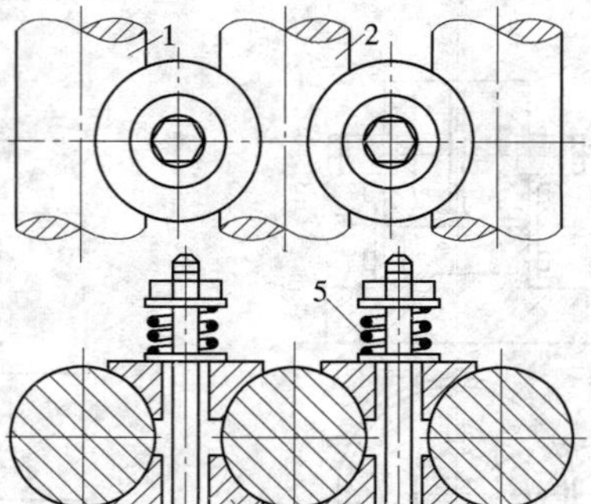

图 3－20 滚动触头

1—固定导电杆；2—可动导电杆；
3—滚轮；4—螺栓；5—弹簧

所示为豆形触头，它的静触指分上下两层，均匀分布在上下触头的圆周上，每一触指配有小弹簧作缓冲，以防止动触杆卡涩和减小摩擦，动触杆由其中心孔通过。由于其接触点多，因此在较小的压力下，具有良好的导电能力，且结构紧凑。豆形触头不能制做成可断触头，通用性差，应用于 SW3 型和 SW6 型少油断路器中。

图 3－20 为滚动式滑动触头，它由圆形导电杆 2、成对的滚轮 3、固定导电杆 1 及弹簧 5 组成。弹簧的作用是保持滚轮和可动导电杆以及滚轮和固定导电杆的接触压力。在接通和断开过程中滚轮绕着自身轴转动，并沿导电杆滚动。这种触头由于接触面的摩擦力很小，自净作用不如插座式触头有效，主要应用于 SN10 系列少油断路器中。

习题与思考题

3－1　何为电弧？简述断路器触头断开时断口电弧的形成过程及由此而确定的基本灭弧方法。

3－2　直流电弧稳定燃烧的条件为何？灭弧栅和灭弧室在灭弧原理上有何差别？

3－3　交流电弧电流有何特点？熄灭交流电弧的条件是什么？

3－4　什么叫介质强度恢复过程？什么叫电压恢复过程？它们与哪些因素有关？

3－5　在直流电弧和交流电弧中，将长电弧分割成短电弧灭弧是利用了什么原理？

3－6　电气触头主要有哪几种接触形式？各有什么特点？

3－7　如果电气触头发生振动是什么原因造成的？有什么危害？

第 4 章

电气设备及载流导体

【教学要求】 掌握高压开关电器的结构特点、工作原理、电气参数及其应用，重点掌握断路器的工作原理；掌握互感器的作用、结构、接线方式及准确度等级；掌握母线、电缆、绝缘子、限流电器的工作原理、结构及应用。

4.1 高压开关电器

4.1.1 概述

在电力系统的各类电力装置中，主要电力元件如发电机、变压器、线路、母线等，在改变运行方式或停电检修时，需要进行正常的投入与切出；在出现故障时，则需迅速分断短路电流，切除故障电路，以保证系统或装置的其他部分的正常工作。这种直接用于正常投切和故障切除电路的电气一次设备称为开关电器。

开关电器的分类有以下三种方式：

(1) 按电压高低分类。开关电器按使用电压的高低分为高压开关电器和低压开关电器两类，后者用于 1kV 及以下电力网络中。

(2) 按安装场所分类。开关电器按安装场所分为户内式和户外式两类，其中低压开关电器除少数例外，多为户内式；110kV 及以上的开关电器主要是户外式。

(3) 按功能分类。根据开关电器在开断和关合电路中所担负的任务的不同，分为以下几类：断路器、隔离开关、负荷开关、熔断器。

将高压负荷开关和熔断器装配在一起的组合式开关电器，具有类似高压断路器的功能，在某些电路中可代替断路器使用。

4.1.2 高压断路器

4.1.2.1 高压断路器的用途

高压断路器是高压电器中最重要的部分，是电力系统一次设备中控制和保护的关键电器，受它控制和保护的电路，无论在空载、负载或短路故障状态，都应可靠地动作。

总的来讲，高压断路器在电网中起两方面的作用：一是控制作用，即根据电网运行的需要，将部分电气设备或线路投入或退出运行；二是保护作用，即在电气设备或电力线路发生故障时，继电保护自动装置发出跳闸信号，起动断路器，将故障部分设备或线路从电网中迅速切除，确保电网中无故障部分的正常运行。

4.1.2.2 对高压断路器的基本要求

断路器在电路中担负特别重要的任务，必须满足以下基本要求：

（1）工作可靠。断路器应能在规定的运行条件下长期可靠地工作，并能在正常和故障情况下准确无误地完成关合和开断电路的指令，其拒动或误动都将造成严重的后果。

（2）具有足够的开断能力。断路器的开断能力是指能够安全切断最大短路电流的能力，它主要决定于断路器的灭弧性能，并保证具有足够的热稳定和动稳定。开断能力的不足可能发生触头跳开后电弧长时续燃，导致断路器本身爆炸飞弧，引起事故扩大的严重后果。

（3）动作快速。在电路发生故障时，快速地切除故障电路，不仅能缩短电力网的故障时间和减轻巨大短路电流对电气设备的损害，而且能增加电力系统的稳定性，提高整个系统的供电可靠性。

（4）具有自动重合闸性能。输电线路的短路故障大多数是临时性的。为了提高电力系统运行的稳定性和供电可靠性，线路保护多采用自动重合闸方式，即在发生短路故障时，继电保护动作使断路器跳闸，切断故障点的短路电流，经很短时间后断路器又自动重合闸，恢复正常供电。若故障仍然存在，则断路器必须立即跳闸，再次切断短路电流，这要求断路器在第一次大电流灭弧后很快恢复灭弧能力，完成后续次的灭弧。

（5）结构简单，经济合理。在满足安全、可靠的同时，还应考虑到经济性，故要求断路器的结构力求简单、尺寸小、重量轻、价格合理。

4.1.2.3 断路器的基本参数

断路器的特性和工作性能可用以下基本参数来表征：

（1）额定电压。指断路器长时间运行能承受的正常工作电压。它不仅决定了断路器的绝缘水平，而且在相当程度上决定了断路器的总体尺寸和灭弧条件。由于输电线路有电压降，电网不同地点的电压可能高出额定电压 10% 左右，使断路器可能在高于额定电压下长期工作，故制造厂规定断路器的最高电压对于 10 ~ 220kV 为 1.15 倍额定电压，对于 330kV 及以上为 1.1 倍额定电压。

（2）额定电流。它是断路器的触头结构和导电部分在规定环境温度下允许通过的长期工作电流，其相应的发热温度不会超过国家标准。它决定了断路器触头及导电部分的截面，并且在某种程度上也决定了它的结构。

（3）额定开断电流。指断路器在额定电压下能可靠断开的最大短路电流的有效值。它表征断路器的开断能力。由于开断电流与电压有关，当断路器降低电压级使用（例如 10kV 断路器用于 3 ~ 6kV 电网）时，其开断电流相应增大，但有一最大值，称为极限开断电流。

（4）额定开断容量。断路器的开断能力也可间接用开断容量 S_{kd} 来表示，在三相电路中其大小等于额定电压与额定开断电流的 $\sqrt{3}$ 倍。

（5）动稳定电流。表明断路器在冲击短路电流作用下，承受电动力的能力。其值由导电和绝缘等部件的机械强度决定。

（6）热稳定电流。表明断路器承受短路电流热效应的能力。用通电时间（一般取 4s）和最大电流有效值来综合表示。

（7）开断时间。从操作机构跳闸线圈接通跳闸脉冲起，到三相电弧完全熄灭时止的一段时间称为断路器的开断时间，它等于断路器的固有分闸时间 t_{gf} 和熄弧时间 t_{xh} 之和，即

$$t_{kd} = t_{gf} + t_{xh}$$

其中固有分闸时间 t_{gf} 是从跳闸线圈接通跳闸脉冲到动、静触头刚分离的一段时间；熄弧时间 t_{xh} 是从触头刚分离到各相电弧熄灭的时间。

4.1.2.4　断路器的操动机构的组成

断路器在工作过程中的合、分闸动作是由操动系统来完成的。操动系统由相互联系的操动机构和传动机构组成，后者常归入断路器的组成部分。操动机构的工作性能和质量对断路器的工作性能和工作可靠性起着重要的作用。

断路器的操动机构由图 4－1 所示的各个部分组成：

（1）操动机构：由动力机构、扣住机构、脱扣机构等组成。

1）动力机构：为原动力机构，其操动能源由气压能、弹簧能、电磁能或液压能形成。

2）扣住机构：当断路器合闸到终了位置时，将机构固定在合闸位置。

3）脱扣机构：当断路器分闸时，能将死点机构脱开，实现分闸。

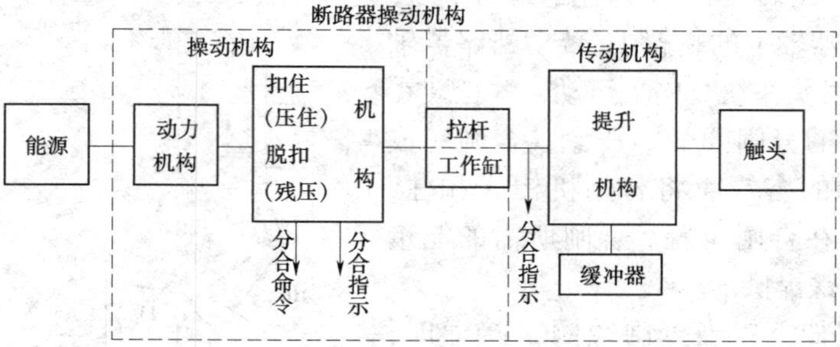

图 4－1 操动机构部分组成

4）自由脱扣机构：由合闸电磁铁动作，顶起机构到合闸终点位置不落下，分闸电磁铁脱扣动作，机构能自由分闸。

（2）传动机构：由拉杆、提升机构、缓冲机构等组成。

1）拉杆：是操动机构过渡到提升机构的一种连接传动机构。

2）提升机构：用来提升触头进行分、合闸。

3）缓冲机构：用来在分、合闸终了位置吸收剩余动作，使操动平稳。

操动机构按照分、合闸信号进行操动，除此之外，根据运行和维护要求，还应有分、合闸位置的机械指示器。

4.1.2.5 断路器的操动机构的分类

操动机构按操动能源来进行分类，可分为手动型、电磁型、液压型、气压型和弹簧型等多种类型。

（1）手动型操动机构是指靠人力合闸、靠弹簧力分闸的操动机构。

（2）电磁型操动机构是直接依靠电磁力来合闸的操动机构。

（3）液压型操动机构是用高压油推动活塞实现合闸与分闸的操动机构。

（4）气压型操动机构是以压缩空气推动活塞实现合闸与分闸的操动机构。

（5）弹簧型操动机构是用小功率电动机将弹簧拉伸储能实现合闸与分闸的操动机构。

除手动型外，其他均为自动操动机构。其中，电磁型需直接依靠合闸电源提供操动功率；液压型、气压型和弹簧型则只需间接利用电能，并经转换设备和储能装置用非电能形式操动合闸，故短时失去电源后可由储能装置提供操动功率，因而减少了对电源的依赖程度。

图 4－2 给出的是由电磁型操动机构操动的断路器动作原理示意图。

合闸过程如下：当合闸线圈 1 接通时，合闸铁芯 2 被吸向上，推动合闸机构 3 绕

O_1 轴作反时针旋转，同时通过绝缘连杆 12 和固定在断路器轴上的拐臂 11 带动断路器轴 9 转动，使动触头系统 8 向上运动，并把装在动触头系统上的分闸弹簧 5 压紧。合闸完成后，分闸机构的搭钩 4 将合闸机构 3 扣住，使断路器保持在合闸位置。合闸所需的能量是由合闸电磁铁提供的。

分闸过程如下：当分闸线圈 7 接通时，分闸铁芯 6 被吸向上，推动搭钩 4 绕 O_2 轴作反时针旋转，释放合闸机构 3。此时，在分闸弹簧的作用下动触头系统向下运动而完成分闸。断路器的分闸是靠分闸弹簧实现的，分闸所需的能量是操动机构在合闸过程中储藏在分闸弹簧中的。

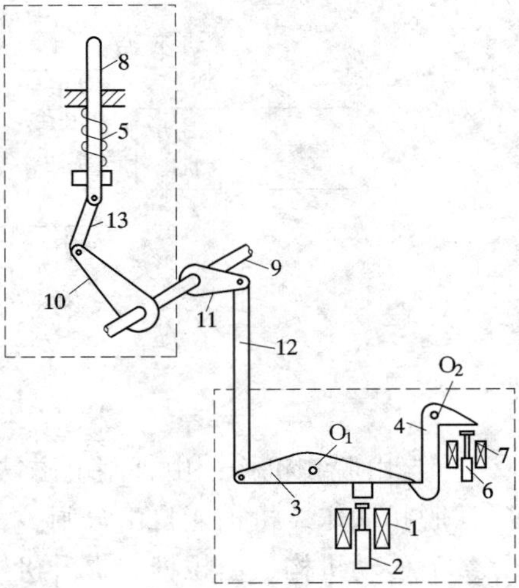

图 4－2　断路器动作原理示意图
1—合闸线圈；2—合闸铁芯；3—合闸机构；4—搭钩；5—分闸弹簧；6—分闸铁芯；7—分闸线圈；8—动触头系统；9—轴；10、11—拐臂；12—绝缘连杆；13—连杆

4.1.2.6　断路器的操动机构的基本要求

断路器操动机构的类型和产品型式多种多样，但其基本要求是一致的，主要有以下几个方面：

（1）具有足够的合闸功率，保证所需的合闸速度，并使断路器在关合短路的情况下关合到底。

（2）能维持断路器处在合闸位置，不因外界震动和其他原因产生误分闸。

（3）有可靠的分闸装置和足够的分闸速度，为了设备和系统的安全，分闸装置务必工作可靠、灵敏快速，在任何情况下不允许误动或拒动。断路器分闸后，操动机构应自动回复到准备合闸位置。

（4）具有自由脱扣装置。在断路器进行合闸的过程中又接到分闸命令时，操动机构应立即终止合闸过程，迅速进行分闸。这种在合闸过程中的分闸叫做自由脱扣。可见，自由脱扣装置是分闸装置的重要补充，二者常结合在一起，无论对自动或手动操动机构，该装置都是不可缺少的。

（5）在控制回路中，要保证分、合动作准确、连续，即分后准备合、合后准备分。

（6）结构简单、体积小、价格低廉。

4.1.2.7　高压断路器的分类

高压断路器一般按灭弧介质的不同进行分类：

（1）油断路器。指采用变压器油作为灭弧介质的断路器。它又可分为多油断路器和少油断路器。多油断路器的油除了作灭弧介质和触头开断后的绝缘外，还作为带电部分对地的绝缘。少油断路器的油只作为灭弧介质和触头开断后的绝缘，而带电部分对地绝缘采用瓷件或其他介质。和多油断路器相比，少油断路器具有用油量少、体积小、重量轻、运输安装方便、有利于防火等优点。

（2）压缩空气断路器。指采用压缩空气作为灭弧介质和弧隙绝缘介质的断路器。压缩空气断路器的特点是灭弧能力强，动作迅速，能快速自动重合闸。此外，其体积小，防火防爆，在低温下能可靠地工作，维护检修方便。缺点是工艺要求高，消耗有色金属多，操作时噪声大，并需一套专供操作用的压缩空气设备等。

（3）真空断路器。指采用真空的高绝缘强度来灭弧的断路器。这种断路器的动静触头密封在真空泡内，利用真空作为灭弧介质和绝缘介质。它的特点是体积小，能频繁操作，维修工作量小。

（4）六氟化硫（SF_6）断路器。指利用具有优异的绝缘性能和灭弧性能的 SF_6 气体作为灭弧介质和绝缘介质的断路器。由于 SF_6 气体的电气性能好，所以 SF_6 断路器的断口电压较高，在电压等级相同、开断电流和其他性能相近的情况下，SF_6 断路气比少油断路器串联断口要少，可使制造、安装、调试和运行比较方便和经济。它的特点是：灭弧能力强，绝缘强度高，开断电流大，燃弧时间短；断开电容电流或电感电流时，无重燃，过电压低；电气寿命长，检修周期长，适于频繁操作；操作功小，机械特性稳定，操作噪音小。

4.1.2.8 少油断路器

少油断路器分为户内式和户外式。低于 35kV 的少油式断路器只有户内式，高于 35kV 的只有户外式，35kV 的少油式则兼有户内式和户外式。目前我国生产的少油断路器有多种系列，下面主要介绍 SN10 和 SW6 两种。

（1）SN10 系列户内式少油断路器。SN10 系列少油断路器的结构基本相似，图 4－3所示为 SN10—10Ⅰ型少油断路器的结构图。它由箱体、框架和机械传动机构三大部分组成。箱体下部用两个支持绝缘子垂直壁挂于框架上，并经一绝缘连杆与传动机构相连。断路器分合时，操作机构通过主轴 27、绝缘拉杆 29 和基座内的变直机构使导电杆上下动作，实现断路器的分合。

少油断路器的导电回路从上到下由上接线座 5、静触座 7、静触头 13、弧触指 14、导电杆 20、滚动触头 19 和下接线座 18 等组成。

导电杆的端部和静触头的弧触指上均装有耐弧铜钨合金，以增强触头的抗弧能力和短路开断能力，延长其使用寿命。

箱体中间部位是灭弧室，采用纵横吹和机械油吹联合作用的灭弧原理。图 4－4

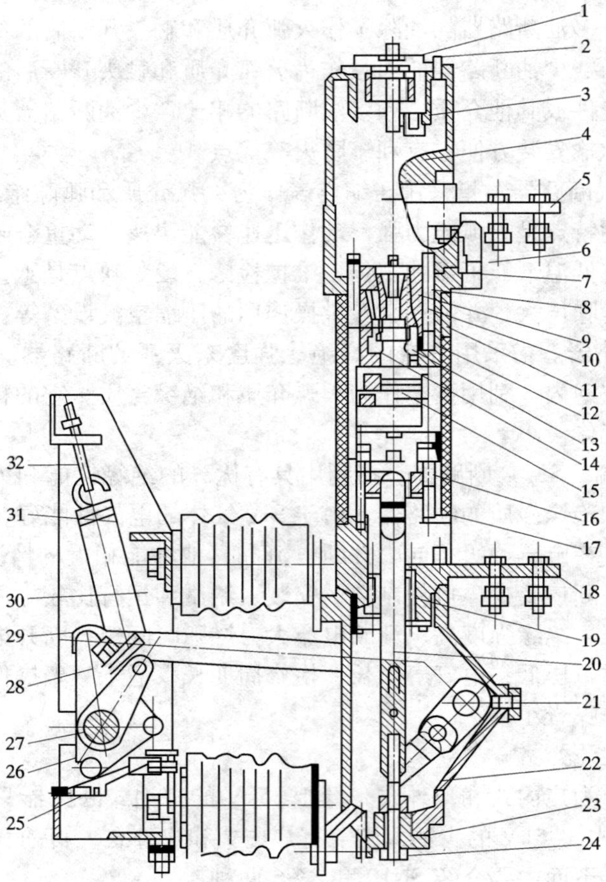

图 4 - 3　SN10—10 Ⅰ型少油断路器结构

1—排气孔盖；2—注油螺栓；3—回油阀；4—上帽装配；5—上接线座；6—油标指示器；
7—静触座装配；8—逆止阀；9—弹簧片；10—绝缘套管；11—上压环；12—绝缘环；
13—触指；14—弧触指；15—灭弧室装配；16—下压环；17—绝缘筒装配；
18—下接线座装配；19—滚动触头；20—导电杆装配；21—特殊螺栓；
22—基座装配；23—油缓冲器；24—放油螺栓；25—合闸缓冲器；
26—轴承座；27—主轴；28—分闸限位器；29—绝缘拉杆；
30—支持绝缘子；31—分闸弹簧；32—框架装配

是 SN10—10 Ⅰ型断路器灭弧室结构原理图。图 4 - 4（a）中，绝缘筒 11 由高强度的玻璃钢制成，其内叠装耐弧耐热的三聚氰胺玻璃纤维热压而成的隔弧板 1 ~ 5（共 5 片），内衬筒 7 和 8（2 个），绝缘垫圈 6 和 10（2 个）；上面用螺纹压圈 9 旋紧。第

2、3、4 片隔弧板带有横吹喷口，第 5 片隔弧板具有纵吹油囊，形成三级横吹和一级纵吹。此外还具有因导电杆分闸运动引起的机械油吹作用。

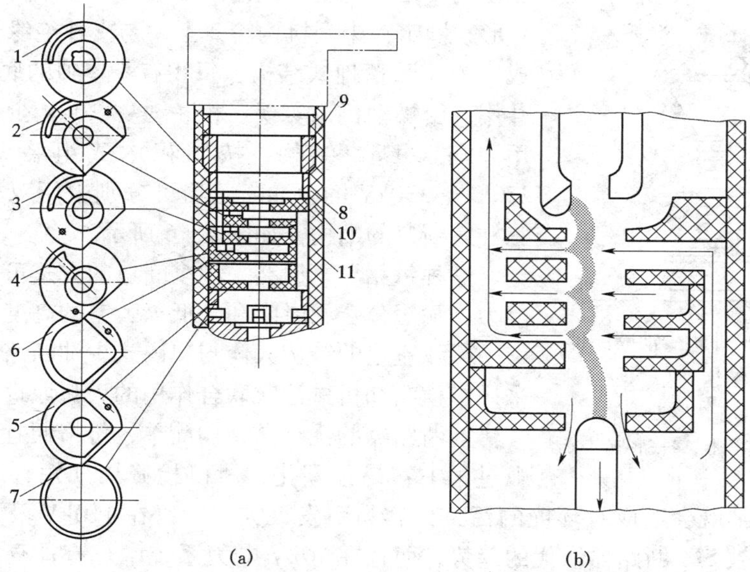

图 4-4　SN10—10Ⅰ型少油断路器灭弧室结构原理图

（a）灭弧室结构图；（b）灭弧原理图

1～5—隔弧板；6、10—绝缘垫圈；7、8—内衬筒；

9—螺纹压圈；11—绝缘筒

在灭弧室的上部空间放置静触头，如图 4-3 所示。静触头座上套有一绝缘罩筒 17，把灭弧室上部空间分为内、外两个部分。内空间向下可通过隔弧片中心孔和横吹孔与外空间相通；向上通过静触头座回油孔道中的逆止阀与外空间相通。当断路器处于合闸位置时，下通道被导电杆塞闭，上通道因逆止阀钢球下落而开启，以接收回油。在分闸过程中，动静触头一分离便于工作产生电弧，分解变压器油，首先将逆止阀钢球上推堵住回油孔，造成密闭燃弧，使内腔压力迅速升高。随着导电杆向下运动，顺序打开第 1、2、3 横吹孔和下部油囊的纵吹孔，造成压力油气流的纵横吹。此外，在导电杆快速向下运动的同时，下部的油对流向上压入灭弧室，形成附加的机械油吹，总的过程如图 4-4（b）所示。图中在开断小电流时，由于横吹缺乏足够的压力，电弧被拉至纵吹油囊后，在油气纵横吹及机械压油吹弧的联合作用下熄灭。当开断大电流时，由于电弧的能量大，油气压力高，一般在开启第 1 或第 2 横吹孔时即能熄灭，燃弧时间很短，约为 8～16ms。

（2）SW 系列户外式少油断路器。户外式少油断路器采用串联灭弧室、多断口积木式结构形式，其结构外型如图 4－5 所示。断路器每相由两个结构完全相同的灭弧室 1 串联，对称地布置成 V 形，固定在中间机构箱 2 上，与支柱绝缘子 3 一起组成一个 Y 形落地式结构，每相有一单独的底座 4，三相共用一套操动机构实现三相联动。110kV 少油断路器采用单柱双断口结构，按照积木式组装方式，用于 220kV、330kV 的少油断路器可分别采用双柱四断口和三柱六断口的结构，如图 4－6 所示。

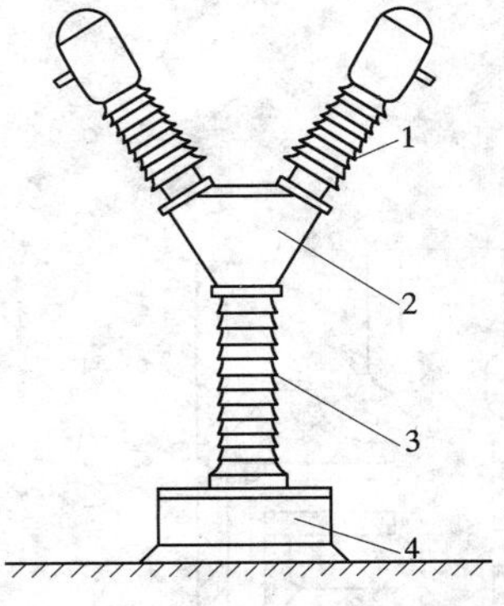

图 4－5 户外式少油断路器的结构外型

1—灭弧室；2—机构箱；3—支持瓷瓶；4—底座

这种每相导电回路采用多断口的方式可以增强灭弧能力、缩短分合闸时间和降低灭弧室的高度。

灭弧室里的结构大体与户内式少油断路器相似，也采用纵横吹和机械油吹联合作用的灭弧原理。

油断路器的优点是结构简单，价格便宜，但油在灭弧过程中容易被碳化，所以检修周期短，维护工作量大，再加上油既会造成对环境的污染又容易引发火灾，所以在 110kV 及以上的电力系统中已有被 SF_6 断路器取代的趋势，而且在 10kV 电力系统中也有被真空断路器取代的趋势。

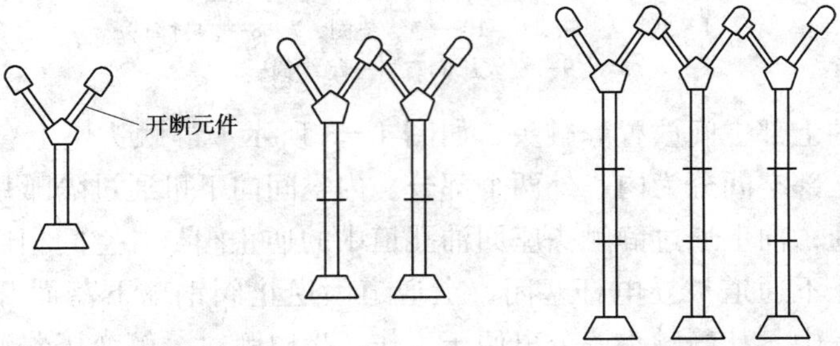

图 4－6 断路器的积木组合

4.1.2.9 SF_6 断路器

（1）SF_6 断路器的发展。SF_6 气体出现于 1900 年，直至 1940 年才被用来作为电器设备的绝缘介质，以此为起点，使 SF_6 气体在高压开关、变压器、电缆和其他电气设备中得到了广泛的应用。SF_6 在断路器中的应用是在 20 世纪 60 年代中期，由于基础工业的发展，材料和操动机构有了新的突破，找到了适应 SF_6 特点的气压式灭弧室结构，才使 SF_6 断路器走上了电力工业实践的舞台，获得了飞跃的发展。

在20世纪60年代以前，35kV以上的电网主要使用油断路器和空气断路器，至20世纪70年代，SF_6 断路器逐渐取代了这两种断路器，而且显现出其有力的竞争锋芒。现在，世界上生产35kV以上电压等级 SF_6 断路器的有美国、日本、英国、瑞士、法国、意大利等17个国家，这些国家可生产10～800kV的 SF_6 断路器，正在研究和制造1000kV的 SF_6 断路器。从目前的用户需求和制造厂家的产品上来看，尽管少油断路器目前还占有相当大的市场，但总的说来，是处于被淘汰的趋势。SF_6 断路器已逐渐雄踞高压开关的主导地位，这已成为国内外公认的发展方向。

我国对 SF_6 断路器的研制是从研制全封闭组合电器GIS开始的，目前220kV的 SF_6 断路器已投入运行，现已能生产10～550kV的 SF_6 断路器，10kV、35kV的 SF_6 断路器正在迅速地被推广使用。我国生产的10kV SF_6 断路器的代表型号为LW3—10Ⅰ型和LW3—10Ⅱ型（如图4－7所示）。这两种类型的断路器采用先进的自能旋弧式原理进行设计，具有结构简单、操作能量小、机电磨损小等优点，基本做到在运行期内“无维修”。与真空和油开关灭弧室相比，在结构、安全性、耐过电压、使用寿命和价格方面都优越得多。

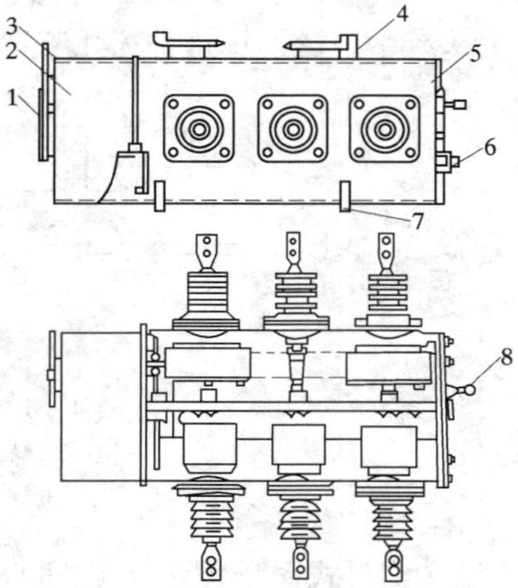

图4－7 LW3—10Ⅰ、Ⅱ型 SF_6 断路器外形图

1—分合指示板；2—操动机构；3—操作手柄；4—吊装螺杆；5—断路器本体；6—充放气接头；7—固定板；8—压力表

LW3—10Ⅰ型断路器配手动弹簧储能操动机构具有手动储能、手动开断和过电流自动脱扣开断4种功能，其主要用于10kV分支线路，完全可以取代现有的柱上油断路器。

LW3—10Ⅱ型断路器配有交直流220V电动储能弹簧操动机构，具有电动关合、电动开断、手动关合、手动开断以及过电流自动脱扣开断功能。

（2）SF_6 气体的特点。SF_6 气体是一种无色、无嗅、无毒和不可燃的惰性气体，是目前在高压电器中使用的最优良的灭弧介质和绝缘介质。在均匀电场下，SF_6 气体的绝缘性能大约是空气的3倍，在0.4MPa（约4个大气压）的压力下，SF_6 气体的绝缘性能则与变压器油相当。

SF_6 气体是电负性气体，即其分子和原子具有很强的吸附自由电子的能力，可以大量吸附弧隙中参与导电的自由电子，生成负离子。由于负离子的运动要比自由电子慢得多，因此很容易和正离子复合成中性的分子和原子，大大加快了电流过零时的弧隙介质强度的恢复。

（3）SF_6 断路器的灭弧装置。现在世界各国生产的 SF_6 断路器，采用三种灭弧室结构，这三种灭弧室结构是：压气式，旋弧式，自能式。

1）压气式灭弧装置（见图 4－8）中压有 SF_6 气体，开断过程中，压气缸与动触头同时运动，将压气缸内的 SF_6 气体压缩而使压力升高。触头分离后，喷口被打开，高压力的气体由喷口处向外排出，实现纵吹而将电弧熄灭。目前在 110kV 及以上的电力系统中广泛使用这种灭弧装置。

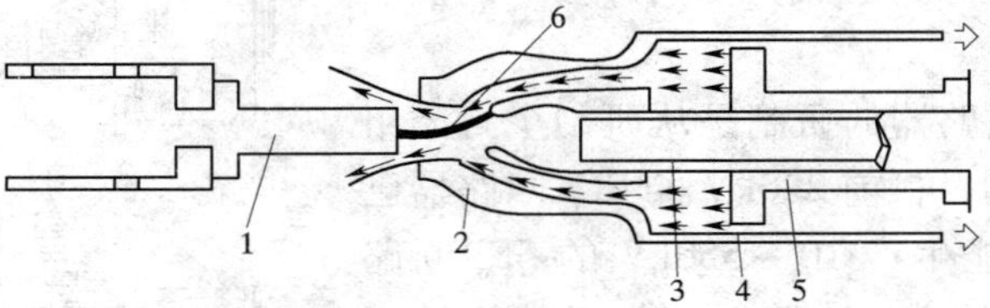

图 4－8　压气式灭弧装置的工作原理
1—静触头；2—绝缘喷口；3—动触头；
4—压气缸；5—活塞；6—电弧

2）旋弧式灭弧装置（见图 4－9）多用于 10～35kV SF_6 断路器中。其中磁场由线圈 2 形成，线圈的一端和静触头相连，另一端和圆筒电极相连，圆筒电极内部设置一个向静触头凸出的圆环。当导电杆 4 和静触头 1 分开产生电弧后，电弧会很快转移到动触头和圆筒电极间，把线圈 2 接入电路，使被断开的电流流经线圈。由于电弧电流是沿半径方向流动的，而线圈生成的磁场是轴线方向的，所以电弧会沿圆周旋转而与 SF_6 气体介质发生相对运动，实现吹弧。

3）自能式灭弧装置（见图 4－10）是正在发展中的新一代的灭弧装置，目前在 110～220kV 电力系统中使用。其灭弧室由主气室 3、辅助气室 6、气孔 4、气缸 5 和喷口 1 组成。当动静触头分开产生电弧后，被电弧加热的气体可通过气孔进入主气室，使主气室的压力升高，高压气体对喷口吹弧使电弧熄灭。如果开断的电流较小，电弧产生的热量小使主气室的压力不够时，辅助气室中的气体将通过上部开启的阀门进入到主气室内起助吹作用，从而增强了开断小电流的吹弧能力。

4.1.3　隔离开关

隔离开关是高压电气装置中保证工作安全的开关电器，其结构简单。隔离开关在分闸状态下，动静触头间应有明显可见的断口，绝缘可靠；在关合状态下，其导电系

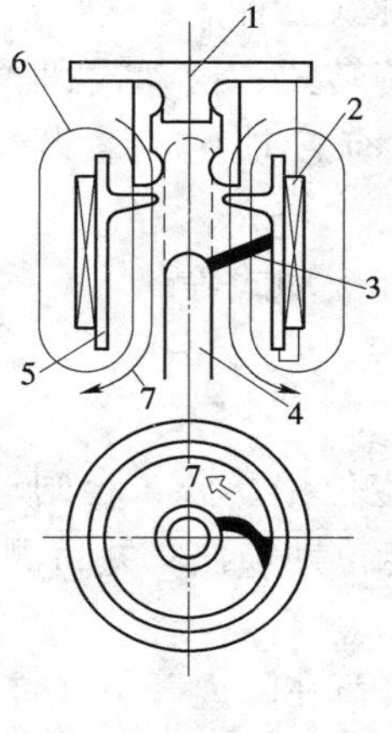

图 4-9 旋弧式灭弧装置的工作原理

1—静触头；2—磁吹线圈；3—电弧；4—导电杆；5—圆筒电极；6—磁场方向；7—电弧转动方向

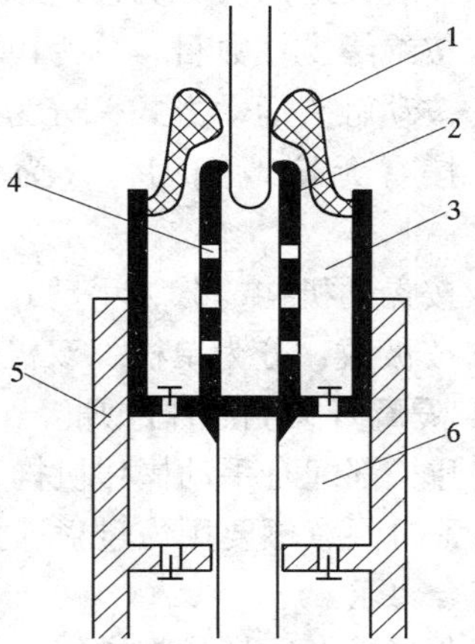

图 4-10 自能式灭弧装置的工作原理

1—喷口；2—动触头；3—主气室；4—气孔；5—气缸；6—辅助气塞

统中可以通过正常的工作电流和故障下的短路电流。隔离开关没有灭弧装置，除了能开断很小的电流外，不能用来开断负荷电流，更不能用来开断短路电流，但隔离开关必须具备一定的动、热稳定。

4.1.3.1 隔离开关的作用

隔离开关的作用主要有以下三种：

（1）隔离电源，保证安全。利用隔离开关将高压电气装置中需要检修的部分与其他带电部分可靠地隔离，这样，工作人员可以安全地进行作业，不影响其余部分的正常工作。

（2）倒闸操作。隔离开关经常用来进行电力系统运行方式改变时的倒闸操作。例如，当主接线为双母线时，利用隔离开关将设备或线路从一组母线切换到另一组母线。

（3）接通或切断小电流电路。可以利用隔离开关接通或切断下列电路：电压互感器，避雷器，长度不超过 10km 的 35kV 空载线路或长度不超过 5km 的 10kV 空载线路，35kV、100kVA 及以下和 110kV、3200kVA 及以下的空载变压器等。

特别强调，隔离开关在任何情况下，均不能接通或切断负荷电流和短路电流，并应设法避免可能发生的误操作。

4.1.3.2 隔离开关的分类

隔离开关可按以下不同方法进行分类：

（1）按装设地点，分为户内式和户外式两种。

（2）按绝缘支柱数目，分为单柱式、双柱式和三柱式三种。

（3）按动触头运动方式，分为水平旋转式、垂直旋转式、摆动式和插入式等。

（4）按有无接地闸刀，分为无接地闸刀、一侧有接地闸刀、两侧有接地闸刀三种。

（5）按操动机构，分为手动式、电动式、气动式和液动式等。

（6）按极数，分为单极、双极、三极三种。

4.1.3.3 隔离开关的操作原则

隔离开关都配有手动操作机构，操作时要先拔出定位销，分、合闸动作要果断、迅速，终了时注意不要用力过猛，操作完毕一定要用定位销锁住，并目测其动触头位置是否符合要求。

不管合闸操作还是分闸操作，都应在不带负荷或负荷在隔离开关允许的操作范围之内时才进行。为此，操作隔离开关之前，必须先检查与之串联的断路器，应确实处于断开位置。

如果发生了带负荷切投隔离开关的误操作，则应冷静地避免可能发生的另一种反方向的误操作，即：当发现带负荷误合闸后，不得立即拉开；当发现带负荷误分闸后，不得再合上，除非刚拉开一点，发现有火花产生时，可立即合上。

4.1.3.4 户内式隔离开关

户内式隔离开关（型号为GN）其额定电压一般在35kV以下，图4－11为户内配电用隔离开关的结构图。隔离开关的三相共装在同一个底座上，操作机构通过连杆操动转轴完成分合闸操作。导电回路主要由闸刀（动触头）、静触头及接线端组成。静触头固定在支柱绝缘子上；闸刀由两片刀片做成，一端通过销轴固定在另一组支柱绝缘子的触头座上。合闸时两片刀片夹紧静触头。为了保证动、静触头间的接触压力和压缩行程，在闸刀与静头接触处装有弹簧。对额定电流较大的还普遍采用磁锁装置来加强动、静触头间通过短路电流时的接触压力。

磁锁装置的作用原理如图4－12所示，当短路电流沿并行的两片闸刀流向静触头时，闸刀外侧的两片钢片受磁力作用互相吸引，增加了闸刀对静触头的接触压力，从而保证触头对短路电流的稳定性。

隔离开关利用操动机构通过传动连杆使三相连动的转轴转动，再通过每相的拐臂—连杆（即拉杆瓷瓶）驱动各相闸刀作垂直旋转，从而达到合分闸操动的目的。

4.1.3.5 户外隔离开关

户外隔离开关（型号为GW）由于触头直接暴露于大气中，其工作条件比较复杂，应能抵抗冰、雪、雨、风、暴晒、酷热等恶劣气候并长期反复地作用，一般要求

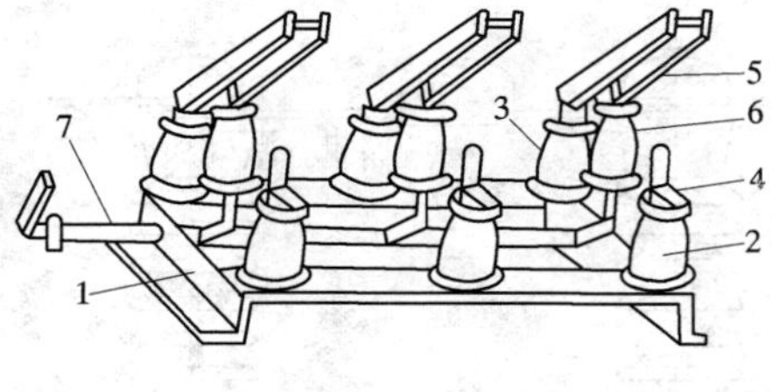

图 4－11 户内配电用隔离开关的原理图

1—底座；2、3—支柱绝缘子；4—静触头；
5—闸刀；6—操作绝缘子；7—转轴

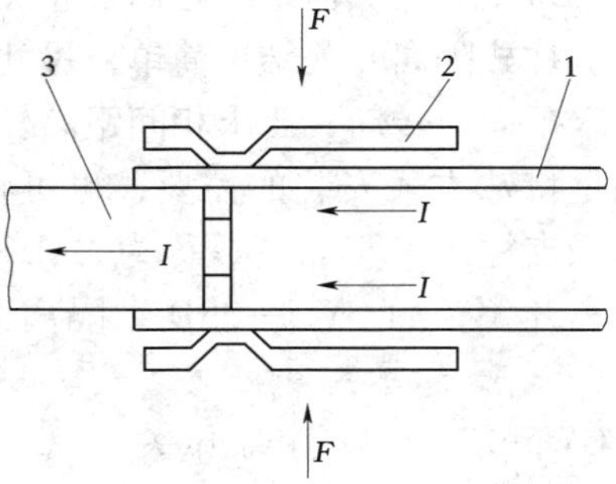

图 4－12 磁锁装置的作用原理

1—并行闸刀片；2—钢片；3—静触头

有较高的绝缘和机械强度。

户外隔离开关按绝缘支柱结构的不同，可分为单柱式、双柱式和三柱式，有的还带有接地闸刀。

（1）单柱式隔离开关。图 4－13 为单柱式隔离开关，这种隔离开关的静触头被独立地安装在架空母线上，可动闸刀安装在瓷柱顶部，由操动机构通过传动机构带动，像剪刀一样向上运动，夹住装在母线上的静触头以实现合闸；或向下运动，释放装在母线上的静触头以实现分闸。使用单柱式隔离开关可以显著地节省变电站的占地面积，但由于结构复杂，一般只在 220kV 及以上的电力系统中使用。

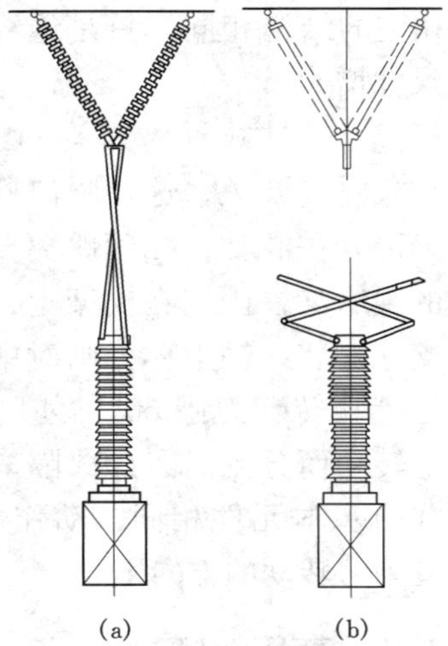

图 4－13 单柱式隔离开关的原理图

（a）合闸状态；（b）分闸状态

（2）双柱式隔离开关。图 4－14 所示是 GW4—35G（D）型双柱式隔离开关的结构图。它由底座 1，绝缘支柱 2，导电回路 3、4、5、6，接地闸刀 7，操动机构 14 及传动机构 9、10、11、12、13 等组成。两个绝缘支柱 2 分别装在底座 1 的轴承座上，用交叉连杆 9 连接两绝缘支柱主轴 8 和 8′的拐臂，可使两主轴同步反向转动 90°，导电杆分成 3 和 5 两段，分别固定在两个绝缘支柱顶部，其触头为指形结构。接地闸刀取垂直转动，并通过单独的一套操动机构和传动机构作三相连动操作。

GW4—110D 型隔离开关结构上与 GW4—

35G（D)型相同，但绝缘距离及相关尺寸增大。

双柱式隔离开关结构简单，尺寸小，重量轻，破冰雪能力强，动稳定性好，但闸刀在水平面内转动，要求相间距离较大。为满足特殊方式安装的需要，也可将两个绝缘支柱按 V 形布置，称为 V 形双柱式隔离开关，如 GW5—35D 型隔离开关（如图 4－15 所示）。

GW5—35D 型隔离开关与 GW4—35G（D）型基本相同，它也是双柱式结构，制成单极型式，借助连杆构成三极联动。主要不同之处是每极的两个支柱瓷瓶组成 V 形装在同一个底座内的两个轴承座上。闸刀也做成两段式，各固定在支柱瓷瓶的顶端。操作动轴转动，通过底座内的伞形齿啮合，带动两个支柱瓷瓶同速反向旋转 90°，达到分合闸的目的。

GW5—110D 型隔离开关与 GW5—35D 型的结构相同，只是绝缘距离和相关尺寸增大。

（3）三柱式隔离开关。图 4－16 为三柱式隔离开关，这种隔离开关与双柱式隔离开关相比，相间距离要求小，两边的绝缘支柱固定在支架上，中间的绝缘支柱安装在轴上。分闸时中间的绝缘支柱带动转臂刀闸 60°，使闸刀在水平面上转动而分闸。三柱式隔离开关与双柱式的基本元件相同，动作原理相似，只是闸刀转动的方向不同。

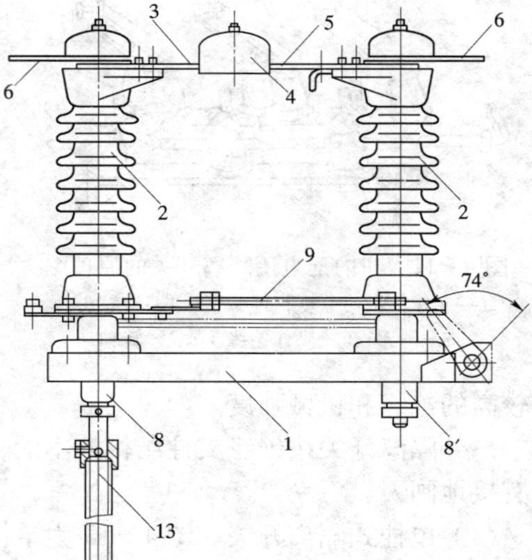

图 4－14　GW4—35G（D）型隔离开关结构图

1—底座；2—绝缘支柱；3—左闸刀；4—触头及防护罩；5—右闸刀；6—接线端；7—接地闸刀；8、8′—轴；9—交叉连杆；10～13—连杆；14—操动机构

4.1.4　高压熔断器

熔断器是最简单和最早使用的一种保护电器，它串联在电路中，当电路发

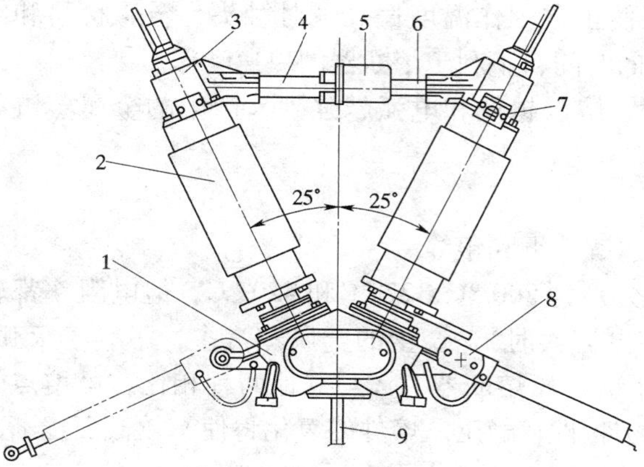

图 4-15 GW5—35D 型隔离开关外形图

1—底座；2—支柱瓷瓶；3—触头座；4、6—主闸刀；5—触头及防护罩；7—接地静触头；8—接地闸刀；9—主轴

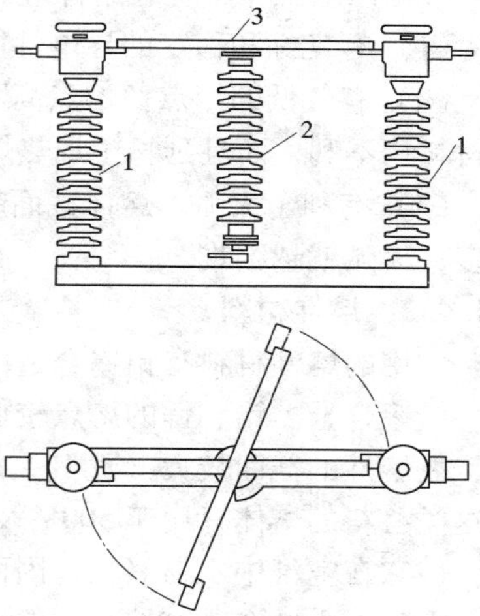

图 4-16 三柱式隔离开关结构图

1—绝缘支柱；2—可转动的绝缘支柱；3—导电臂

生短路或过载时，熔断器自动断开电路，使其他电气设备得到保护。与现在受电保护控制的断路器相比较，熔断器保护显得较为原始和简陋，如每次熔断后需停电更换熔件才能再次使用；且其保护特性不够稳定，常使保护的选择性动作发生困难。但它直接动作，无需断电保护和二次回路相配合；本身结构简单、体积小、布置紧凑、使用维护简便。

4.1.4.1 基本构成和工作原理

熔断器主要由金属熔件（又称熔体）、支持熔件的触头、灭弧装置和绝缘底座等 4 部分构成。其中决定其工作特性的主要是熔体和灭弧装置。

熔断器串联在电路中，正常工作时，熔件载流不大于其额定电流，熔断器应长期安全地工作而不发生误熔断现象。当电路发生短路或过载时，熔件被加热，在被保护设备的温度未达到破坏其绝缘之前熔断，使电路断开，设备得到保护。

熔断器的工作过程由以下 4 个阶段组成：

（1）熔断器的熔件因过载和短路而加热到熔化温度。

（2）熔件的熔化和汽化。

（3）触头之间的间隙击穿，产生电弧。

（4）电弧熄灭，电路被断开。

根据以上工作过程，熔件应满足以下几方面的要求：

（1）有良好和稳定的导电性能，能长期安全地通过允许电流而不发生误熔断。

（2）有较低的熔点。熔点高不仅使正常工作温度偏高，对触头、金属材料和绝缘材料均不利，而且延长了加热熔化的时间，不利于熔断器的快速动作。

（3）有利于灭弧。熔体截面越大、熔点越低和电弧越强烈，产生的金属蒸汽就越多，灭弧就越困难。

4.1.4.2　熔件材料

常用的熔件材料有铅锡合金、铅、锌、铜和银等。

铅锡合金、铅和锌的熔点较低，分别为 200 °C、327 °C和 420 °C，但电阻率都较大，故熔件的截面较大（尤其是额定电流大时），产生的金属蒸汽多，不利于灭弧。故这类材料的熔体只用于 500V 及以下的低压熔断器。锌与其他两种相比，虽熔点较高，但它在空气中不易氧化，因而保护特性较稳定。熔件的氧化将使有效截面逐渐减小，电阻增大，会改变熔体的保护特性。

铜的导电、导热性能良好，用它作成的熔体截面小，在电弧作用下的金属蒸汽小，有利于提高熔断器的切断能力。但铜的熔点高达 1080 °C，这对触头系统和其他部件都非常不利，但可利用“冶金效应”加以解决，即在熔体某点（通常在熔体中段）的表面上焊上小锡（或铅）球，当铜熔体温度升高时，小球中的锡（铅）熔化而渗入固体铜内部，形成铜锡（铅）合金，其内阻增大，发热加剧，而熔点降低，使锡球处在较低的温度下熔断，继而产生电弧使铜熔体在电弧的高温下熔化和汽化。此外，铜在空气中（特别在高温下）较易氧化，可采用镀银的办法解决。经过以上处理，铜便成为较理想的熔体材料，并广泛地应用于高压和低压熔断器。

如果熔断器中只有熔体的熔断而无可靠的灭弧，则不仅不能切断故障电流，反而势必引起事故的扩大。熔断器的灭弧是由专门的灭弧装置——装有熔体的熔管来完成的。各类熔断器的灭弧方法大不相同，这是构成不同类型熔断器的主要因素。

4.1.4.3　熔断器的分类

按熔断器的安装地点可分为户内式和户外式；按使用电压的高低分为高压熔断器和低压熔断器；按灭弧方法及主要由其所决定的结构特点的不同分为瓷插式、封闭产气式、封闭填料式和产气纵吹式等；按限流特性分为限流式和非限流式。

若故障电路中的熔断器在开断过程中通过的最大短路电流值比无熔断器时有明显的减小，则为限流熔断器；反之，如果熔断器在开断过程中对通过的电流值无明显的影响，则为非限流式。任何熔断器在熔体熔断以前，包括加热到液化过程，都不能限流，但从熔体熔断并发弧时起，限流熔断器由于弧隙中强烈的去游离，因而抑制了短路电流中的非周期性分量，使短路电流明显减小。此外，强烈的去游离可使电弧电流迅速降低至很小数值，形成明显的截波现象，如图 4 - 17 所示。如果短路电流值较大，使熔断点发生在电流第一次过顶值以前，则显然对周期性分量也起限制作用。图中从电压曲线可见，限流熔断器在熔断时刻，伴随电流截波的同时将出现过电压现象。

非限流熔断器弧隙不呈现大电阻性，不影响短路电流中的直流分量的出现；其交流分量电弧要等到第一次或几次过零时才熄灭，几乎不发生过电压现象。

4.1.4.4 熔断器的技术参数

（1）熔断器的额定电压。它既是绝缘所允许的电压等级，又是熔断器允许的灭弧电压等级。对于限流式熔断器，不允许降低电压等级使用，以免出现过大的过电压。

（2）熔断器的额定电流。它指一般环境温度（不超过 40 °C）下熔断器壳体的载流部分和接触部分允许通过的最大持续电流有效值。

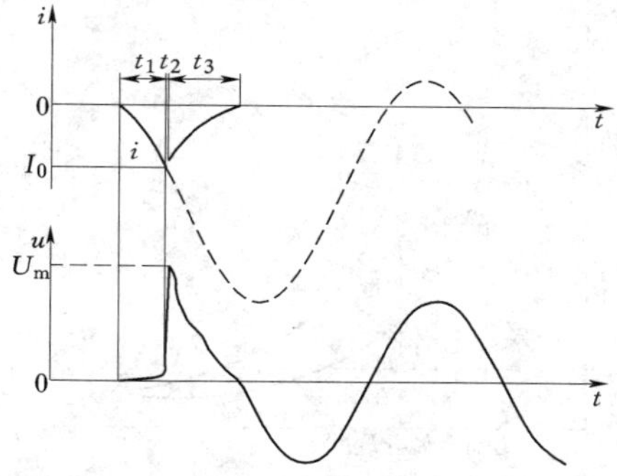

图 4 - 17　限流熔断器开断短路电流时的波形图

t_1—熔体熔化时间；t_2—击穿燃弧时间；t_3—燃弧时间

注：为减小纵向图幅，电流波形反相绘出

（3）熔体额定电流。它允许长期通过熔体不致发生熔断的最大有效值电流。该电流可小于或等于熔断器的额定电流，但不能超过。

（4）熔断器的开断电流。熔断器允许切断的最大有效值电流，由熔断器的灭弧能力决定。

4.1.4.5 熔断器的保护特性

熔断器的熔断时间 t 由 t_1、t_2、t_3 三个时段组成，即 $t = t_1 + t_2 + t_3$，如图 4 - 17 所示，t_1 为熔体升温、液化直至汽化开始的时间，称为熔化时间，t_1 可长可短，长至无穷大，短至几个毫秒，主要取决于熔体额定电流及通过电流的大小。t_2 是从熔体汽化至产生电弧所需的时间，t_2 很短，一般在 1ms 以下，且与电流的大小关系不大。t_3 是燃弧时间，它与灭弧装置及电流大小有关，对限流熔断器为几个毫秒，对非限流熔断器可能延续几十个毫秒。

对于一定的熔断器和熔体，t 主要决定于通过电流的大小，即 $t = f(I)$ 称为熔断器的安秒特性，也即熔断器的保护特性。熔断时间 t 与通过熔断器使熔体熔化的电流之间的关系曲线称为熔断器的保护特性曲线，也称为安秒特性曲线，如图 4 - 18 所示。图中所示为额定电流不同的两个熔体 1、2 的保护特性曲线，I_{min1}、I_{min2} 是熔体的最小熔化电流，其对应的熔断时间为无限长，若流过熔体的电流稍小于 I_{min1}、I_{min2} 时，熔体不会熔断，但熔体的温度将接近于其熔化温度。熔体 1 的额定电流小于熔体 2 的额定电流，熔体 1 的截面也小于熔体 2。同一电流通过不同额定电流的熔体时，额定电流小的熔体先熔断。

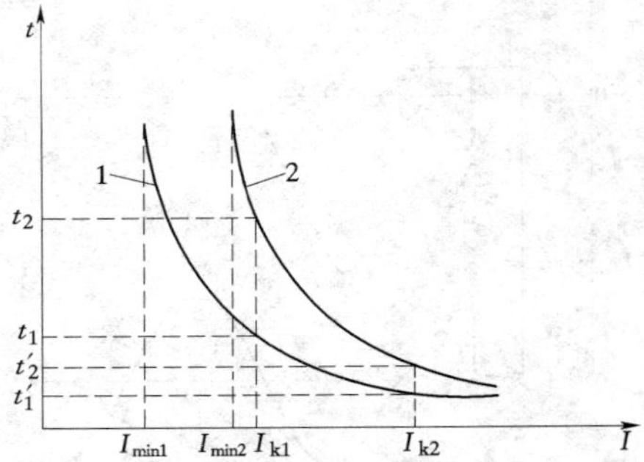

图 4－18　熔断器的保护特性曲线

熔断器的保护特性曲线是选择熔断器的重要依据。例如，电网中有几级熔断器串联，分别保护各电路中元件，当某元件发生短路或过载时，保护该元件的熔断器熔断，即为选择性熔断；如果保护该元件的熔断器不熔断，而上一级熔断器熔断，即为非选择性熔断。当发生非选择性熔断时，将扩大停电范围，造成不应有的损失。

熔断器的保护特性曲线还与一些其他因素有关，诸如：熔体的氧化，熔体两端的接触连接状况，散热条件，制造偏差（熔体的材料成分和尺寸偏差）等。这些因素造成保护特性的不稳定，即对一定的短路电流，可能造成熔体的过早或过迟熔断，从而使熔断器保护的选择性动作发生困难。

4.1.4.6　户内高压熔断器

目前常见的户内高压熔断器有 RN1、RN2、RN3、RN5 和 RN6 等型，用于 6～35kV 的户内配电装置中。它们均为填充石英砂的限流型熔断器。其中 RN1、RN3 和 RN5 型用于交流电力线路及配电变压器的过载及短路保护；RN2 与 RN6 型只用于电压互感器的保护，其额定电流只有 0.5A 一种。

RN1 型熔断器由熔管、接触座、支柱绝缘子和底座组成，如图 4－19 所示。其主要部件熔件管的结构如图 4－20 所示，它由熔管、端盖、顶盖、熔体和石英砂等组成，具有较高的机械强度和耐热性能。熔管是灭弧装置的主要组成部分，又起支持和保护熔体的作用。端盖由铜制成，熔体通过端盖与接触座接触组成导电回路。顶盖由黄铜制成，用以封闭瓷管。熔管内部的石英砂形成大量细小的固体介质狭缝狭沟，对电弧起分割、冷却和表面吸附（带电粒子）的作用，同时缝隙内骤增的气体压力也对电弧起强烈的去游离作用，致使电弧呈

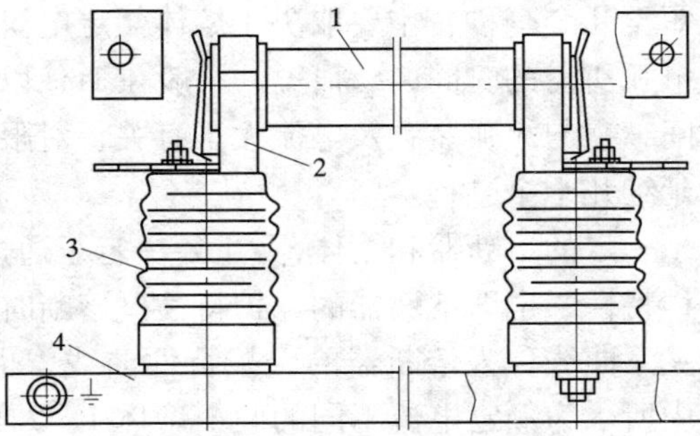

图 4－19　RN1 型熔断器的外形图

1—熔管；2—接触座；3—支柱绝缘子；4—底架

截波式地迅速熄灭（见图4－17）。

额定电流为7.5A及以下的熔体，由于熔丝很细且长，应绕在瓷芯棒4上加以固定［如图4－20（a）所示］，同时亦可缩短熔管的长度。额定电流10A及以上的熔体较粗些，由1、2或4根镀银熔丝并联，各绕成螺旋形（以增大熔丝长度）直接埋在石英砂中，如图4－20（b）所示。为了限制熔断时的过电压值，连接处焊有小锡球，当流过过电流时，小锡球处和直径小的熔丝先熔断，较粗段后熔。因每段熔丝不长，使击穿电压受到限制，过电压倍数一般不超过（2～2.5）U_e。熔体熔断后有指示熔件弹出，显示出该熔断器已动作。

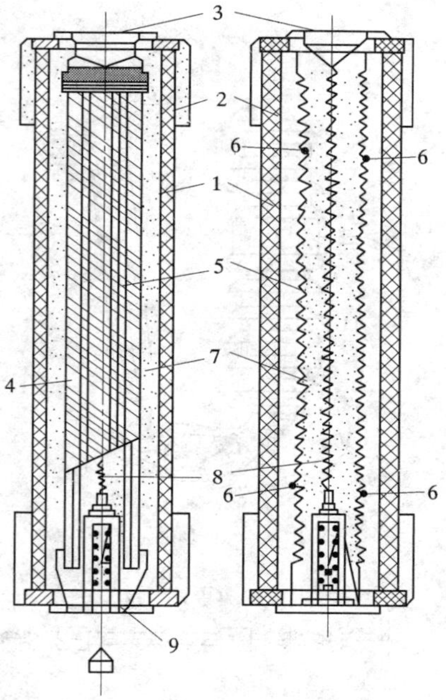

图4－20　熔件管的结构示意图

（a）额定电流小于7.5A；
（b）额定电流大于7.5A
1—熔管；2—端盖；3—顶盖；4—陶瓷芯；
5—熔件；6—小锡球；7—石英砂；
8—指示熔件；9—弹簧

RN3型熔断器采用有多个缺口的薄铜片作为熔体，通过电流时熔体各部的温度不同，可保证在正常工作时的触头和其他部件不过热；在过电流时则缺口处先行熔断，从而限制过电压倍数在2.5倍以下。该型熔断器的其他构造和性能则与RN1型基本相同。

RN5型的熔管与RN1型通用，故它们的保护特性相同。但RN5型采用多棱支柱绝缘子，并在外形上做了一些改进，使之体积更小、重量更轻，泄漏距离、防污性能也有所改善。

RN2和RN6型熔断器的结构原理分别与RN1和RN5型相同，但熔体只有0.5A一个规格，专用于电压互感器保护。该熔断器无指示装置，动作后可由电压互感器二次侧的电压表判断。

4.1.4.7　户外高压熔断器

户外高压熔断器分为跌落式和限流式两类。前者用于输配电线路和电力变压器的过载和短路保护，后类主要用作电压互感器及其他用电设备的过载和短路保护。

（1）RW系列跌落式熔断器。跌落式熔断器在6～10kV配电变压器上用得很普遍。它们的结构基本相同，由熔管和上、下动静触头及绝缘子等组成。

图4－21所示为RW3型跌落式熔断器的结构。上静触头1和下静触头9分别用螺栓固定在瓷绝缘子11的上下端。鸭嘴罩3可绕销轴O_1转动，在弹性金属片的作用

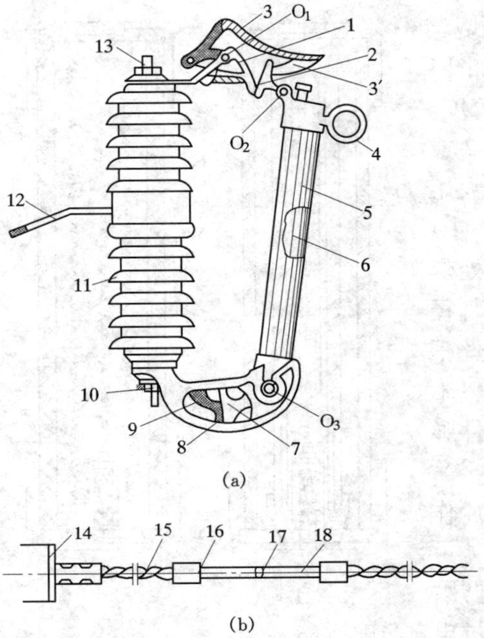

图4－21 RW3型跌落式熔断器结构原理图

（a）外形图；（b）熔件构造

1—上静触头；2—上动触头；3—鸭嘴罩；3′—抵舌；4—操作环；5—熔管；6—熔丝；7—下动触头；8—抵架；9—下静触头；10—下接线端；11—瓷绝缘子；12—固定板；13—上接线端；14—钮扣；15—绞线；16—紫铜套；17—小锡球；18—熔体；O_1、O_2、O_3—销轴

下被压向下限位置，它里面有一抵舌（搭钩）3′，在闭合时用它来卡住上动触头2并施加接触压力，上动触头2装在熔管5的上端，可绕销轴O_2转动，它在销轴弹簧的作用下压向上限位置。一旦熔件熔断，脱开鸭嘴罩内的抵舌3′，熔管在自身重力的作用下绕O_3转动而跌落。

熔管5由层卷纸板或环氧玻璃钢制成，两端开口，内壁衬以石棉套防止电弧烧伤熔管，同时石棉具有吸湿性，在电弧高温下蒸发并分解出的氢气、二氧化碳等向管两端喷出，对电弧产生纵吹作用，使其在过零时熄灭。

熔丝6由熔体18、套圈16和铜绞线15等组成，如图4－21（b）所示。有带钮扣［如图4－21（b）］和不带钮扣之分，熔体由特种合金材料制成，具有良好的熔化稳定性，有的中部焊有小锡球以降低熔化温度。熔丝的尾线采用镀锡的多股紫铜绞线，接线方便，性能可靠，由紫铜套16与熔体连接。

该熔断器由固定板12安装在支架上，可以分断和关合空载架空线路、空载变压器和小负荷电流，严禁带负荷分合闸。分断后具有明显的断开点，故具有隔离开关的作用。这种熔断器的断流容量小，熔断时还会从熔管两端喷出火焰及金属残渣，发生响声，但它结构简单，造价低。

RW4、RW7和RW11等型在结构和性能上均与RW3型相似。但RW11是防污型，适应于工业污秽区和沿海、盐湖地区。

（2）RW型限流熔断器。图4－22所示为RW10—35型限流熔断器，它是用相应的35kV RN系列熔管1装入户外式瓷套管2中，再用户外棒式支柱绝缘子4在中部作T形支持而成。其运行保护特性与相应RN系列相同。额定电流为0.5A的用于电压互感器保护；额定电流为2～10A的用于线路或电力变压器的过载与短路保护。与跌落式熔断器相比较，该型具有分断能力大、限流能力强、运行可靠性高等优点。布置上取水平或垂直安装均宜。

4.1.5 高压负荷开关

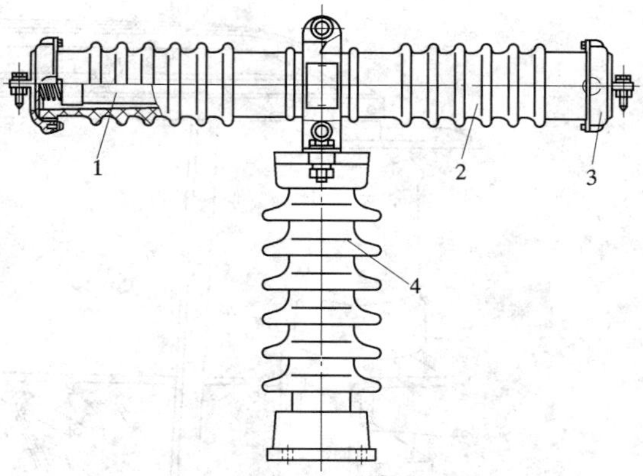

图 4-22 RW10—35 型限流熔断器结构原理图
1—RN 型熔管；2—瓷套管；3—接线端帽；
4—棒式支柱绝缘子

4.1.5.1 高压负荷开关的用途

高压负荷开关是一种结构比较简单，具有一定开断和关合能力的开关电器。它具有灭弧装置和一定的分合闸速度，能开断正常负荷电流和过负荷电流，但不能开断短路电流。高压负荷开关在分闸状态有明显可见的断口，可起到隔离开关的作用，但性能又优于隔离开关，是介于隔离开关与断路器之间的一种开关电器。

高压负荷开关常常与高压熔断器串联合用。前者作为操作电器投切电路的正常负荷电流，后者作为保护电器开断电路的短路电流及过载电流。在功率不大或不甚主要的配电回路中可代替断路器，可以简化配电装置及继电保护，降低设备费用。

4.1.5.2 高压负荷开关的类型

高压负荷开关按安装地点的不同分为户内式和户外式。按灭弧方法的不同分为固体产气式、压气式、油浸式、真空式和 SF_6 式等。但实际上，在 35kV 以上的高压电路中高压负荷开关应用很少。目前主要用于 10kV 及以下配电网络中，常用产品型号是户内压气式的 FN2—10、FN3—10 和户外产气式的 FW5—10 等。

4.1.5.3 户内式负荷开关

图 4-23 所示是 FN2—10 型负荷开关结构原理图。该项开关采用活塞压气灭弧装置，在外形上与一般户内隔离开关相似，主要由框架、绝缘支柱、刀型触头、灭弧装置和传动机构等组成。框架 1 由钢板焊制成，传动机构及分闸弹簧 16 固定在框架内。框架上每相固定 2 件瓷瓶，瓷瓶 4 仅起支持作用，气缸瓷瓶 13 为特制件，兼作支持和缸用，与其中的活塞 14 构成压气装置。弧闸刀 8 和主闸刀 7 固定在支柱瓷瓶 4 上，两者在电路上是并联的，其间的弹簧 6 用于提高弧闸刀的分闸速度。主静触头 9 和弧静触头 10 固定在气缸瓷瓶 13 上。活塞由主轴 15 通过曲柄滑块机构推动。

图 4-23 中开关处于合闸状态。分闸时，操动机构（未画出）脱扣，在分闸弹簧 16 的作用下，主轴 15 迅速按顺时针方向转动，通过曲柄滑块机构使活塞 14 向上运动压

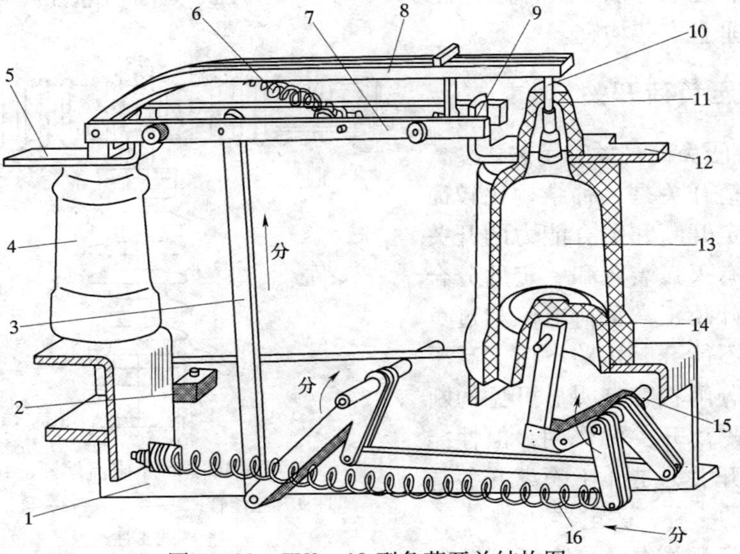

图 4-23　FN2—10 型负荷开关结构图

1—框架；2—分闸缓冲器；3—绝缘拉杆；4—支柱瓷瓶；5—出线板；6—弹簧；7—主闸刀；8—弧闸刀；9—主静触头；10—弧静触头；11—喷嘴；12—出线板；13—气缸瓷瓶；14—活塞；15—主轴；16—分闸弹簧

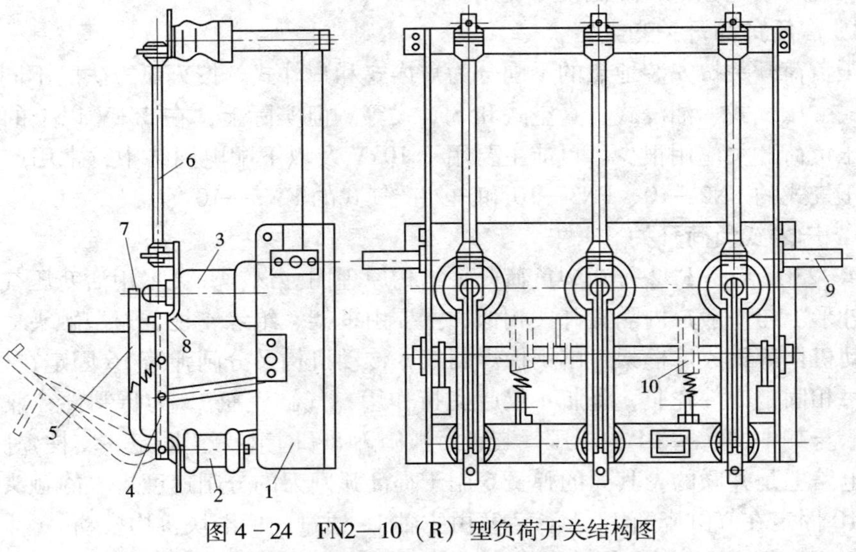

图 4-24　FN2—10（R）型负荷开关结构图

1—框架；2—瓷瓶；3—气缸；4—主闸刀；5—弧闸刀；6—熔断器；7—弧静触头；8—主静触头；9—主轴；10—分闸弹簧

缩气体，同时又通过传动机构使主闸刀 7 先于弧闸刀 8 分闸。在弧触头分闸拉出电弧的同时，气缸中的压缩空气经喷嘴 11 喷出吹灭电弧。合闸过程中各部运动方向与上述相反，其弧触头先于主触头闭合承受关合电流的作用。分闸弹簧被拉伸储能，开关重新回到图示位置。

图 4－24 所示为 FN2—10（R）型负荷开关结构图。它是在 FN2—10 型的基础上加装 RN1 型高压熔断器而成，除用来投、切负荷电流之外，不可以开断短路电流。但与继电保护的配合应满足如下要求：为了能使负荷开关在分闸时动、静触头之间有明显的断口而起到隔离开关的作用，负荷开关应垂直安装。该型负荷开关配用 CS4 或 CS4—T 型手动操动机构，后者带有遥控脱扣器。

4.1.5.4 户外式负荷开关

图 4－25 所示为 FW5—10 型户外式负荷开关。在结构原理和使用性能上与不带熔断器的户内式负荷开关相似，但有以下一些特点：该型开关的弧触头固定于主闸刀的端部，也同样保证与主触头之间先合后分的联动关系。开关可与操动机构组成一体安装在户外杆上，用绝缘棒或绝缘绳拉动操作，亦可配用杆下操动机构；采用固体产气材料管灭弧，即在管内电弧的高温作用下，部分内壁物质分解成氢、水蒸气、二氧化碳等气体，使管内压力增大，并向管端部喷出，形成纵向吹弧使电弧熄灭。

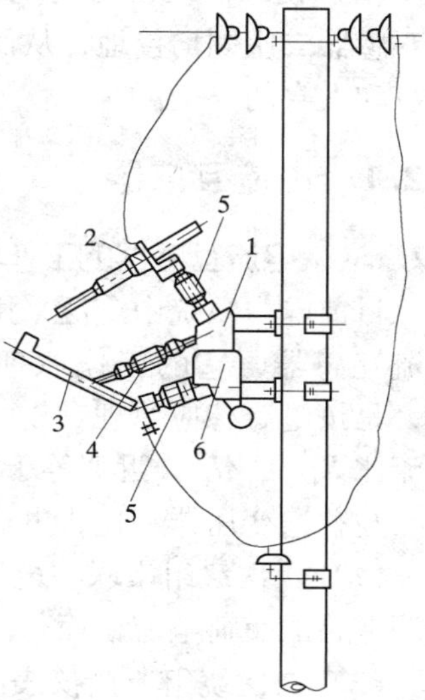

图 4－25 FW5—10 型户外式负荷开关外形图

1—底座；2—灭弧室；3—闸刀；4—拉杆瓷瓶；5—支柱瓷瓶；6—操动机构

该型负荷开关既可开断和关合负荷电流，又可作为隔离开关使用，因采用产气管灭弧，在开断负荷电流时噪音较大，寿命也较短，但它结构简单、造价低廉、使用维护方便，在农村电网和小型户外变电所使用较为可取。

4.2 互 感 器

互感器包括电压互感器和电流互感器，是一次系统和二次系统间的联络元件，用以分别向测量仪表、继电器的电压线圈和电流线圈供电，正确反映电气设备的正常运行和故障情况。其一、二次绕组与系统的连接方式如图 4－26 所示。

互感器的作用是：

（1）将一次回路的高电压和大电流变为二次回路标准的低电压和小电流，使测量仪表和保护装置标准化、小型化、结构轻巧、价格便宜，并便于屏内安装。

(2) 使二次设备与高电压部分隔离，且互感器二次侧均接地，从而保证了二次设备和人身的安全。

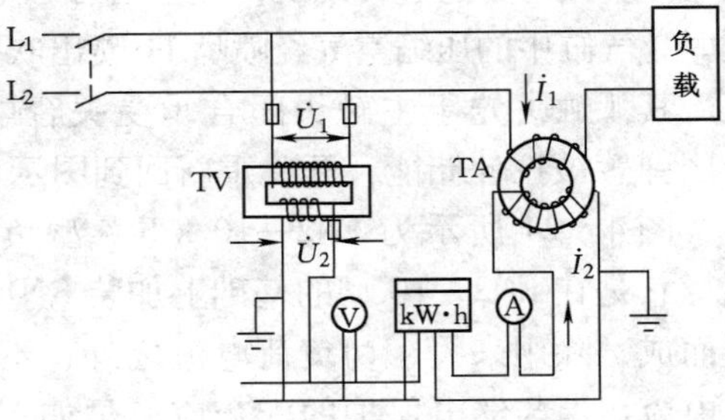

图 4-26　互感器与系统连接图

4.2.1　电流互感器

4.2.1.1　电流互感器的工作特点

目前电力系统中广泛采用的是电磁式电流互感器，它的工作原理和变压器相似，是按电磁感应原理工作的。电流互感器一、二次电流之比称为电流互感器的额定变流比 $K_i=I_{e1}/I_{e2}$，近似等于匝数的反比。

与普通变压器相比，电流互感器有如下特点：

(1) 一次绕组串联在电路中，并且匝数很少，故一次绕组中的电流完全取决于被测电路的负荷电流，而与二次电流大小无关。

(2) 二次绕组所接仪表的电流线圈阻抗很小，所以正常情况下，电流互感器在近于短路的状态下运行。

(3) 运行中的电流互感器二次回路不允许开路，否则会在开路的两端产生高电压，危及人身安全或使电流互感器发热损坏。

当二次回路开路时，电流互感器由正常短路工作状态变为开路工作状态，$Z_{2f}=\infty$，$I_2=0$，励磁磁势由正常时甚小的 $\dot{I}_0N_1$ 骤增为 $\dot{I}_1N_1$。由于二次绕组感应电势是与磁通的变化率$\frac{d\Phi}{dt}$成正比的，因此二次绕组将在磁通过零时，感应产生很高的尖顶波电势，其值可达数千甚至上万伏，危及工作人员安全和仪表、继电器的绝缘。由于磁感应强度骤增，会引起铁芯和绕组过热。此外，在铁芯中还会产生剩磁，使互感器特性变坏。因此，当电流互感器一次绕组通有或可能出现电流时，二次绕组是不允许开路的。

如果需要接入仪表测试电流或功率，或更换表计及继电器等，应先将电流回路进线一侧短路或就地造成并联支路，确保作业过程中无瞬间开路。此外，电流回路不得装设熔断器；连接所用导线或电缆芯线必须是截面不小于 2.5mm² 的铜线，以保证必要的机械强度和可靠性。

为了防止绝缘损坏时高压窜入二次侧，危及人身和设备安全，电流互感器二次绕组一端及铁芯必须接地。

4.2.1.2 电流互感器的误差

电流互感器的等值电路及相量图如图 4－27 所示。图中以二次电流 $\dot{I}'_2$ 为基准，画在第一象限水平轴上，即 $\dot{I}'_2$ 初相角为0°，二次电压 $\dot{U}'_2$ 较 $\dot{I}'_2$ 超前 φ_2 角（二次负荷功率因数角），$\dot{E}'_2$ 超前 $\dot{I}'_2$ 一个 α 角（二次总阻抗角），铁芯磁通 $\dot{\Phi}$ 超前 $\dot{E}'_2$90°，励磁磁势 $\dot{I}_0N_1$ 对 $\dot{\Phi}$ 超前 ψ 角（铁芯损耗角）。

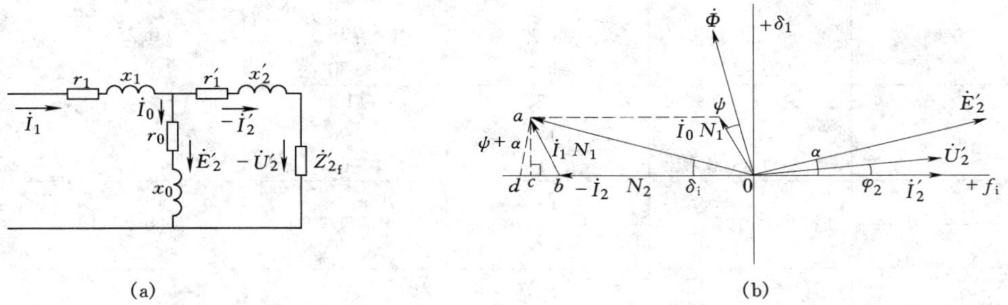

图 4－27　电流互感器等值电路及相量图

（a）等值电路；（b）相量图

根据磁势平衡原理：

$$\dot{I}_1N_1 + \dot{I}_2N_2 = \dot{I}_0N_1 \qquad (4-1)$$

由式 4－27 和相量图可看出，由于电流互感器本身存在励磁损耗和磁饱和等影响，使一次电流 $\dot{I}_1$ 与$-\dot{I}'_2$ 在数值和相位上都有差异，即测量结果有误差。这种误差通常用电流误差和相位误差表示。

（1）电流误差。电流误差为二次电流的测量值乘以额定变流比所得的值 K_iI_2 与实际一次电流 I_1 之差，以后者的百分数表示，即：

$$f_i = \frac{K_iI_2 - I_1}{I_1} \times 100\% \qquad (4-2)$$

（2）相位误差。相位误差为旋转 180°的二次电流相量$-\dot{I}'_2$ 与一次电流相量 $\dot{I}_1$ 之间的夹角 δ_i，并规定$-\dot{I}'_2$ 超前于 $\dot{I}_1$ 时，相位差 δ_i 为正值；反之为负值。

电压互感器的误差与二次负载阻抗、一次电流的大小等有关。

4.2.1.3 电流互感器的准确度等级

电流互感器根据测量时误差的大小而划分为不同的准确度等级。我国电流互感器准确度等级和误差限值如表 4－1 所示。准确度等级是指在规定的二次负荷范围内，一次电流为额定值时的最大误差。

表 4－1　　电流互感器准确度等级和误差限值

准确度等级	一次电流为额定电流的百分数（%）	误差限值		二次负荷变化范围
		电流误差（%）	相位差	
0.2	10 20 100～120	±0.5 ±0.35 ±0.2	±20 ±15 ±10	（0.25～1）S_{e2}
0.5	10 20 100～120	±1 ±0.75 ±0.5	±60 ±45 ±30	
1	10 20 100～120	±2 ±1.5 ±1	±120 ±90 ±60	
3	50～120	±3	不规定	（0.5～1）S_{e2}
10		±10		
B	100 100n	±3 ±10	不规定	S_{e2}

0.2 级用于试验室精密测量。二次侧接有计费电度表的应选用 0.5 级互感器。1 级用于盘式仪表和技术上用的电能表。3 级以上用于继电保护。

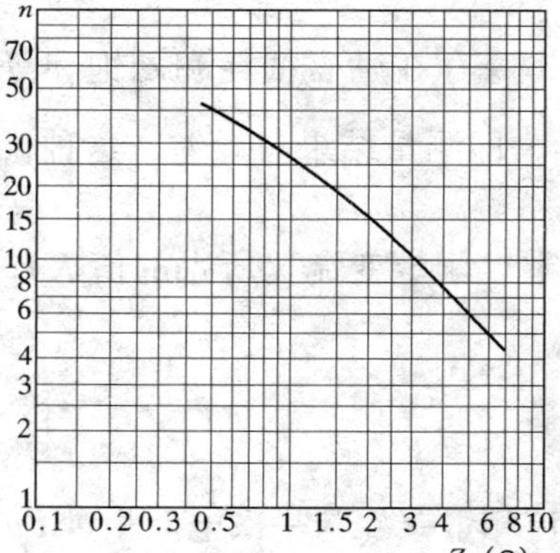

图 4－28　10% 误差曲线

对保护级（即 B 级）电流互感器的要求与测量级电流互感器有所不同。对测量级电流互感器的要求是在正常工作范围内有较高的准确度，而当其通过故障电流时，则希望电流互感器较早饱和，以便保护仪表不受短路电流的损害。保护级电流互感器主要是在系统短路时工作，因此在额定一次电流范围内的准确度要求不如测量级高，一般只相当于 3～10 级，但对可能出现的短路电流范围内，则要求互感器最大误差限值不超过 －10%。电流互感器的 10% 误差曲线就是在保证电流互感器误差不超过 －10% 的条件下，一次电流的倍数 n 与电流互感器允许最大二次负载阻抗 Z_{2f} 的关系曲线，如图 4－28 所示。

4.2.1.4　电流互感器的额定容量

电流互感器的额定容量 S_{e2} 系指电流互感器在额定二次电流 I_{e2} 和额定二次阻抗 Z_{e2}

下运行时，二次线圈输出的容量（$S_{e2}=I_{e2}^2Z_{e2}$）。

由于电流互感器的二次电流为标准值（5A 或 1A），故其容量也常用额定二次阻抗来表示。

因电流互感器的误差和二次负荷有关，故同一台电流互感器使用在不同准确级时，会有不同的额定容量。例如，LMZ—10—3000/5—0.5 型电流互感器在 0.5 级下工作时，额定二次阻抗为 1.6Ω；在 1 级时，为 2.4Ω。

4.2.1.5 电流互感器的接线

电流互感器的接线首先要注意其极性，极性接错时功率和电能表计不能正确测量，某些保护继电器会误动作。产品的一次绕组首、尾两端标志有 L_1、L_2 字样，分别与二次绕组的 K_1、K_2端子同极性。若一次电流由 L_1 流向 L_2，则相同相位的二次电流由绕组 K_1 端流出至外接回路，再从 K_2 端流入绕组。

电流互感器常用的几种接线方式如图 4－29 所示。

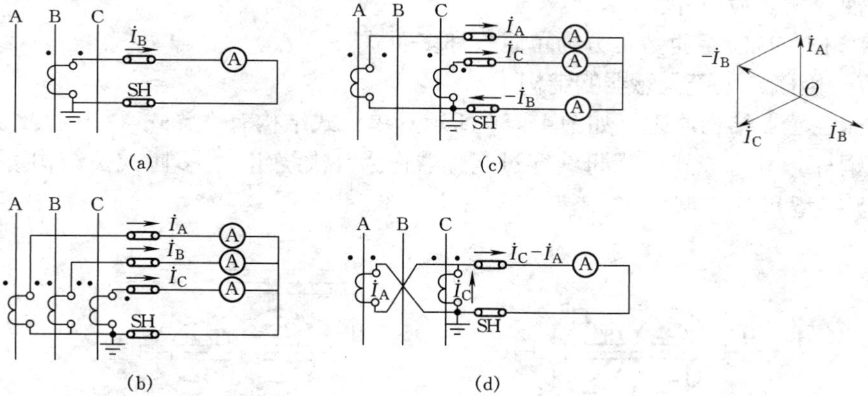

图 4－29　电流互感器的常见接线方式

（a）单相接线；（b）完全星形接线；（c）不完全星形接线；（d）两相差接线

图 4－29（a）为单相电流互感器接线，一般用于负载平衡的三相电力系统中的单相电流测量。

图 4－29（b）为完全星形接线，用于 110kV 及以上的三相电路和低压三相四线制电路的测量，以及某些继电保护回路。

图 4－29（c）为不完全星形接线，用于 35kV 及以下小电流接地系统的三相测量回路，以及除差动保护外的保护回路。通常两只电流互感器装于 A、C 两相，如图（c）所示，其二次侧公共回线上的电流正好等于 B 相电流，即 $\dot{I}_A+\dot{I}_C=-\dot{I}_B$，故两只

电流互感器同样可反映出中性点不接地系统（满足 $\dot{I}_A+\dot{I}_B+\dot{I}_C=0$）的三相电流。

图4-29（d）为A、C两相电流差接线方式，一般用于保护回路。

以上各种接线方式均需有一点保护接地。并在回路中的适当位置接入试验盒SH，以保证在二次回路测试作业时，电流互感器的二次侧不致发生开路。

4.2.1.6 电磁式电流互感器的分类

（1）按安装地点可分为户内式和户外式。20kV及以下制成户内式；35kV及以上多制成户外式。

（2）按安装方式可分为穿墙式、支持式和装入式。穿墙式装在墙壁或金属结构的孔中，可节约穿墙套管；支持式则安装在平面或支柱上；装入式是套在35kV及以上变压器或断路器的套管上，故也称为套管式。

（3）按绝缘可分为干式、浇注式、油浸式等。干式用绝缘胶浸渍，适用于低压户内的电流互感器；浇注式利用环氧树脂作绝缘，目前仅用于35kV及以下的电流互感器；油浸式多为户外型。

（4）按一次绕组匝数可分为单匝式和多匝式。

4.2.1.7 电磁式电流互感器的结构

电流互感器结构原理，如图4-30所示。单匝式结构有贯穿式（一次绕组为单根铜管或铜杆）和母线式（以母线穿过互感器作为一次绕组）。多匝式按结构可分为线圈式、8字型和U字型。

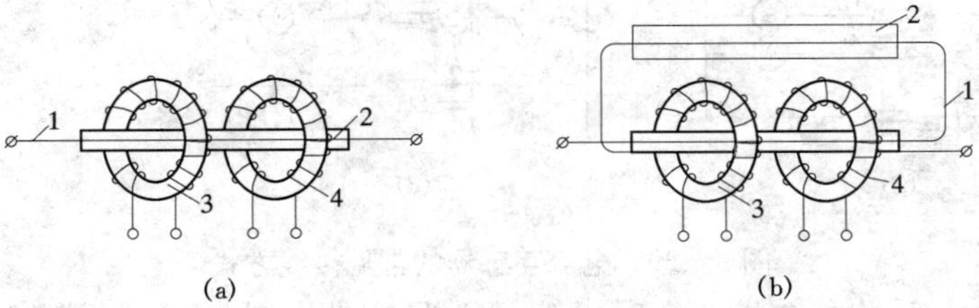

图4-30 电流互感器结构原理图

（a）单匝式；（b）多匝式

1—一次绕组；2—绝缘套管；3—铁芯；4—二次绕组

单匝式电流互感器结构简单、尺寸小、价格低，其内部电动力不大，热稳定也容易借选择原电路的导体截面来保证。缺点是一次电流较小时，一次安匝 I_1N_1 与励磁安匝 I_0N_1 相差不大，故误差较大，因此，额定电流在400A以下采用多匝式。

8字型绕组结构的电流互感器，其一次绕组为圆形并套住带环形铁芯的二次绕组，构成两个互相套着的环，形如“8”字。由于8字线圈电场不均匀，故只用于35

~110kV 电压级。

图 4-31 为 220kV U 字型绕组电流互感器。一次绕组呈 U 型，主绝缘全部包在一次绕组上，绝缘共分 10 层，层间有电容屏（金属箔），外屏接地，形成圆筒式电容串结构，由于其电场分布均匀和便于实现机械化包扎绝缘，目前在 110kV 及以上的高压电流互感器中得到广泛的应用。

图 4-32 为硅橡胶复合套管 SF_6 气体绝缘电流互感器。这类互感器采用新型复合套管及绝缘性能极好的 SF_6 气体作为绝缘，不仅性能可靠、维护简单，而且易向更高电压等级发展。

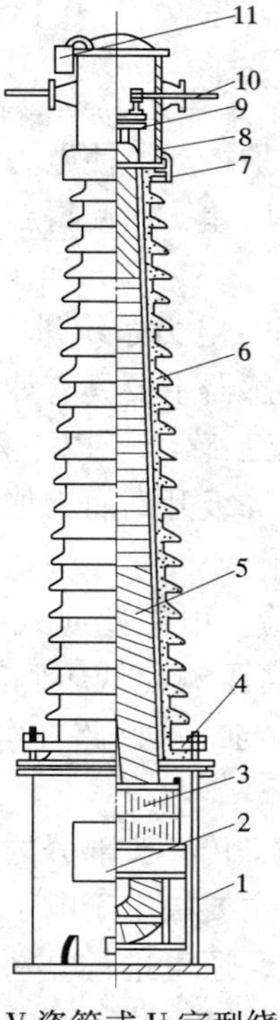

图 4-31　220kV 瓷箱式 U 字型绕组电流互感器

1—油箱；2—二次接线盒；3—环形铁芯及二次绕组；4—压圈式卡接装置；5—U 字型一次绕组；6—瓷套；7—均压护罩；8—储油柜；9—一次绕组切换装置；10—一次出线端子；11—呼吸器

图 4-32　硅橡胶复合套管 SF_6 气体绝缘电流互感器

在同一回路中，往往需要数量很多的电流互感器，为了节约材料和投资，高压电流互感器常由多个设有磁联系的独立铁芯和二次绕组与共用的一次绕组组成同一电流比、多二次绕组的电流互感器。对于110kV及以上的电流互感器，为了适应一次电流的变化和减少产品规格，常将一次绕组分成几组，通过切换来改变绕组的串、并联，以获得2～3种变比。

4.2.1.8 光电式电流互感器特点与原理介绍

传统的电磁型电流互感器存在如下缺点：

（1）在其铁芯与绕组间，以及一、二次绕组之间有足够耐电强度的绝缘结构，以保证所有的低压设备与高电压相隔离。随着电力系统传输的电力容量的增加，电压等级越来越高，电流互感器的绝缘结构越来越复杂，体积和重量加大，产品的造价也越来越高。例如，常规的油浸式电流互感器，500kV产品的价格要比330kV的价格增加一倍。

（2）传统电磁型电流互感器有铁芯，在电力系统发生短路时，高幅值的短路电流使互感器饱和，输出的二次电流严重畸变，造成保护拒动，使电力系统发生严重事故。而且其频带响应特性较差，频带窄，系统高频响应差，而使得新型的基于高频暂态分量的快速保护的实现存在困难。

由于电磁式电流互感器存在以上缺点，已难以满足电力系统进一步发展的需要，因此，现在出现了光电式电流互感器。光电式电流互感器主要具有如下优点：

（1）优良的绝缘性能以及便宜的价格。光学电流互感器（以下简称OCT）采用光纤来传输信息，所以绝缘结构简单，其造价随电压等级升高而增加的幅度小。

（2）不含铁芯，消除了磁饱和及铁磁谐振等问题。

（3）抗电磁干扰性能好，低压侧无开路高压危险。电磁感应式电流互感器二次回路不能开路，低压侧存在开路危险，由于OCT的高压侧与低压侧之间只存在光纤联系，而光纤具有良好的绝缘性能，可保证高压回路与二次回路在电气上完全隔离，低压侧无开路高压危险，免除电磁干扰。

（4）动态范围大，测量精度高，频率响应范围宽。传感头部分的频率响应取决于光纤在传感头上的渡越时间，实际能测量的频率范围主要决定于电子线路部分。光电式电流互感器已被证明可以测出高压电力线上的谐波，还可进行电网电流暂态，高频大电流与直流的测量。而电磁感应式电流互感器是难以进行这方面的工作的。

（5）体积小、重量轻。光电式电流互感器传感头本身的重量一般小于1kg。据美国西屋公司公布的345kV的MOCT，其高度为2.7m，重量为109kg（而同电压等级的油浸式电流互感器高为5.3m，重量2300kg），这给运输和安装带来了很大的方便。

(6) 适应了电力计量和保护数字化、微机化和自动化发展的潮流。随着计算机和数字技术的发展，电力计量与继电保护已日益实现自动化、微机化。电磁感应式电流互感器的5A或1A输出规范必须采用光转换技术才能与计算机接口，而光电式电流互感器本身就是利用光电技术的数字化设备，可直接输出给计算机，避免中间环节。

综上所述，光电式电流互感器有着传统电磁式电流互感器无法比拟的优点，它结构简单、灵敏度高，是一种传统电磁式电流互感器的理想替代产品，必将在未来的电力工业中得到广泛的应用。

下面简要介绍混合式光纤电流互感器的工作原理：在高电位侧用特制采样线圈将母线电流变成电压信号，该电压信号为模拟量，经过A/D转换成数字信号，用电光转换（E/O）电路将此数字信号变为光信号，然后通过光纤送到低电位侧，再由低电位侧的光电转换器件（O/E）和数模转换器件（D/A）将其转换为电信号。图4-33（a）为混合式光纤电流互感器原理图，图（b）为我国投入使用的220kV有源式光电互感器。

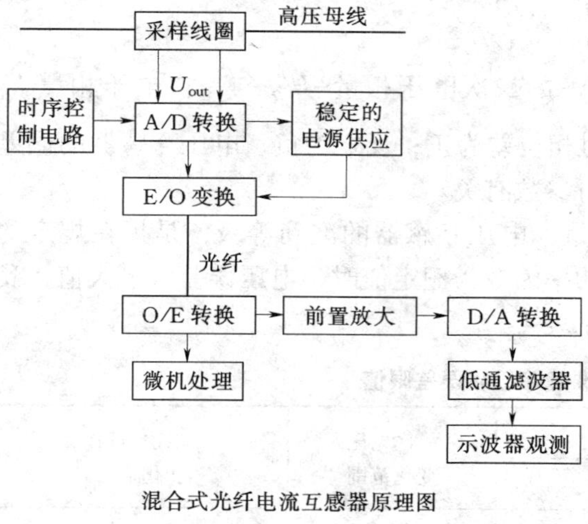

(a)

(b)

图4-33 混合式光纤电流互感器原理图及有源式光电电流互感器外形图

4.2.2 电压互感器

4.2.2.1 电压互感器的工作特点

电压互感器也是一种特殊的变压器，电压互感器的一次侧并联接入电网，电压额定值不低于3kV。二次侧并联接入测量仪表和继电器等的电压绕组，其阻抗都非常大，故所带负荷很小且恒定不变，致使电压互感器正常工作状态接近变压器空载状态。

和普通变压器一样，电压互感器的二次侧负载不允许短路，否则就有被烧毁的危险，故一般在其二次侧装设熔断器或自动开关作短路保护。为了防止互感器本身出现故障而影响电网的正常运行，其一次侧一般也需装设熔断器和隔离开关。

电压互感器的额定变压比为一次绕组和二次绕组的额定电压比，$K_u = U_{e1}/U_{e2}$，其值近似等于匝数之比。其中 U_{e1} 等于电网额定电压，U_{e2} 已统一为100（或$100/\sqrt{3}$）V，所以 K_u 也已经标准化。

4.2.2.2 电压互感器误差

电压互感器的误差有电压误差和相位误差两项。

（1）电压误差。电压误差为二次电压的测量值与额定变压比的乘积，按此值与实际一次电压 U_1 之差，而以后者的百分数表示：

$$f_u = \frac{K_u U_2 - U_1}{U_1} \times 100\% \qquad (4-3)$$

（2）相位误差。相位误差为旋转180°的二次电压相量 $-\dot{U}'_2$ 与一次电压相量 $\dot{U}_1$ 之间的夹角 δ_u，并规定 $-\dot{U}'_2$ 超前于 $\dot{U}_1$ 时相位差为正；反之为负。电压互感器的误差与二次负载、功率因数和一次电压等运行参数有关。

（3）电压互感器准确等级和额定容量。电压互感器的准确等级，是指在规定的一次电压和二次负荷变化范围内，负荷功率因数为额定值时，电压误差的最大值，我国电压互感器准确等级和误差限值标准见表4-2。

表4-2 电压互感器的准确等级和误差限值

准确级	误差限值		一次电压变化范围	二次负荷变化范围
	电压误差（%）	相位差（′）		
0.2 0.5	±0.2 ±0.5	±10 ±20	$(0.85\sim1.15)U_{e1}$	
1	±1.0	±40	$(0.25\sim1)S_{e2}$	
3	±3.0	不规定	$\cos\varphi_2 = 0.8$	

二次侧接有计费电能表的应选用0.5级互感器。因母线电压互感器为母线段中各接线单元公用，其中必有计费测量，故宜选用0.5级。1级用于盘式仪表和技术上用的电能表。3级用于继电保护上。

由于电压互感器误差与负荷有关，所以同一台电压互感器对应于不同的准确级便有不同的容量。通常，额定容量是指对应于最高准确级的容量。电压互感器按照在最高工作电压下长期工作容许的发热条件，还规定了最大容量。

4.2.2.3 电压互感器的接线

电压互感器的接线方式很多，常用的有以下几种：

(1) 图4－34 (a)、(b) 是用一台单相电压互感器来测量某一相对地电压和相间电压。

(2) 图4－34 (c) 是用两台单相电压互感器接成不完全星形（也称 V—V 接线），用来测量各相间电压，但不能测量相对地电压，它广泛应用在35kV以下中性点不接地或经消弧线圈接地的电网中。

(3) 图4－34 (d) 是用三台单相三绕组电压互感器构成 $Y_0/Y_0/\triangleright$ 接线，它广泛用于3～220kV系统。其二次绕组用来测量相间电压和相对地电压，辅助二次绕组接成开口三角形，供接入交流电网绝缘监视仪表和继电器用。三相五柱式电压互感器只用于3～15kV系统，其接线与图4－34 (d) 基本相同。

(4) 图4－34 (e) 为电容式电压互感器接线（接阻尼器的二次绕组未绘出）。

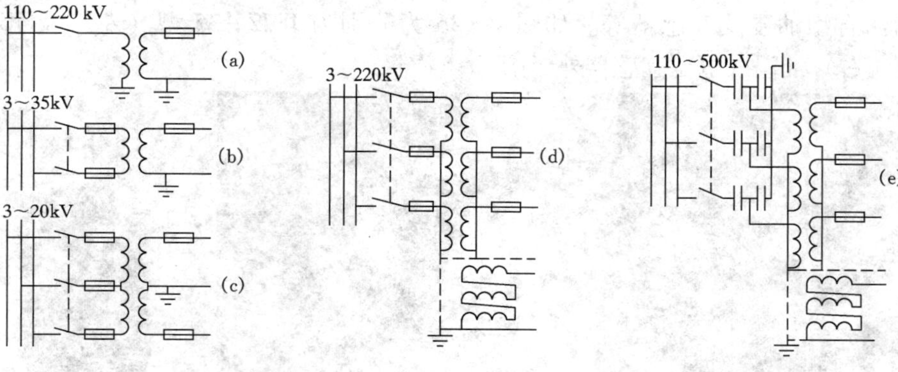

图4－34 电压互感器接线

(a)、(b) 一台电压互感器接线；(c) 不完全星形接线；(d) 三台单相三绕组电压互感器接线；(e) 电容式电压互感器接线

3～35kV电压互感器一般经隔离开关和熔断器接入高压电网。在110kV及以上配电装置中，考虑到互感器及配电装置可靠性较高，且高压熔断器制造比较困难，价格昂贵，厂家不生产110kV及以上的熔断器，因此电压互感器只经过隔离开关与电网连接。

4.2.2.4　电磁式电压互感器的分类

电压互感器按其特征分类如下：

（1）根据安装地点的不同，可分为户内式和户外式。

（2）根据相数的不同，可分为单相式和三相式，只有 20kV 以下才有三相式。

（3）按每相绕组数的不同，可分为双绕组和三绕组式。

（4）按绝缘方式的不同，可分为干式、浇注式、油浸式、SF_6 气体绝缘等。

4.2.2.5　电磁式电压互感器的结构

（1）浇注绝缘电压互感器。该类产品均做成单相户内式，代替原老式油浸绝缘电压互感器，广泛应用于 3～20 kV 户内配电装置。如图 4－35 为 JDZ6 电压互感器外形图。其铁芯用优质硅钢片叠装成方形。一次绕组和两个二次绕组绕制成同芯柱体，连同一次绕组的引出线一起用环氧树脂浇注成型，然后装上铁芯。因铁芯外露，称为半浇注式。浇注体下面涂有半导体漆，并与金属底板和铁芯相连，还在一次绕组的两端设置屏蔽层，以改善电场的不均匀性，防止在冲击电压作用下发生局部放电。

（2）油浸式电压互感器。油浸式电压互感器的绝缘性能高，使用电压范围广阔，从 3～110kV 及以上各级电压均有其产品系列，品种很多。总的可分为：35kV 及以下的普通油浸式电压互感器，110kV 及以上的串激式电压互感器，以及 10～35kV 的电压电流组合型油浸式互感器等。如图 4－36 为分别为 JDJ2—35 型（左）及 JCC6—110 型（右）油浸式电压互感器外形图。

图 4－35　JDZ6 电压互感器外形图

图 4－36　JDJ2—35 型（左）及 JCC6—110 型（右）油浸式电压互感器外形图

JDJ2—35 型为户外式，该互感器油箱设有较完善的储油柜、油标和呼吸器等。其户外式瓷套管内腔也基本充满油，可消除内部空气放电。其储油柜直接分设在两瓷套管顶部，使结构更趋简化。

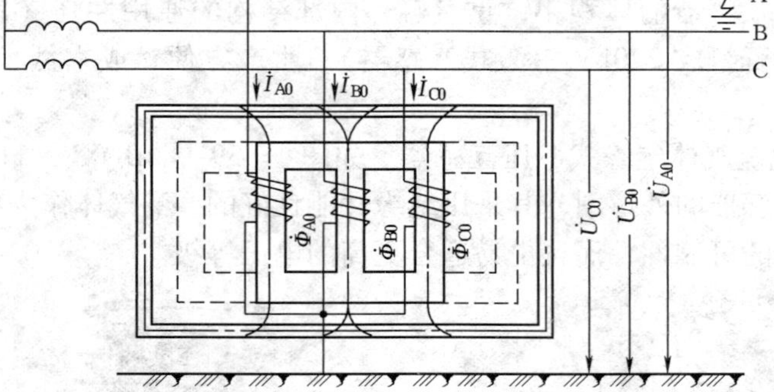

图 4－37　三相三柱式电压互感器

在中性点不接地或经消弧线圈接地的系统中，为了测量相对地的电压，电压互感器的一次绕组必须接成星形，且中性点必须接地。在 3～60kV 电网中，采用三只单相三绕组（接地专用）电压互感器便可满足要求，而在 3～20kV 电网中，为了节约投资，也常采用三相五柱式电压互感器来测量相对地电压。必须指出，普通三相三柱式的电压互感器是不允许做这种测量的。图 4－37 为一台三相三柱式电压互感器，一次绕组接成 Y_0 接线，当系统发生单相接地时，在互感器的三相中将有零序电流流过，产生零序磁通 Φ_{A0}、Φ_{B0}、Φ_{C0}，大小相等、相位相同，只能通过气隙和铁外壳形成闭合磁路，由于磁阻很大，故零序电流比正常励磁电流大许多倍，致使互感器绕组过热甚至损坏。而三相五柱式电压互感器，由于较三柱式两侧多设了两柱铁芯（如图 4－37 中虚线所示），在上述情况下，零序磁通可经过磁阻很小的外侧铁芯形成闭合回路，故零序电流值不大，对互感器并无损害。

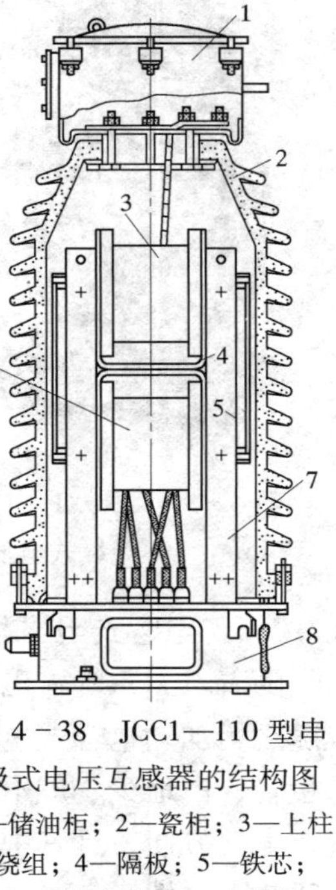

图 4－38　JCC1—110 型串级式电压互感器的结构图

1—储油柜；2—瓷柜；3—上柱绕组；4—隔板；5—铁芯；6—下柱绕组；7—支撑绝缘板；8—底座

JCC1—110 型是 110kV 的串级式电压互感器，如图 4－38 所示。一次绕组平分Ⅰ、Ⅱ为两段，分别绕在上、下铁芯柱上，尾端引出后再接地。两个二次绕组只绕在铁芯下柱上，置于一次绕组段的外面。铁芯不接地，但与一次绕组中点相连。一次绕组两端承受相对地电压 U，故铁芯对地电位为 $U/2$，与一次绕组两端头的电位差均为 $U/2$，因而可降低绕组对铁芯的绝缘要求。因铁芯置于瓷箱内的变压器油中，只需用电木板支撑，其绝缘不成问题，故总的说来，采用串级式改善了互感器的内部绝缘结构。

串激式电压互感器的体积小，重量轻，内部结构的通用性强（用两个铁芯和四段一次绕组串联可组成220kV串激式互感器），生产方便，成本低，但准确度不高，一般只为1级。

（3）六氟化硫气体绝缘式电压互感器。如图4-39是JDQXF—110型六氟化硫气体绝缘式电压互感器的外形图，其采用绝缘性能良好的SF_6气体作为绝缘，不仅维护简单，具有更高的可靠性，而且更易适合更高的电压等级。

图4-39 JDQXF—110型六氟化硫气体绝缘式电压互感器

图4-40 TYD—110型电容式电压互感器外形

4.2.2.6 电容式电压互感器的原理与特点

随着电力系统输电电压的增高，电磁式电压互感器的体积和重量越来越大，成本也随之增加。电容式电压互感器与电磁式电压互感器相比，具有结构简单、体积小、重量轻、占地少、成本低的优点，且电压愈高效果愈显著。电容式电压互感器的运行维护也较方便，且其中的分压电容还可兼作载波通信的耦合电容，因此广泛用于110~500kV中性点直接接地系统中。如图4-40为TYD—110型电容式电压互感器外形图。

电容式互感器原理很简单，它是利用串联电容器分压的原理来按比例获取电网电压的。原理接线图如图4－41所示。互感器接于相线 L_A 与地N之间，如果不接通信设备，开关S将是闭合的；L 是串联补偿电抗，用于减小或消除电容输出的内阻抗，从而减小误差；TV是中间变压器，实际上是一台电磁式电压互感器，用于将较高的电压 U_{C2}（通常为13kV）变换为额定二次电压，基本二次绕组为 $100/\sqrt{3}$ V，辅助二次绕组为100V，供给测量仪表和继电器使用；阻尼绕组 r_d 用来消除可能产生的铁磁谐振过电压；P_1 是放电间隙，当分压电容 C_2 上出现异常过电压时，P_1 先击穿，以保护补偿电抗器、分压电容器和中间变压器；补偿电容 C_K 可以补偿中间变压器的激磁电流和负荷电流中的电感分量，提高二次侧负荷的功率因数，从而减小测量误差。

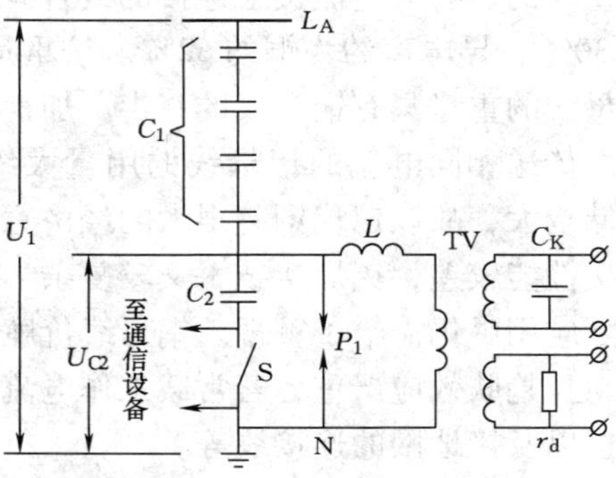

图4－41 电容式电压互感器原理接线

电容式电压互感器的主要缺点是输出容量较小，影响误差的因素较多，误差特性比电磁式电压互感器差。

4.3 母线、电缆及绝缘子

4.3.1 母线

4.3.1.1 母线的用途及类别

母线（也称汇流排）是汇集和分配电流的裸导体，指发电机、变压器和配电装置等大电流回路的导体，也泛指用于各种电气设备连接的导线。母线处于配电装置的中心环节，作用十分重要。由于母线在正常运行中，通过的功率大，在发生短路故障时承受很大的热效应和电动力效应，因此应合理选择母线材料、截面形状及布设方式，正确地进行安装和运行，以确保母线的安全可靠和经济运行。

母线有软、硬之分。软母线一般采用钢芯铝绞线，用悬式绝缘子将其两端拉紧固定。软母线在拉紧时存在适当的弛度，工作时会产生横向摆动，故软母线的线间距离要大，常用于屋外配电装置。硬母线采用矩形、槽形或管形截面的导体，用支柱绝缘子固定，多数只作横向约束，而沿纵向则可以伸缩，主要承受弯曲和剪切应力。硬母线的相间距离小，广泛用于屋内、外配电装置。

母线的材料有铜、铝和钢三种。铜的电阻率很低，机械强度高，防腐性能好，便于接触连接，是优良的导电材料。但我国铜的储量不多，比较贵重，因此有选择的用于重要的、有大电流接触连接的或含有腐蚀性气体场所的母线装置。铝的比重只有铜的30%，导电率约为铜的62%。按重量计算，同长度具有相同长度传送相同电流的铝母线的重量只有铜母线的一半。加上铝母线由于截面较大引起散热面积的增大，同长度传送相同电流的铝母线的用量大约只有铜母线的44%。而铝的价格比铜低廉，且储量大，故以铝代铜有很大的经济意义。但铝的机械强度和耐腐蚀性能较低，接触连接性能较差，铝焊接技术又较复杂，有关铝载流导体的技术问题虽都已解决，但在实际应用中仍需给予重视。钢母线价廉，机械强度好，焊接简便，但电阻率为铜的7倍，且趋肤效应严重，若常载工作电流则损耗太大，常用于电压互感器、避雷器回路引接以及接地网的连接线等。

4.3.1.2 母线的截面与排列

母线的截面形状有圆形、管形、矩形、槽形等。

圆形截面母线的曲率半径均匀，无电场集中表现，不易产生电晕，但散热面积小，曲率半径不够大，作为硬母线则抗弯性能差，故采用圆形截面的主要是作为软母线的钢芯铝绞线。

管形母线的曲率半径大，材料导电利用率、散热、抗弯强度和刚度都较圆形截面好，常用于220kV及以上屋外配电装置作长跨距硬母线，也用于特种母线，如水内冷母线、封闭母线等。

矩形母线散热面积大，趋肤效应小，材料利用率高，承受立弯时的抗弯强度好，但周围的电场很不均匀，易产生电晕，故只用于35kV及以下硬母线。矩形母线的宽度与厚度之比为5～12，太宽太薄虽对载流和散热有利，但易变形，并使抗弯强度和刚度降低。矩形母线的最大截面为125mm×10mm。对大的载流量可采用数片并装，但散热效果和集肤效应变坏，材料利用率变差，超过2～3片时宜采用槽形截面母线。

母线的排列应按设计规定，如无设计规定时，应按下述要求排列：

（1）垂直布置的母线。交流：A、B、C相的排列由上向下；直流：正、负的排列由上向下。

（2）水平布置的母线。交流：A、B、C相的排列由内向外（面对母线）；直流：正、负的排列由内向外。

（3）引下线排列。交流：A、B、C相的排列由左向右（面对母线）；直流：正、负的排列由左向右。

（4）各种不同电压配电装置的母线，其相位的配置应相互一致。

4.3.1.3 母线的定相与着色

母线安装完毕后，均要刷漆。刷漆的目的是为了便于识别相序、防止腐蚀及提高母线表面散热系数。实验结果表明：按规定涂刷相色漆的母线可增加载流量 12% ~ 15% 。母线应按下列规定刷漆着色：

（1）三相交流母线：A 相刷黄色，B 相刷绿色，C 相刷红色，由三相交流母线引出的单相母线，应与引出相的颜色相同。

（2）直流母线：正极刷赭色，负极刷蓝色。

（3）交流中性线汇流母线和直流均压汇流母线，不接地者刷白色，接地者刷紫色带黑色横条。

另外，在焊缝螺栓连接处、设备引线端等都不宜着相色漆，以便运行监察接头情况。若能在母线接头的显著位置涂刷温度变色漆或粘贴温度变色带则更好。

软母线的各股绞线常有相对扭动，故不宜着相色漆。

4.3.2 电缆

电缆分为电力电缆（又称一次电缆）及控制电缆（又称二次电缆）。下面介绍电力电缆。

4.3.2.1 电力电缆的用途与特点

在电能的传输与分配过程中，往往由于受空间位置的限制，需要一种既安全可靠又节省空间位置的载流体，这就是常用的电力电缆。其各相导体之间及导体对地之间均有绝缘层可靠绝缘，外面依次加有密封护套、外护层，将全部绝缘导体一并加以保护和封闭。

电缆结构极为紧凑，占用空间远比母线要小；走向和布置极为灵活方便；现场施工简便；在无外界严重损伤和破坏（包括机械损坏与火灾）的条件下运行可靠性高；虽然电缆单价较贵，但由于其基础和土建工程较省，故综合工程费用不一定超出母线。故电力电缆在电站及厂矿配电应用非常广泛。电缆的导体散热条件不如裸母线好，大电流大截面时的金属材料利用率较低，故载流量有限。通常在小电流长距离的配电回路中，电缆的应用具有很大的优势；大电流短距离回路在布置方便的情况下宜采用母线或架空线。

4.3.2.2 电力电缆一般结构

各种电力电缆在基本结构上，均由导电芯线、绝缘层、密封护套和保护层等主要部分组成，如图 4－42 所示。

（1）导电芯线。有铝芯线和铜芯线两种，芯线的截面形状有扇形和圆形两种。采用扇形的目的是减少电缆外径，同时也减少绝缘和保护层的材料消耗。另外为了便

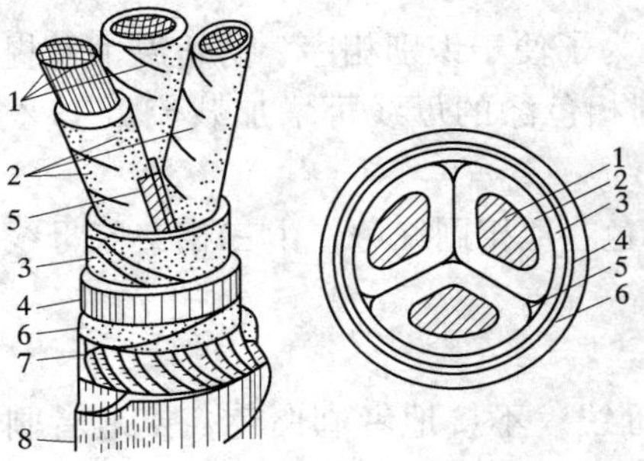

图 4-42　三芯电力电缆的一般结构
1—芯线；2—芯线绝缘层；3—统包绝缘层；4—密封护套；5—填充物；6—纸带；7—钢带内衬；8—钢带铠装

于弯曲，要求导电线芯具有一定的柔软性，同时为了避免线芯松散变形，要求线芯的结构稳定，因此，导电线芯一般由多根经过退火处理的细单线绞合而成。

（2）绝缘层。各芯线有芯线层 2，相间隔着芯线绝缘层；芯线对地还需增设统包绝缘层 3。绝缘层的材料有油浸纸绝缘、橡皮绝缘、聚氯乙烯绝缘、聚乙烯绝缘和交联聚乙烯绝缘等多种。同一电缆的芯线绝缘层和统包绝缘层使用相同的绝缘材料。

（3）密封护套。它的作用是保护绝缘层。护套包在统包绝缘层外面，将绝缘层和芯线全部密封，使其不漏油、不吸气、不进水、不受潮，并且使电缆具有一定的机械强度。护套的材料一般有铅、铝或塑料等。具有密封护套是电缆区别于绝缘导线的标志。

（4）保护层。为了保护密封护套不受外界因素（包括外力、外电流、腐蚀环境等）的损伤，并使电缆具有必要的机械强度，在密封护套外面还需设置保护层。保护层的主体是钢带铠装 8，它由钢带或钢丝叠绕而成。钢带铠装内侧有内衬垫层 7 和 6，其作用是保护密封护套不受钢铠的机械损伤，并且在电缆弯曲时使护套和铠装之间便于相对滑动。一般用浸以沥青的黄麻或电缆纸包绕而成。为了保护钢铠在空气中不被氧化，钢铠内外浸有沥青防腐层。对于直接埋入地下的电缆，钢铠外还包绕防水外皮层。它由两层浸渍沥青的电缆麻反方向绕叠而成，有的则用塑料作成外皮层。前者在空气中防火行能较差，后者在阳光中易老化。由于外力和外电流的普遍存在，无保护层的裸铅（铝）包电缆不宜使用。

4.3.2.3　电力电缆的类型

电力电缆按多种方法分类。按电压高低分为高压电缆和低压电缆（1000V 及以下）。按使用环境分为空气中敷设电缆、直埋电缆与水下电缆等。也可按电缆结构中任一组成部分的特征分类，如按芯线的芯数分为单芯、双芯、三芯、四芯电力电缆。单芯电缆又叫分相电缆。按芯线的材料分为铜芯电缆与铝芯电缆。按密封护套材料分为铅包、铝包、塑料包或橡套电缆。按保护层分为裸钢带、钢丝铠装电缆和带麻被层的钢带、钢丝铠装电缆等。但以绝缘材料对电缆的结构和性能影响最大，故电力电缆主要按绝缘材料分类并命名。

（1）油浸纸绝缘电缆。其中包括粘性浸渍纸绝缘、不滴流浸渍剂纸绝缘和充油纸绝缘等几种。

粘性浸渍纸绝缘是在导电线芯上绕包电缆纸，将电缆干燥处理后再浸以矿物油与松香复合的电缆油，因为这种电缆油在常温下粘度很大，故称粘性浸渍绝缘。这种电缆成本低，工作寿命长，结构简单，制造方便，绝缘材料来源充足，易于安装与维护，但油易流淌，不适宜作高落差敷设。为了适应高落差的运行条件，宜采用不滴流浸渍纸绝缘电缆。

不滴流浸渍纸绝缘电缆就是在工作温度下浸渍剂具有不滴流性质的电缆。这种电缆在结构特征上也有统包型、分相屏蔽型和分相铅（或铝）包型之分，无论采用哪种结构，不滴流电缆与粘性浸渍电缆相比，除浸渍剂的特性和配方不同以外，其生产工艺基本相同。但由于采用了优异的不滴流浸渍剂配方，使不滴流电缆比粘性浸渍电缆的载流量大，老化进程缓慢，使用寿命更长，且适合高落差和垂直的运行环境。因此，在我国35kV及以下电压等级的油纸电缆中，不滴流型是推荐品种之一。

充油电缆是利用补充浸渍原理来消除绝缘层中形成的气隙，以提高电缆工作场强的一种电缆结构。其有效地提高了电缆的工作场强，因此常被超高压电缆采用。但这种电缆都存在结构复杂，施工、维护不便，成本高等特点。

（2）橡皮绝缘电缆。橡皮绝缘具有一系列的优点，它在很大的温度范围内具有高弹性，对于气体、潮气、水分等具有低的渗透性，具有较高的化学稳定性和电气性能。橡皮绝缘电缆柔软、可曲度大，但由于它价格高、耐电晕性能差，长期以来只用于低压及可曲度要求高的场合。

随着石油化学合成工业的迅速发展，合成橡胶的出现不仅解决了天然橡胶资源匮乏、价格高的问题，还在性能方面得到了改善。例如，乙丙橡胶电缆工作温度可达85 °C。目前乙丙橡胶绝缘电力电缆的电压等级已超过150kV。

为了保护绝缘线芯不受光、潮气、化学药品侵蚀的作用和机械损伤，一般在电缆绝缘线芯外再加以护套。橡皮绝缘电力电缆有三种护套：氯丁橡皮、聚氯乙烯塑料和铅护套。氯丁橡皮护套比聚氯乙烯塑料护套工艺复杂，成本高；但氯丁橡皮护套耐磨、耐老化、机械强度较高；铅护套具有完全不透水性和屏蔽性。

（3）塑料绝缘电缆。用塑料做绝缘层材料的电力电缆称为塑料绝缘电力电缆。塑料绝缘电力电缆与油浸纸绝缘电力电缆相比，虽然发展较晚，但由于制造工艺简单，不受敷设落差限制，工作温度可以提高，电缆的敷设、接续、维护方便，具有耐化学腐蚀性等优点，现正在迅速发展。随着塑料合成工业的发展，产量提高，成本降低，在小、低压电缆方面，塑料电缆已形成取代油浸纸绝缘电力电缆的趋势。交联聚乙烯的出现使高压浸渍纸绝缘电力电缆被塑料电缆所取代成为可能。目前，国际上已有225kV聚乙烯和500kV交联聚乙烯的塑料电缆在运行，并在研制更高电压等级的塑料电缆。

4.3.2.4　电缆三头

电力电缆的两端与其他电气设备连接时，需要有一个能满足一定绝缘与密封要求的连接装置，该装置叫做电缆终端头。电缆终端头按使用场合的不同，又可分为户内终端头（简称户内头）和户外终端头（简称户外头）。一般地，户外头要有比较完善的密封、防水结构，以适应周围环境和气候的变化。将若干条电缆连接起来以构成更长电缆线路的装置叫做中间接头（简称中间头）。上述电缆户内头、户外头和中间头的总称为电缆三头。

电力电缆三头是电缆线路的薄弱部分，其事故率很高，应在安装与运行中给予高度重视。

对电缆三头的基本要求为：

（1）导体连接好。对于终端头，要求电缆线芯与接线端子（俗称接手或线鼻子）有良好的连接。对于中间接头，则要求电缆线芯与接续管（俗称接管）之间有良好的连接。

（2）绝缘可靠。电缆三头的绝缘结构，应能满足电缆线路在各种状况下长期安全运行的要求，并有一定的安全裕度。

（3）密封良好。可靠的绝缘要有可靠的密封来保证，主要是防止外界的水分及其他导电介质的侵入。

（4）足够的机械强度。为抵御在电缆线路上可能遇到的机械应力（包括外力损伤和短路的电动应力），电缆三头必须具有足够的机械强度。

除了上述四项基本要求以外。电缆三头还应尽可能结构简单、体积小、重量轻、省材料、成本低、工艺简单、维护方便并兼顾造型的美观。

4.3.3　绝缘子

4.3.3.1　绝缘子的作用

绝缘子又名瓷瓶，被广泛用于屋内外配电装置、变压器、开关电器及输配电线路中，用来支持和固定带电导体，并与地绝缘，或作为带电导体之间的绝缘。因此，它必须具有足够的机械强度和电气强度，并能在恶劣环境（高温、潮湿、多尘埃、污秽等）下安全运行。

4.3.3.2　绝缘子的分类

按装设地点绝缘子可分为户内和户外式两种。户外式绝缘子有较大的伞裙，用以增长表面爬电距离，并阻断雨水，使绝缘子能在恶劣的户外气候环境中可靠地工作。在多尘埃、盐雾和化蚀气体的污秽环境中，还需使用防污型户外绝缘子。户内绝缘子无伞裙结构，也无防污型。

按用途可分为电站绝缘子、电器绝缘子和线路绝缘子等。

（1）电站绝缘子的用途是支持和固定户内外配电装置的硬母线，并使母线与地绝缘。电站绝缘子又分为支柱绝缘子和套管绝缘子，后者用于母线穿过墙壁和天花板，以及从户内向户外引出之处。

（2）电器绝缘子的用途是固定电器的载流部分，分支柱和套管绝缘子两种。支柱绝缘子用于固定没有封闭外壳的电器的载流部分，如隔离开关的动、静触头等。套管绝缘子用来使有封闭外壳的电器，如断路器、变压器等的载流部分引出外壳。

（3）线路绝缘子是用来固定架空输电导线和屋外配电装置的软母线，并使它们与接地部分绝缘。可分为针式绝缘子和悬式绝缘子两种。

各类绝缘子均由绝缘体和金属配件两部分构成。

目前高压绝缘子的绝缘体采用电瓷、玻璃、玻璃钢或有机复合材料等多种材质制成。最多为电瓷，其结构紧密，机械强度高，耐热和介电性能好，在表面涂硬质釉层以后，表面光滑美观，不吸水分，故电瓷具有良好的机械和电气性能。目前采用有机复合材料的绝缘子的应用范围也不断扩大，其结构上采用芯棒与金具粘接或压接连接构造方式和硅橡胶整体注射硫化成型，并加大了外绝缘爬电比距；硅橡胶良好的憎水性，大大降低了绝缘子污闪的发生；采用大小伞相间的伞形，提高了大伞间距，改善了伞间放电特性，提高了绝缘子的耐污性能以及耐湿性能；强度高、外形美观、体积小、重量轻等。可见，复合绝缘子优点突出，将是传统瓷绝缘子的理想替代品。

为了将绝缘子固定在接地的支架上和将硬母线安装到绝缘子上，需要在绝缘体上牢固地胶结金属配件。电站绝缘子与支架固定的金属配件称为底座或法兰，与母线连接的金属配件称为顶帽。底座和顶帽均作镀锌处理，以防锈蚀。

4.3.3.3 户内支柱绝缘子

（1）外胶装。图4－43（a）所示为外胶装的ZA—10Y型支柱绝缘子，其上、下金属附件2、3均用水泥胶合剂胶装于瓷件1两端的外面。该式绝缘子的机械强度高，但高度尺寸大，上帽附近的瓷表面处电场应力较集中。

（2）内胶装。图4－43（b）所示为内胶装的ZN—6/400型支柱绝缘子，其上下金属附件用水泥胶合在瓷体两端的孔内。该绝缘子与同等级的外胶装式比较，高度尺寸小，重量轻。而且瓷件端部附近表面的电场分布大有改善，故电气性能也较优。但该绝缘子下端的机械抗弯强度较差。

（3）联合胶装。图4－43（c）所示为联合胶装的ZLB—35F型支柱绝缘子，其上部金属件采用内胶装方式以降低高度和改善顶部表面的电场分布，下部金属附件采

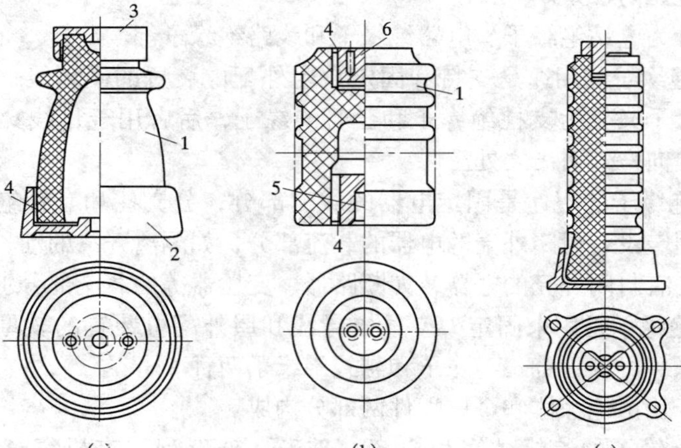

(a)　　(b)　　(c)

图 4-43　户内支柱绝缘子

(a) 外胶装 ZA—10Y 型；(b) 内胶装 ZN—6/400 型；(c) 联合胶装 ZLB—35F

1—瓷件；2—铸铁底座；3—铸铁帽；4—水泥胶合剂；5—铸铁配件；6—铸铁配件螺孔

用外胶装方式以安全可靠性，也减少了维护测试工作量。

4.3.3.4　户外支柱绝缘子

户外支柱绝缘子有针式和实心棒式两种。

(1) 如图 4-44 (a) 所示为 ZPC1—35 型户外针式绝缘子。它由两个瓷件 1 和 2、铸铁帽 3、具有法兰盘的铁脚 4 组成。它们之间用水泥胶合剂 5 胶合在一起。对于 6 ~ 10kV 的针式绝缘子，仅有一个瓷件。针式绝缘子结构笨重，老化率高，已逐渐被实心棒式绝缘子所代替。

(2) 如图 4-44 (b) 所示为 ZS—35 型实心棒式绝缘子，它由实心瓷件 2 和上、下金属附件 6、7 组成。瓷件采用实心不可击穿多伞形结构，电气性能好，尺寸小，不易老化，现已被广泛应用。ZSW 系列为防污型，采用防污效果好的大小伞、大倾角伞棱造型，伞下表面不易受潮，泄漏比距大。

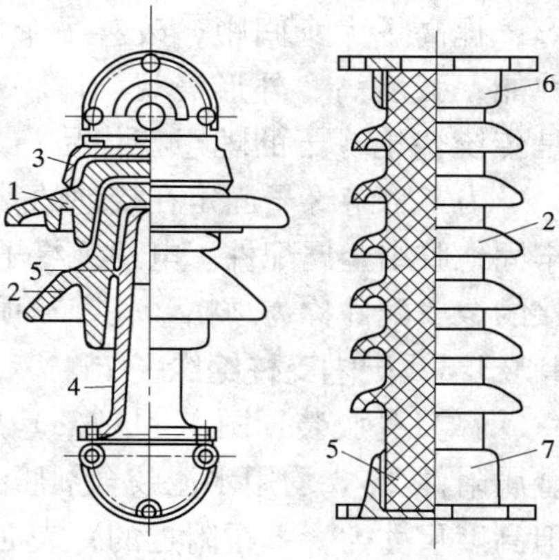

(a)　　(b)

图 4-44　户外支柱绝缘子

(a) 针式绝缘子 ZPC1—35 型；

(b) 实心棒式绝缘子 ZS—35 型

1、2—瓷件；3—铸铁帽；4—铁脚；

5—水泥胶合剂；6—上金属附件；

7—下金属附件

4.3.3.5 套管绝缘子

套管绝缘子简称套管，这里介绍穿墙套管。在高压硬母线穿过墙壁、楼板配电装置隔板处，用穿墙套管支持固定母线并保持对地绝缘，同时保持穿过母线处的墙、板的封闭性。

套管绝缘子基本上由瓷套、中部金属法兰盘及导电体等三部分组成。瓷套采用纯瓷空心绝缘结构；中部法兰盘与瓷套用水泥胶合，用来安置固定套管绝缘子；瓷套内设置导电体，其两端直接与母线连接传送电能。导电体有三种型式：矩形截面、圆形截面和母线型（本身不带导电体，安装时在瓷套中穿过母线）。圆形截面导体采用铜材，其两端制成细牙螺杆与铜母线（或经铝铜转换）作接触连接。矩形截面导体的集肤效应小，材料利用率高，而且与矩形母线连接方便，但矩形截面导体易产生电晕，故在 10kV 及以下最适用。

4.4 限 流 电 器

限流电器的作用是增加电路的短路阻抗，从而达到限制短路电流的目的。常用的设备有限流电抗器和分裂变压器。

4.4.1 限流电抗器

4.4.1.1 电抗器的类型与用途

电网中所采用的电抗器是指具有一定电抗值的电感线圈，有串联电抗器、并联电抗器、限流电抗器和消弧线圈四种。串联电抗器用于限制电力系统的高次谐波对电力电容器的影响，串联在电力电容器前，也称阻波器。并联电抗器用于超高压长距离输电线路和 10kV 电缆系统等处，以吸收系统电容功率，限制电压升高。限流电抗器用于限制系统短路电流，以维持母线电压水平。消弧线圈则用于减小中性点非直接接地系统的接地电流，防止故障扩大。本节只介绍限流电抗器。

在发电厂与变电站主接线中，限流电抗器用于限制电力设备的短路电流，除能维持母线电压外，也能将短路容量加以限制，以选择轻型断路器和小截面的电缆。

限流电抗器分三种：混凝土柱式电抗器（NKS 或 NKSL）、分裂电抗器（FK）和油浸电抗器（XKSL）。

限流电抗器的型号是这样表示的，例如 NKSL—10—600—5，表示铝电缆混凝土柱式电抗器、电压 10kV、电流 600A、阻抗电压百分数为 5% 。此外，混凝土柱式电抗器还标注首尾两出线端沿圆周的角度。

4.4.1.2　限流电抗器的结构与布置

（1）混凝土柱式电抗器。20kV 及以下、150～3000A 的限流电抗器，常做成空心的混凝土结构，绕组绕好后用混凝土浇装而成牢固的整体，故称混凝土柱式电抗器。这种结构制造简单，成本低，运行可靠，维护方便，属于户内装置，如图 4－45 所示。

图 4－45　干式空心限流电抗器

混凝土柱式电抗器都做成单相。组成三相组时有四种排列方式，即垂直排列、水平排列、两重一并排列、品字形排列。如图 4－46 所示。

三相垂直排列和两重一并排列时，B 相绕组绕向要与 A、C 相相反，这样可以减少相间支撑绝缘子的拉伸力，因为支撑绝缘子的抗压能力比抗拉伸能力大得多。

（2）分裂电抗器。带中间抽头的混凝土柱式电抗器称分裂电抗器。

（3）油浸式限流电抗器。35kV 的限流电抗器，一般做成夹装、油浸式、户外装置，在油箱内壁加磁分路或电磁屏蔽，以减少箱壁的损耗和发热。

限流电抗器安装时对周围环境有要求。空心电抗器附近如果有磁导体的话，将使电抗值升高。在正常情况下，电抗器的磁通在空气中形成回路，但安装场所的屋顶、墙壁、地面如有钢铁等磁性材料存

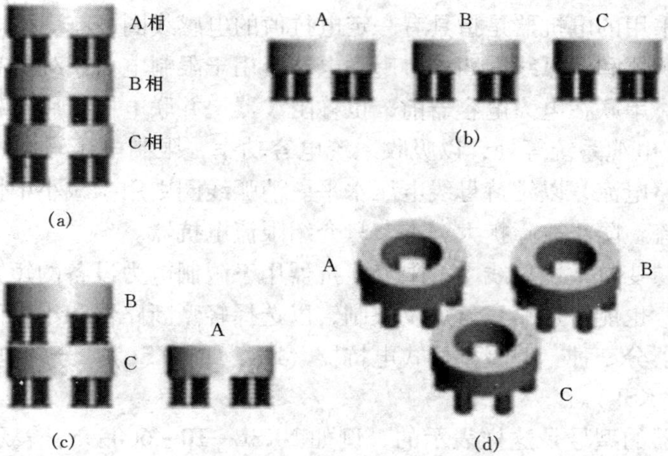

图 4－46　电抗器的排列方式

（a）垂直排列；（b）水平排列；（c）两重一并排列；（d）品字形排列

在，会在其中引起发热，所以混凝土柱式电抗器安装时，对屋顶、四壁和地面应保持适当距离。

4.4.1.3 普通电抗器的参数及应用

电抗器主要参数有额定电压 U_{eL}、额定电流 I_{eL} 和百分电抗 $X_L\%$ 。电抗器的电抗值按下式计算：

$$X_L = \frac{X_L\%}{100}\frac{U_{eL}}{\sqrt{3}I_{eL}}\ (\Omega) \tag{4-4}$$

在一定的额定电压和额定电流下，$X_L\%$ 愈大，则 X_L 愈大，限制短路电流的作用愈大，但当正常负荷电流通过时，电压损失也大。

在正常工作时，电抗器的电压损失等于电抗器前后的相电压算术差，即：

$$\Delta U_x = U_{1x} - U_{2x}$$

图4－47（b）为负荷电流 I_{fh} 通过电抗器时的相量图。作图时，假定电抗器电阻等于零，电压损失应为线段$\overline{bd}$，考虑到线段$\overline{cd}$很短，故近似取线段$\overline{bc}$为电压损失，则：

$$\Delta U_x = \overline{bc} = \overline{ab}\sin\varphi = I_{fh}X_1\sin\varphi \tag{4-5}$$

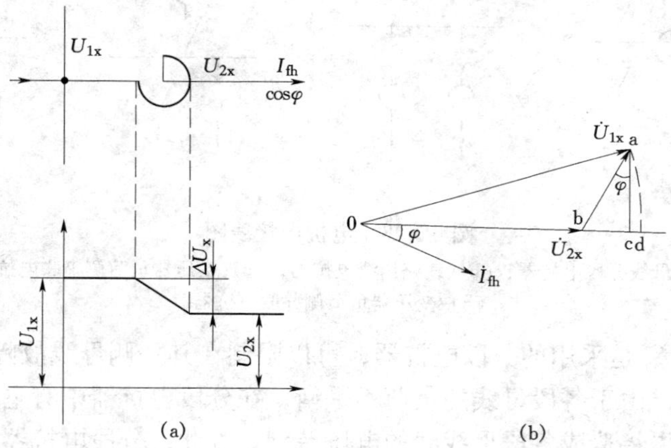

图 4－47 装有电抗器的电路正常工作情况

（a）电压损失；（b）相量图

将式（4－4）X_L 代入式（4－5），整理后可得：

$$\Delta U\% = X_L\%\ \frac{I_{fh}}{I_{eL}}\sin\varphi \tag{4-6}$$

$\Delta U\%$ 为电抗器通过负荷电流 I_{fh}时的电压损失对额定电压的百分数，一般要求小于5% 。

正常工作时，电抗器中的功率损耗通常不大，约为通过电抗器功率的0.15% ~0.4%。

在安装电抗器后，当电路中发生短路时，电抗器可以限制短路电流，同时由于电抗器有较大的电压降，可以维持母线有较高的剩余电压，这使其他未故障用户受到的影响较小。

当在电抗器后发生三相短路时，母线剩余电压的百分数为：

$$U_{sy}\% = \frac{\sqrt{3}I''X_L}{U_{eL}} \times 100\% = X_L\% \frac{I''}{I_{eL}} \qquad (4-7)$$

一般要求线路电抗器能维持母线剩余电压在60% ~70%。

图4-48的几种接线中由于采用了电抗器限制短路电流，因此，都能采用轻型断路器。

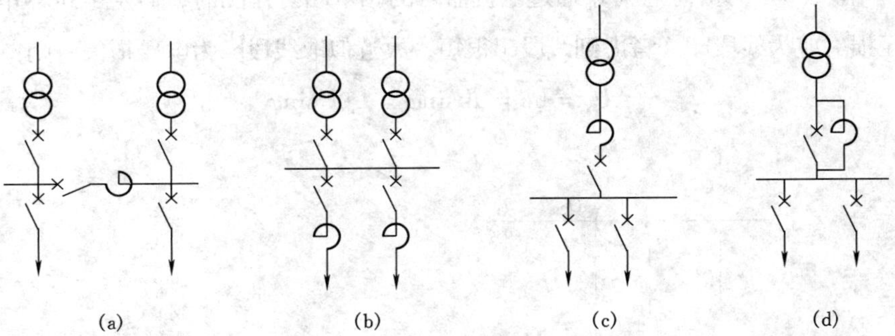

图4-48 电抗器接线图

（a）母线分段电抗器；（b）线路出线电抗器；（c）变压器负荷侧串联电抗器；（d）变压器负荷侧并联电抗器

图4-48（a）是采用的分段电抗器，可以限制在其一侧母线故障时的短路电流，但在正常工作时，由于各段母线的负荷不平衡，在分段电抗器中有电流通过，分段电抗器中的电压损失将造成各段母线间的电压差别。因此，分段电抗器的百分电抗的合理范围一般为8% ~10%，最大不超过12%。分段电抗器在电气主接线中的数目较少（仅一组或二组），使发电厂增加投资不多，在发电机数目不多的中等容量发电厂中，当需要限制短路电流并能满足要求时，可应用分段电抗器。

因4-48（b）采用出线电抗器，其百分电抗一般取3% ~6%。虽然出线电抗器的百分电抗不大，但因额定电流不大，所以有较大的限制短路电流的作用，且能维持母线电压水平。当出线较多时，电抗器一次性投资大，正常功率损耗及电压损失较大，从而使年运行费用增加，故一般只在其他限制短路电流的方法不能达到要求时才采用出线电抗器。

图 4 －48（c）采用在变压器负荷侧串联电抗器，可以限制负荷侧的短路电流，以便选择轻型的出线断路器，并能维持电源侧母线的电压在一定水平。

图 4 －48（d）与图（c）比较，由于正常时电抗器不投入，所以电压损失、功率损耗小，而且可以采用较大的电抗值，但继电保护较为复杂。当线路故障时，应先断开与电抗器并联的断路器，以使短路电流小于出线断路器的开断电流，然后才断开故障线路。

4.4.1.4 分裂电抗器的参数及应用

由前面的内容可知，为了限制短路电流和维持较高的母线剩余电压，要求电抗器百分电抗应尽可能大些，但这样会在正常工作时引起较大的电压损失，采用分裂电抗器代替普通电抗器可以缓解这一矛盾。

分裂电抗器在结构上与普通电抗器相类似，不同点是分裂电抗器的绕组有中间抽头，其符号如图 4 －49（a）所示，一相电路如图 4 －49（b）所示。图中 1 为中间抽头端，2 和 3 为分裂电抗器两臂的端头。两臂的额定电流相同，产品目录给出的额定百分电抗为每臂的自感电抗百分值 $X_L\%$ 。

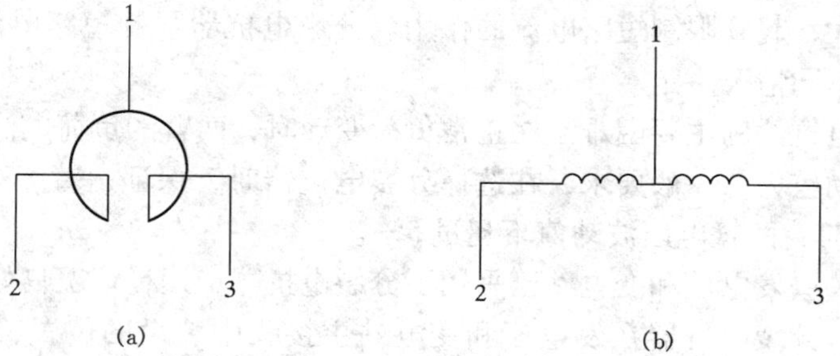

图 4 －49 分裂电抗器的图形符号和单相电路

（a）图形符号；（b）单相电路

正常工作时，一般端头 1 接电源，端头 2 和 3 接负荷。当分裂电抗器两臂中通过大小相等方向相反的负荷电流时，每臂的电流在另一臂中产生负的互感电势，使电压降减小，因此在正常工作时，第一臂的总电抗为：

$$X = X_L - X_M = X_L - mX_L = (1 - m)X_L \tag{4-8}$$

$$m = \frac{X_M}{X_L}$$

式中 X——每臂的总电抗；

X_L——每臂的自感电抗；

X_M——两臂间的互感电抗；

m——互感系数。

互感系数 m 与分裂电抗器的结构有关，一般取 $m=0.5$。在正常工作时，每臂总电抗：

$$X=(1-0.5)X_L=0.5X_L$$

可见，正常工作时分裂电抗器的电抗减少了一半，则电压损失也减少了一半。

当 2 端短路时，短路电流自 1 端供向 2 端。此时，分裂电抗器只有一臂通过短路电流，另一臂仅有负荷电流，相对短路电流而言很小，可以忽略反向电流的作用，则分裂电抗器的总电抗为短路侧一臂的电抗 $X=X_L$，较正常工作时电抗增大一倍。另一种情况，如 1 端开路，2 端短路，短路电流自 3 端供向 2 端，分裂电抗器两臂中通过短路电流的方向相同，大小相等，此时每臂的电抗为自感电抗 X_L 与互感电抗 X_M 之和，则两臂总电抗：

$$X=2(X_L+X_M)=2X_L(1+m)=3X_L$$

从而有效的限制了短路电流。

由以上分析可见，分裂电抗器在正常工作时，电抗小，电压损失也小。在短路情况下，电抗增大，起到限制短路电流的作用。分裂电抗器限制短路电流时的总电抗，应根据短路的不同情况决定。

应用分裂电抗器的主要困难是在正常负荷变动时，两臂的负荷电流大小不等，以致两臂电压波动较大。一般要求，在选择分裂电抗器时，保证一臂为总负荷的 70%，另一臂为 30% 时，两臂电压波动值不超过 5%。

目前我国一些发电厂和变电站已采用了分裂电抗器，运行情况良好，今后将会得到更多的应用。分裂电抗器在发电厂和变电站主接线中装设的位置，如图 4－50 所示。分裂电抗器装设在电缆引出线上，如图 4－50（a）所示，可使电抗器数目减少，且正常运行时电压损失小，如分裂电抗器每臂连接几条出线时，其经济效益更大。在发电厂和变电站中，分裂电抗器还可以装在发电机或主变压器回路中，如图 4－50（b）、（c）、（d）所示，短路时分裂电抗器起到母线分段电抗器的作用，限制短路电流的效果比普通电抗器会更好。

4.4.2 分裂变压器

随着变压器容量的不断增大，当变压器副方发生短路时，短路容量很大。为了能有效地切除故障，必须在副方安装开断能力很大的断路器。用分裂变压器，能在正常工作和低压侧短路时，使变压器呈现不同的电抗值，从而起到限制短路电流的作用。

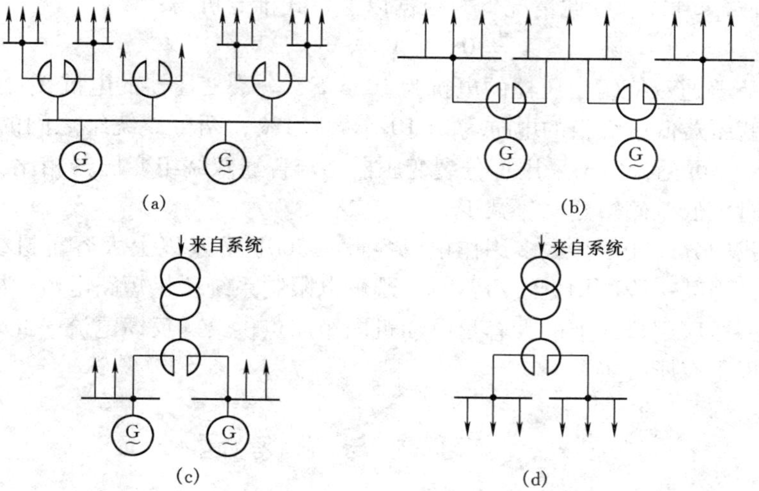

图 4-50 分裂电抗器在发电厂和变电站主接线中装设的位置

(a) 发电机端电压出线装分裂电抗器；(b) 发电机回路装分裂电抗器；(c) 发电厂主变压器低压侧装分裂电抗器；(d) 变电站变压器低压侧装分裂电抗器

分裂变压器是一种多绕组变压器，它是将普通的双绕组变压器的低压绕组分裂成额定容量相等的两个完全对称的绕组。分裂绕组的布置形式决定了这两个分裂绕组间仅有磁的联系，没有电的联系，其等值电路如图 4-51 所示。通常两个低压分裂绕组容量相同，一般为变压器额定容量的 50%，阻抗相等，$X_1=X_2$。

当低压分裂绕组并联时，高压和低压绕组间的电抗为穿越电抗，用 X_C 表示，有：

$$X_C = X_3 + 0.5X_1$$

当一个分裂绕组断开时，如绕组 2 断开，高压和低压绕组间的电抗为 X_B，则：

$$X_B = X_3 + X_1$$

当高压绕组断开时，两个低压分裂绕组间的电抗为分裂电抗 X_F，则：

$$X_F = 2X_1$$

$$\frac{X_F}{X_C} = K_F \qquad (4-9)$$

式中，K_F 称为分裂系数，分裂变压器可以按不同的 K_F 制造。最有利的条件

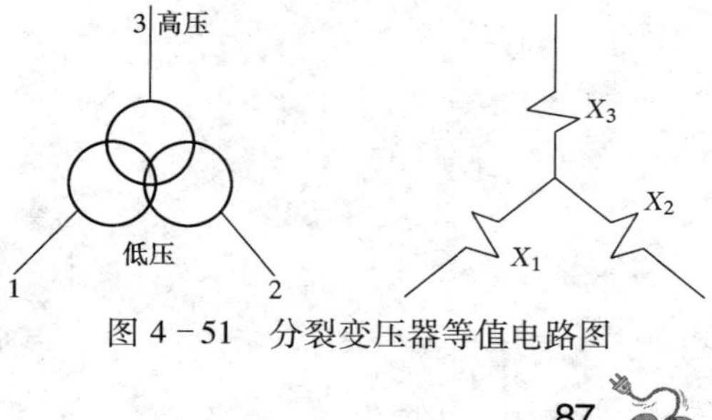

图 4-51 分裂变压器等值电路图

是 $K_F=4$，即 $X_F=4X_C$。在此情况下，根据以上各式推导可得：

$$X_3=0 \qquad X_1=X_2=2X_C$$

如110kV普通双绕组变压器的电抗为10.5%，分裂变压器的电抗 X_C 也为10.5%时，则分裂变压器低压绕组的电抗为2×10.5% =21%，两分裂绕组之间的电抗为4×10.5% =42%。可见，由于采用了分裂变压器，与普通双绕组变压器相比，在同容量同百分电抗时，低压侧短路电流减少了一半。

目前，我国分裂变压器大多用作单机容量在200MW及以上大容量机组的厂用变压器。这样，当某一段厂用母线短路时，既可以限制系统所供短路电流，同时又可以限制接在另一段厂用母线上的大容量电动机向短路点供给的反馈电流。此外，对电动机自起动条件也有所改善。

习题与思考题

4-1 高压断路器的作用是什么？其常见类型有哪些？

4-2 试述 SF_6 断路器的灭弧装置的特点。

4-3 隔离开关的作用是什么？

4-4 熔断器的基本结构是什么？简述熔断器的熔断过程。

4-5 电压互感器与电流互感器各有何作用，运行时有何特点？为什么工作时，电磁型电流互感器二次侧不能开路，而电压互感器不能短路？

4-6 电缆和母线作为载流导体各有何特点？各在什么应用场合下才能表现出其优点？

4-7 母线着色有何规定？

4-8 除了采用电抗器限制短路电流外，还有何方法能减小短路电流的大小？

4-9 观察你所在学校及实验室低压供电线路采用了什么样的开关电器，并画出电路图，思考其布置是否合理。

第 5 章

电气主接线

【教学要求】 熟悉电气主接线的基本形式、接线特点及应用；了解发电厂变电站电气主接线的设计步骤；掌握电气主接线设计中主变压器的选择和方案的经济技术比较。

5.1 概　　述

电气主接线是指发电厂或变电站中的一次设备按照设计要求连接起来，表示生产、汇集和分配电能的电路，也称为主电路。电气主接线中的设备用标准的图形符号和文字符号表示的电路图称为电气主接线图。电气主接线图一般绘成单线图，只是在局部需要表明三相电路不对称连接时，才将局部绘制成三线图；若有中性线（或接地线），可用虚线表示，使主接线清晰易看。在发电厂或变电站的控制室内，为了表明发电厂（变电站）主接线实际运行状况，通常设有电气主接线的模拟图。运行时，模拟图中的各种电气设备所显示的工作状态必须与实际运行状态相符。

电气设备使用标准的图形符号和文字符号如表 5－1 所示。

表 5－1　　主要一次设备的图形符号和文字符号一览表

序号	设备名称	图形符号	文字符号	序号	设备名称	图形符号	文字符号
1	交流发电机	$\underset{\sim}{G}$（圆圈内）	G 或 GS	3	交流电动机	$\underset{\sim}{M}$（圆圈内）	M 或 MS
2	直流发电机	$\underline{G}$（圆圈内）	G 或 GD	4	直流电动机	$\underline{M}$（圆圈内）	M 或 MD

续表

序号	设备名称	图形符号	文字符号	序号	设备名称	图形符号	文字符号
5	双绕组变压器	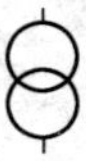	T 或 TM	17	母线		WB
6	三绕组变压器	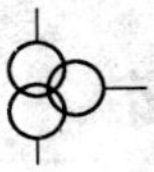	T 或 TM	18	电缆终端头		W
7	自耦变压器		T 或 TM	19	断路器		Q 或 QF
8	电抗器		L	20	隔离开关		Q 或 QS
9	分裂电抗器		L	21	负荷开关		Q
10	避雷器		F	22	隔离插头或插座		Q 或 QS
11	火花间隙		F	23	接触器		K 或 KM
12	电力电容器		C	24	熔断器		FU
13	电流互感器		TA	25	跌落式熔断器		FU
14	双绕组电压互感器		TV	27	熔断器式负荷开关		Q
15	三绕组电压互感器	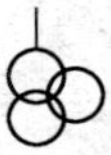	TV	29	熔断器式隔离开关		Q
16	输电线路		WL 或 L	30	接地		

电气主接线的型式将影响配电装置的布置、供电可靠性、运行灵活性和二次接线、继电保护等问题。电气主接线对发电厂和变电站以及电力系统的安全、可靠和经济的运行起着重要作用。因此，发电厂和变电站的电气主接线必须满足以下基本要求：

（1）根据发电厂、变电站在电力系统中的地位、作用和用户性质，保证必要的供电可靠性和电能质量的要求。

（2）应力求接线简单、运行灵活和操作简便。

（3）保证运行、维护和检修的安全和方便。

（4）应尽量降低投资，节省运行费用。

（5）满足扩建的要求，实现分期过渡。

典型的电气主接线，可分为有母线和无母线两类。有母线类主要包括单母线接线、双母线接线等；无母线类主要包括桥形接线、多角形接线和单元接线等。

5.2 电气主接线的基本形式

5.2.1 单母线接线

母线也称为汇流排。它是起着汇集和分配电能的作用。每一条进出线回路都组成一个接线单元，每个接线单元都与母线相连，电源回路将电能送至母线，引出线从母线得到电能。单母线接线是指只采用一组母线的接线。具体分为下列几种：

5.2.1.1 不分段的单母线接线

不分段的单母线接线如图 5－1 所示。如果进线（电源回路）和出线回路数不止一回时，为了适应负荷变化和设备检修的需要，使每一回路引出线均能从任一电源取得电能，或任一电源被切除时，仍能保证供电的可靠性和灵活性，在引出回路与电源回路之间，用母线 WB 连接。

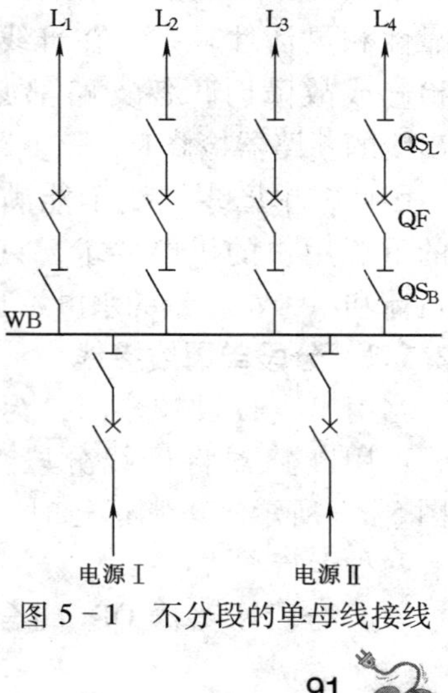

图 5－1　不分段的单母线接线

单母线接线的特点是每一回路均装有一台断路器 QF 和隔离开关 QS。断路器用于在正常或故障情况下接通与断开电路，用作操作电器和保护电器。断路器两侧装有隔离开关，用于停电检断路器时作为隔离电器隔离电压；靠近母线侧的隔离开关称母线侧隔离开关 QS_B，靠近引出线侧的称为线路侧隔离开关 QS_L。在电源回路中，若断路器断开之后，电源不可能向外送电能时，断路器与电源之间可以不装隔离开关，如发电机出线回路。若线路对侧无电源，则线路侧隔离开关可以省略，如线路 L_1。

根据断路器和隔离开关用途的不同，在运行中其操作顺序也不同。接通电路时，先合入断路器两侧的隔离开关（先合入母线侧隔离开关 QS_B，然后合入线路侧隔离开关 QS_L），再合入断路器 QF；切断电路时，先断开断路器 QF，再断开两侧的隔离开关（先断开线路侧隔离开关 QS_L，然后断开母线侧隔离开关 QS_B）。不允许在断路器处于合闸的状态下拉开隔离开关（带负荷拉刀闸），否则将引起严重的短路事故。为防止误操作，在断路器与隔离开关之间，应加装防误操作的电气或机械闭锁装置。

引出线回路停电操作必须按照断路器、负荷（线路）侧隔离开关和母线侧隔离开关的顺序依次拉开；合闸送电操作应按与上述相反的顺序进行。按照上述顺序操作的优点是：

（1）如果在断路器未断开的情况下，发生线路隔离开关带负荷拉闸，将发生电弧短路，由于线路隔离开关后合入，故障点仍在线路侧，继电保护装置可以将断路器自动断开，切除故障点，同时对其他回路设备（特别是母线）运行影响较少。

（2）线路送电时，若发生隔离开关带负荷合闸，也可能发生电弧短路，由于线路隔离开关后合入，故障点仍在线路侧，同样，继电保护装置可以将断路器自动断开，切除故障点，对其他回路设备运行影响较少。

（3）如果线路侧发生故障继电保护装置或断路器拒动，不能自动切除故障，会引起电源断路器跳闸，造成母线停电。随后只要拉开母线隔离开关隔离故障点，即可恢复其他部分的供电。

单母线的特点是：接线简单、清晰，设备少，操作方便，投资少，便于扩建；但可靠性和灵活性较差，在母线和母线隔离开关检修或故障时，各支路都必须停止工作；引出线的断路器检修时，该支路要停止供电。

因此，单母线接线不能满足对不允许停电的重要用户的供电要求，只适合用于不重要负荷和中、小容量的水电站和变电站中。

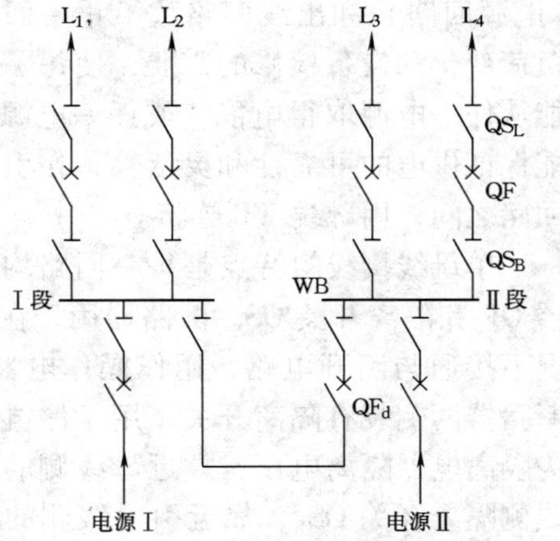

图 5-2　单母线分段接线

5.2.1.2　分段单母线接线

当引出线数目较多时，为提高供电可靠性，可用断路器将母线分段，成为单母线，如图 5-2 所示。正常运行时，单母线分段接线有两种运行方式：

（1）分段断路器 QF_d 闭合运行。正常运

行时分段断路器 QF_d 闭合，两个电源分别接在两段母线上；两段母线上的负荷应均匀分配，以使两段母线上的电压均衡。在运行中，当任一段母线发生故障时，继电保护装置动作跳开分段断路器和接至该母线段上的电源断路器，另一段则继续供电。

（2）分段断路器 QF_d 断开运行。正常运行时分段断路器 QF_d 断开，两段母线上的电压可不相同。每个电源只向接至本段母线上的引出线供电。当任一电源出现故障，该电源支路断路器自动断开后，由备用电源自动投入装置自动接通分段断路器，保证全部引出线继续供电。这种运行方式可能引起正常运行时两段母线电压不相等，若由两段母线向一个重要用户供电时，会给用户带来一些困难。分段断路器断开运行的优点是可以限制短路电流。

单母线分段接线的特点是：

（1）当母线发生故障时，仅故障母线段停止工作，另一段母线仍继续工作。

（2）两段母线可看成是两个独立的电源，提高了供电可靠性，可对重要用户供电。

（3）当一段母线故障或检修时，必须断开接在该段母线上的所有支路，使之停止工作。

（4）任一支路断路器检修时，该支路必须停止工作。

单母线分段接线与单母线接线相比提高了供电可靠性和灵活性。但是，当电源容量较大、出线数目较多时，其缺点更加明显。因此，单母线分段接线用于电压为 6 ~ 10kV 时，每段母线容量不超过 25MW，否则回路数过多，影响供电可靠性；用于电压为 35kV 时，出线回路数为 4 ~ 8 回；用于电压 110kV，出线回路数为 3 ~ 4 回为宜。

为克服回路断路器检修时该回路必须停止工作的缺点，可采用增设旁路母线的方法。

5.2.1.3 单母线带旁路母线接线

单母线带旁路母线接线如图 5－3 所示，在工作母线外侧增设一组旁路母线 WB_a。旁路母线通过旁路断路器 QF_a 与母线连接。每一条出线回路在线路隔离开关的线路侧与旁路母线通过旁路隔离开关 QS_a 连接。正常运行时旁路母线不带电，旁路断路器 QF_a 及 QS_a 均断开，QF_a 两侧的隔离开关处于合闸位置，其运行方式与单母线分段接线相同。

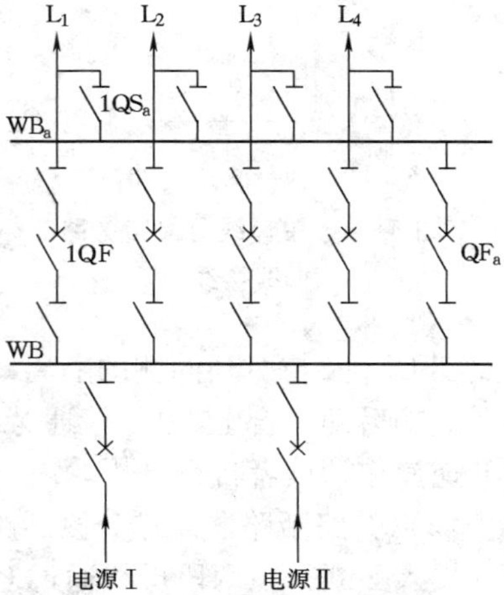

图 5－3　单母线带旁路母线接线

当任一出线回路的断路器需要检修时，该回

路可经旁路隔离开关 QS_a 绕道旁路母线，再经旁路断路器 QF_a 回路从工作母线回路取得电源。因此，旁路断路器 QF_a 是各出线断路器的备用断路器。

当线路 L_1 的断路器 1QF 检修时，首先投入 QF_a 向旁路母线充电，检查旁路母线 WB_a 是否完好；若旁路母线 WB_a 充电良好，再投入该回路的旁路隔离开关 $1QS_a$，实现旁路与正常工作回路并联运行；然后跳开 1QF 及两侧隔离开关，即可对 1QF 进行检修。从以上操作过程中可以看出，可由旁路断路器 QF_a 代替出线断路器 1QF 向线路 L_1 供电，L_1 线路的供电未受影响，而 1QF 便可停电检修。

线路断路器 1QF 检修后，恢复线路 L_1 送电的操作过程与上述相反：首先合线路两侧隔离开关及断路器 1QF，使工作回路与旁路回路并联；断开旁路断路器 QF_a 及两侧隔离开关，出线恢复由工作回路供电；再断开 $1QS_a$，使旁路及旁路母线退出运行。

5.2.1.4　单母线分段带旁路接线

单母线分段带旁路接线如图 5－4 所示。旁路母线可用一组旁路断路器经两组隔离开关分别从两段工作母线跨接至不分段的旁路母线上。

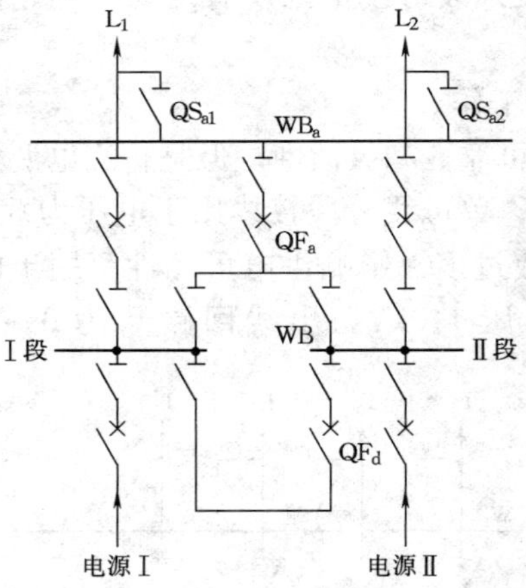

图 5－4　单母线分段带旁路母线接线

当出线回路数不多时，旁路断路器利用率不高，可与分段断路器合用，并有以下两种形式：

（1）分段断路器兼作旁路断路器，如图 5－5 所示，从分段断路器 QF_d 的隔离开关内侧引接联络隔离开关 QS_5 和 QS_6 至旁路母线，在分段工作母线之间再加两组串联的分段隔离开关 QS_1 和 QS_2。正常运行时，分段断路器 QF_d 及其两侧隔离开关 QS_3 和 QS_4 处于接通位置，联络隔离开关 QS_5 和 QS_6 处于断开位置，分段隔离开关 QS_1 和 QS_2 中，一组断开，一组闭合，旁路母线不带电。若检修线路 L_1 的断路器 1QF 时，先投入分段隔离开关，使该回路与分段断路器并联，断开分段断路器 QF_d 及与 QS_5 同侧的隔离开关 QS_4，接着在合上 QS_5 后合上 QF_d 向旁路母线充电，成功后即可合上 $1QS_a$ 接通旁路，然后切断 1QF 及两侧隔离开关以待检修。检修后的逆操作请读者自行分析。

（2）旁路断路器兼作分段断路器，如图 5－6 所示。正常运行时，两分段隔离开关一投入一断开，两段母线通过 QF_a 回路、旁路母线、QS_5 相连接，QF_a 起分段断路器作用。若检修线路 L_1 的断路器时，首先合上分段隔离开关，使两段母线通过两支路并列，然后合上 $1QS_a$ 并断开 QS_5，即可把 1QF 退出进行检修。检修后的逆操作请读者自行分析。

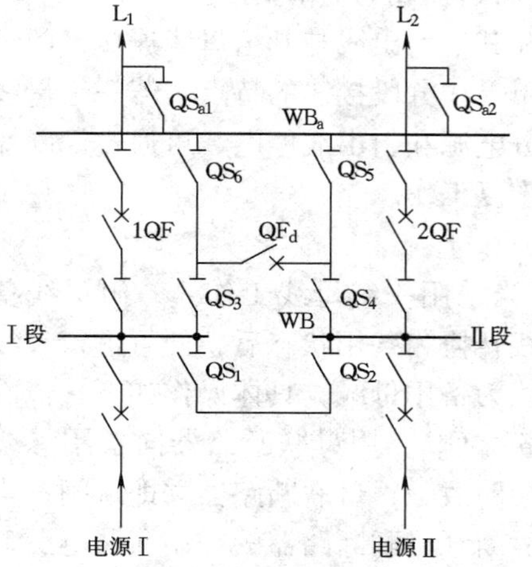

图 5－5　分段断路器兼作旁路断路器接线

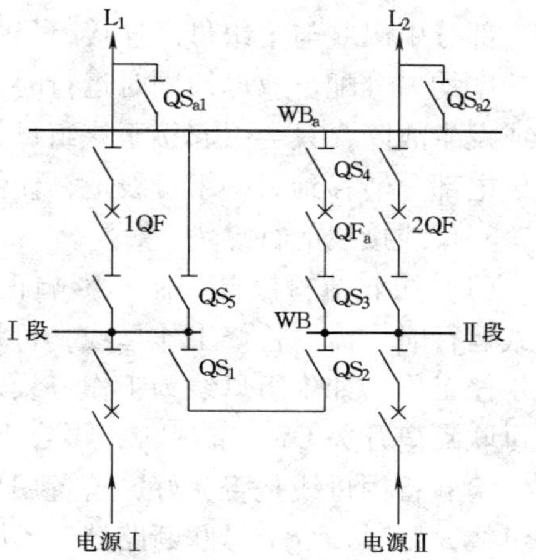

图 5－6　旁路断路器兼作分段断路器接线

单母线分段带旁路接线，主要用于电压为 6～10kV 出线较多而且对重要负荷供电的装置中；35kV 及以上有重要联络线路或较多重要用户时也采用。

5.2.2　双母线接线

5.2.2.1　不分段的双母线

不分段的双母线接线如图 5－7 所示。这种接线有两组母线（母线Ⅰ和母线Ⅱ），在两组母线之间通过母线联络断路器 QF_j（以下简称母联断路器）连接；每一条引出线和电源支路都经一台断路器与两组母线隔离开关分别接至两组母线上。

双母线的运行方式为：

（1）一组母线工作、一组母线备用的运行方式。若Ⅰ组母线为工作母线，则Ⅱ组母线为备用母线。正常运行时，所有电源和引出线与工作母线Ⅰ连接的隔离开关接通，所有电源和引出线与备用母线Ⅱ连接的隔离开

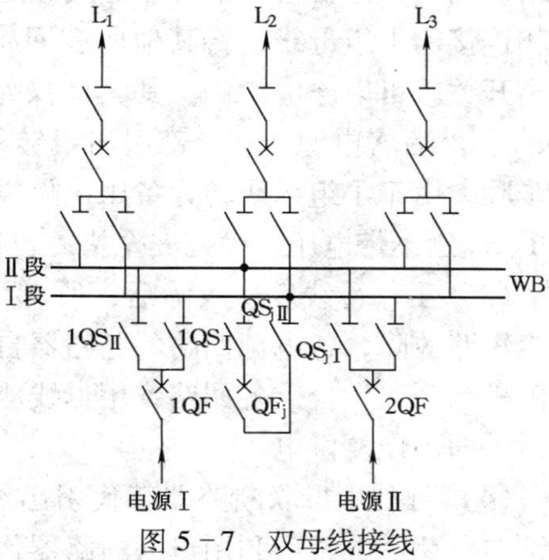

图 5－7　双母线接线

关断开，母联断路器断开，备用母线不带电。需要时Ⅰ、Ⅱ组母线的工作与备用状态可相互转换。

（2）两组母线同时运行。正常运行时母联断路器闭合连接两组母线，一个电源和一部分引出线与Ⅰ组母线连接，另一个电源和其他引出线与Ⅱ组母线连接，两组母线功率均匀分配。双母线同时运行时，它具有单母线分段接线的特点。若一组母线检修或发生故障，只会引起接至该组母线上的部分电源和引出线停电，可通过倒闸操作将停电部分转移到另一组母线上，使停电部分恢复工作。

双母线接线的特点为：

（1）可轮流检修母线而不影响正常供电。当采用一组母线工作、一组母线备用方式运行时，需要检修工作母线，可将工作母线转换为备用状态后，便可进行母线停电检修工作。如Ⅰ组母线为工作母线，Ⅱ组母线为备用母线，具体操作如下：依次合上母联隔离开关 $QS_{j\,I}$ 和 $QS_{j\,II}$，再合上母联断路器 QF_j，用母联断路器向备用母线充电，检验备用母线是否完好，若备用母线存在短路故障，母联断路器立即跳闸；当备用母线完好时，合上母联断路器后不跳闸，然后断开母联断路器的控制回路电源，以防止母联断路器在以下操作过程中误跳开；随后依次合上所有Ⅱ组母线侧的母线隔离开关；依次断开Ⅰ组母线侧的母线隔离开关，由于母联断路器连接两套母线，所以依次合上、断开以上隔离开关只是转移电流，而不会产生电弧；投入母联断路器的控制电源，断开母联断路器，断开母联隔离开关 $QS_{j\,I}$ 和 $QS_{j\,II}$。至此，Ⅱ组母线转换为工作母线，Ⅰ组母线转换为备用母线。显然，在上述操作过程中，任一回路的工作均未受到影响。

（2）检修任一母线侧隔离开关时，只影响该回路供电。在Ⅰ组母线工作，Ⅱ组母线备用时，需要检修电源Ⅰ母线侧隔离开关 $1QS_I$，只需断开该回路和与此隔离开关相连接的Ⅰ组母线，将其他所有回路都倒换到备用母线（Ⅱ组母线）上运行，该隔离开关就可以停电检修。其具体操作步骤如下：首先断开断路器 1QF 和隔离开关 $1QS_I$；然后将电源 2 和全部引出线转移到Ⅱ组母线上工作，具体操作参照前面的操作步骤。由于Ⅰ组母线转为备用，隔离开关 $1QS_{II}$ 原来为断开位置，所以这时隔离开关 $1QS_I$ 已不带电压，做好安全措施可以进行 $1QS_I$ 的检修。

（3）工作母线发生故障后，所有回路短时停电并能迅速恢复供电。如工作母线发生短路故障，各电源回路的断路器自动跳闸。随后拉开引出线回路断路器和工作母线侧隔离开关，合上各回路备用母线侧隔离开关，最后依次合上电源、引出线回路断路器，即可恢复供电。

（4）可利用母联断路器替代引出线断路器工作。为使引出线断路器检修期间能继续向负荷供电，可利用母联断路器代替出线断路器工作。现以图 5－8 所示电路为例（母线工作方式为Ⅰ组母线工作，Ⅱ组母线备用），需要检修引出线断路器1QF的具体操作步骤如下：首先拉开断路器1QF及其两侧的隔离开关$1QS_L$和$1QS_Ⅰ$，将停电的断路器1QF两端接线拆开，然后用“跨条”将1QF短接（图中虚线所示）使1QF与引出线分开，再合入$1QS_Ⅱ$和$1QS_L$，最后合入母联隔离开关$QS_{jⅠ}$、$QS_{jⅡ}$和母联断路器QF_j，恢复送电。这时，电流由Ⅰ组母线经母联断路器送到Ⅱ组母线，再由Ⅱ组母线送到线路L_1。线路L_1仅短时停电，而且不影响其他回路工作。用母联断路器代替引出线断路器工作时，其继电保护整定值应按所替代线路保护定值整定。

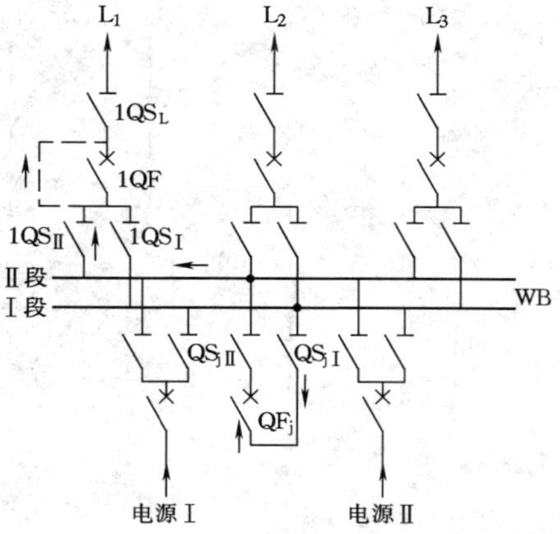

图5-8　用母联断路器代替出线断路器时电流的路径

运行中，任一回路断路器出现拒动或者不允许断开情况时，可利用倒闸操作将母联断路器和备用母线与该回路断路器串联接入回路，再用母联断路器切断电路。以图5-8所示电路中L_1支路为例，其操作步骤如下：首先利用倒母线的方式，只将L_1回路从Ⅰ组工作母线上转到Ⅱ组母线上工作，将$1QS_Ⅰ$断开；这时电流由Ⅰ组母线经母联断路器QF_j及其隔离开关$QS_{jⅠ}$、$QS_{jⅡ}$、隔离开关$1QS_Ⅱ$、断路器1QF、隔离开关$1QS_L$送到线路L_1形成QF_j和1QF串接供电。然后拉开母联断路器QF_j切断电路，保证线路L_1可靠切断。

（5）便于扩建。向双母线的左右任一方向扩建，均不影响两组母线的电源和负荷的均匀分配，不会引起原有电路的停电。

（6）由于双母线接线的设备较多、配电装置复杂，运行中需要用隔离开关切换电路，容易引起误操作；同时投资和占地面积也较大。

鉴于双母线接线具有较高的可靠性和灵活性，这种接线在大、中型发电厂和变电站中得到广泛的应用。一般用于引出线和电源较多、输送和穿越功率较大、要求可靠性和灵活性较高的场合：6～10kV短路容量大，有出线电抗器的装置；35～60kV出线超过8回或电源较多，负荷较大的装置；110～220kV出线为5回及以上或者在系统中居重要位置、出线为4回及以上的装置。

5.2.2.2　双母线分段接线

双母线分段接线如图5-9所示，Ⅰ组母线用分段断路器（QF_d）分为两段，每段母线与Ⅱ组母线之间分别通过母联断路器QF_{j1}、QF_{j2}连接。这种接线较双母线接线

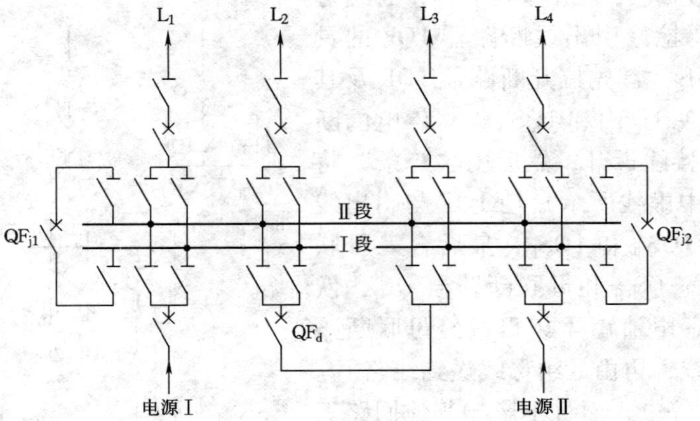

图 5-9 双母线分段接线

具有更高的可靠性和更大的灵活性。当Ⅰ组母线工作，Ⅱ组母线备用时，它具有单母线分段接线的特点。Ⅰ组母线的任一分段检修时，将该段母线所连接的支路倒至备用母线上运行，仍能保持单母线分段运行的特点。当具有三个或三个以上电源时，可将电源分别接到Ⅰ组的两段母线和Ⅱ组母线上，用母联断路器连通Ⅱ组母线与Ⅰ组某一个分段母线，构成单母线分三段运行，可进一步提高供电可靠性。

双母线分段接线主要适用于大容量进出线较多的装置中，例如 220kV 进出线为 10～14 回的装置。

5.2.2.3 双母线带旁路接线

双母线带旁路接线如图 5-10（a）所示，旁路断路器可代替出线断路器工作，使出线断路器检修时，线路供电不受影响。

双母线带旁路接线，正常运行多采用固定连接方式，即双母线同时运行的方式，此时母联断路器处于合闸位置，两组母线并列运行。并要求某些出线和电源固定连接于Ⅰ组母线上，其余出线和电源连至Ⅱ组母线；两组母线固定连接回路的确定既要考虑供电可靠性，又要考虑负荷的平衡，尽量使母联断路器通过的电流很小。

双母线接线采用固定连接方式运行时，该装置通常设有专用的母线差动保护装置。运行中，如果一组线发生短路故障，则母线保护装置动作跳开与该母线连接的出线、电源和母联断路器，维持未故障母线的正常运行。然后，可按操作规程的规定将与故障母线连接的出线和电源回路切换到未故障母线上恢复送电。

用旁路断路器代替某出线断路器供电时，应将旁路断路器 QF_a 与该出线对应的

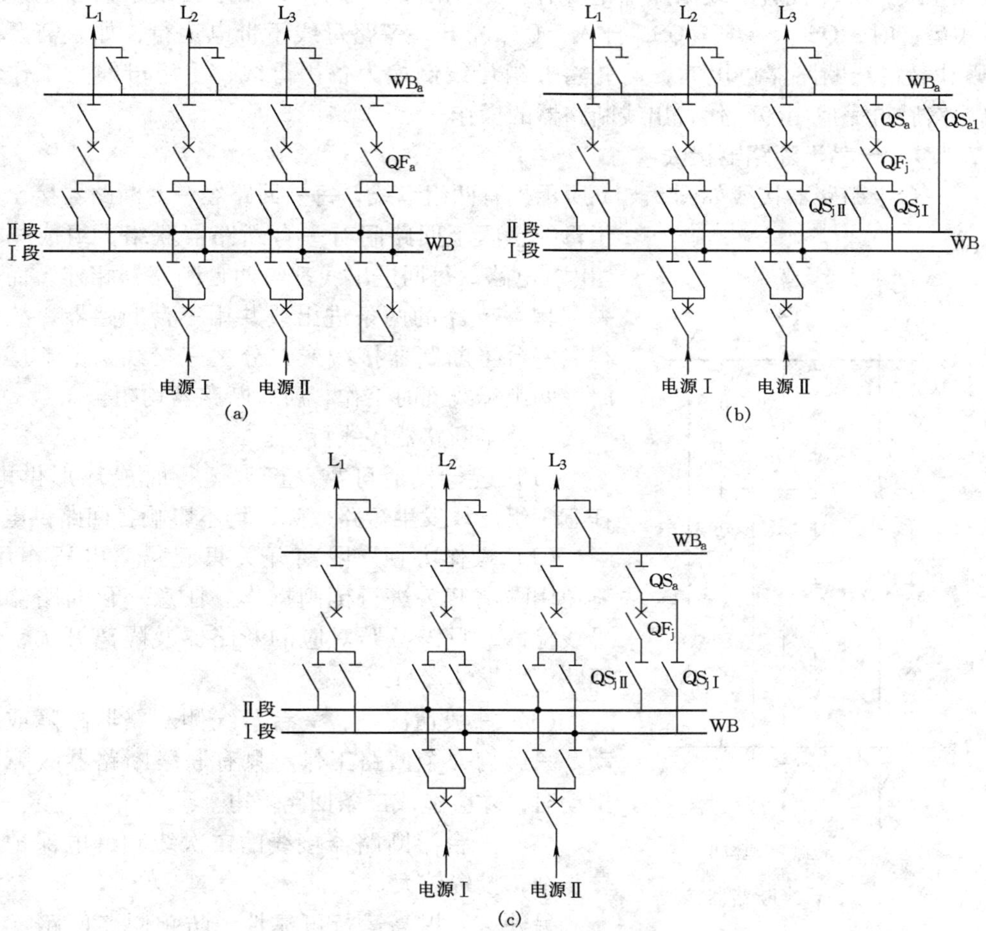

图 5-10　双母线带旁路接线

（a）标准接线；（b）母联断路器兼作旁路断路器接线（一）；

（c）母联断路器兼作旁路断路器接线（二）

母线隔离开关合上，以维持原有的固定连接方式。

当出线数目不多，安装专用的旁路断路器利用率不高时，为暂时节省资金，可采用母联断路器兼作旁路断路器的接线，具体连接如图 5-10（b）、（c）所示。采用图 5-10（b）所示接线，按固定连接方式运行时 $QS_{jⅠ}$、QF_j、QS_a、QS_{a1} 均闭合，旁路母线带电，旁路断路器 QF_j 作为母联断路器运行；如果需要用 QF_j 代替出线断路器供电时，需先合上 $QS_{jⅡ}$，断开 QS_{a1}，将双母线的运行方式改为单母线运行；再按操作

规程完成用 QF_j 代替出线断路器的操作。采用图 5－10（c）所示接线，按固定连接方式运行时，$QS_{jⅠ}$、QF_j、$QS_{jⅡ}$ 合入，QS_a 断开，旁路母线不带电运行；如果需要用 QF_j 代替出线断路器供电时，需先将Ⅱ组母线倒换为备用母线，Ⅰ组母线为工作母线，然后再完成用 QF_j 代替出线断路器的操作。

5.2.2.4 一台半断路器接线

一台半断路器接线如图 5－11 所示，有两组母线，每一回路经一台断路器接至一组母线，两个回路间有一台断路器联络，组成一个“串”电路，每回进出线都与两台断路器相连，而同一“串”支路的两条进出线共用三台断路器，故而得名一台半断路器接线或二分之三接线。正常运行时，两组母线同时工作，所有断路器均闭合。

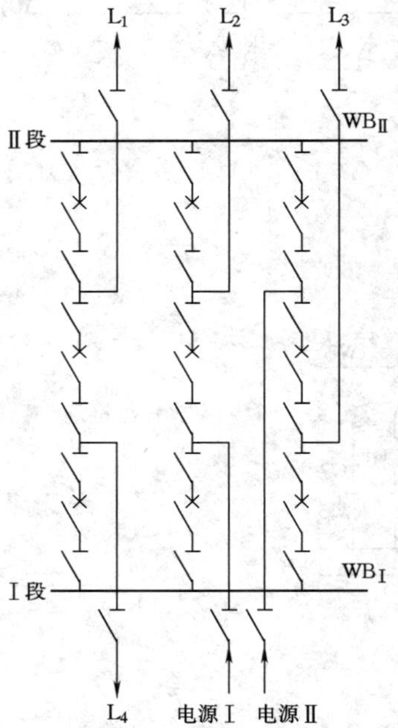

图 5－11 一台半断路器接线

一台半断路器接线特点：

（1）运行灵活可靠。正常运行时成环形供电，任意一组母线发生短路故障，均不影响各回路供电。

（2）操作方便。隔离开关只起隔离电压作用，避免用隔离开关进行倒闸操作。任意一台断路器或母线检修，只需拉开对应的断路器及隔离开关，各回路仍可继续运行。

（3）一般情况下，一台母线侧断路器故障或拒动，只影响一个回路工作。只有联络断路器故障或拒动时，才会造成二条回路停电。

（4）一台半断路器接线的二次线和继电保护比较复杂，投资较大。

另外，为提高运行可靠性，防止同名回路（指两个变压器或两回供电线路）同时停电，一般采用交替布置的原则，即重要的同名回路交替接入不同侧母线；同名回路接到不同串上；把电源与引出线接到同一串上，这样布置，可避免联络断路器检修时，因同名回路串的母线侧断路器故障，使同一侧母线的同名回路一起断开。

同时，为使一台半断路器接线优点更突出，接线至少应有三个“串”（每“串”为三台断路器）才能形成多环接线，可靠性更高。

一台半断路器接线，目前在国内、外已较广泛应用于大型发电厂和变电所的 330～500kV 的配电装置中。当进出线回路数为 6 回及以上，在系统中占重要地位时，宜采用一个半断路器接线。

5.2.3 桥形接线

桥形接线适用于仅有两台变压器和两条出线的装置中，接线如图5－12所示。桥形接线仅用三台断路器，根据桥回路（3QF）的位置不同，可分为内桥和外桥两种接线。桥形接线正常运行时，三台断路器均闭合工作。

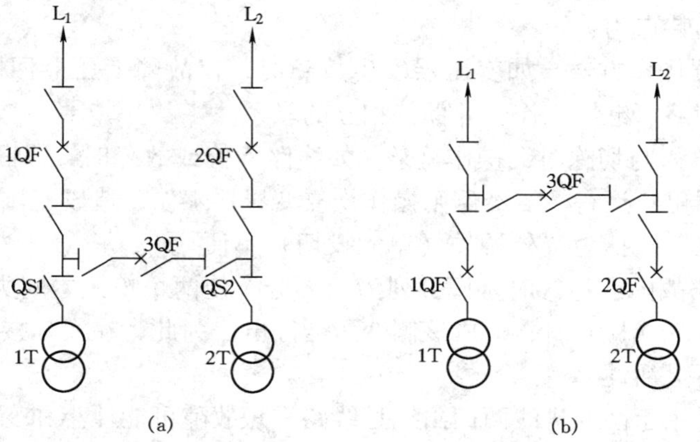

图5－12 桥形接线

（a）内桥接线；（b）外桥接线

5.2.3.1 内桥接线

内桥接线如图5－12（a）所示，桥回路置于线路断路器内侧（靠变压器侧），此时线路经断路器和隔离开关接至桥接点，构成独立单元；而变压器支路只经隔离开关与桥接点相连，是非独立单元。

内桥接线的特点为：

（1）线路操作方便。如线路发生故障，仅故障线路的断路器跳闸，其余三回路可继续工作，并保持相互的联系。

（2）正常运行时变压器操作复杂。如变压器1T检修或发生故障时，需断开断路器1QF、3QF，使未故障线路 L_1 供电受到影响，需经倒闸操作，拉开隔离开关 QS_1 后，再合入1QF、3QF才能恢复线路 L_1 工作。因此将造成该侧线路的短时停电。这一特点可概括为“内桥内（单元投切）不便”。

（3）桥回路故障或检修时全厂分列为两部分，使两个单元之间失去联系；同时，出线断路器故障或检修时，造成该回路停电。为此，在实际接线中可采用设外跨条来提高运行灵活性。

内桥接线适用于两回进线两回出线且线路较长、故障可能性较大和变压器不需要经常切换运行方式的发电厂和变电站中。

5.2.3.2 外桥接线

外桥接线如图5－12（b）所示，桥回路置于线路断路器外侧（远离变压器侧），此时变压器经断路器和隔离开关接至桥接点，构成独立单元；而线路支路只经隔离开关与桥接点相连，是非独立单元。

外桥接线的特点为：

（1）变压器操作方便。如变压器发生故障时，仅故障变压器回路的断路器自动跳闸，其余三回路可继续工作，并保持相互的联系。

（2）线路投入与切除时，操作复杂。如线路检修或故障时，需断开两台断路器，并使该侧变压器停止运行，需经倒闸操作恢复变压器工作，造成变压器短时停电，这刚好与内桥相反，概括为“外桥外（单元投切）不便”。

（3）桥回路故障或检修时全厂分列为两部分，使两个单元之间失去联系；同时，出线侧断路器故障或检修时，造成该侧变压器停电。为此，在实际接线中可采用设内跨条来提高运行灵活性。

外桥接线适用于两回进线两回出线且线路较短故障可能性小和变压器需要经常切换，而且线路有穿越功率通过的发电厂和变电站中。

桥形接线具有接线简单清晰，设备少，造价低，易于发展成为单母线分段或双母线接线。为节省投资，在发电厂或变电站建设初期，可先采用桥形接线，并预留位置，随着发展逐步建成单母线分段或双母线接线。

5.2.4 单元接线

单元接线是将不同性质的电力元件（发电机、变压器、线路）串联形成一个单元，然后再与其他单元并列。由于串联的电力元件不同，单元接线有如下几种形式。

5.2.4.1 发电机—变压器单元接线

发电机—变压器单元接线如图5－13所示。图5－13（a）为发电机—双绕组变压器组成的单元，断路器装于主变高压侧作为该单元共同的操作和保护电器，在发电机和变压器之间不设断路器，可装一组隔离开关供试验和检修时隔开之用。

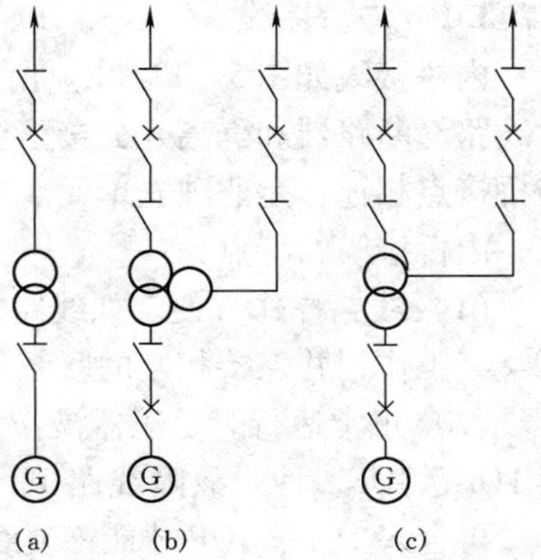

图5－13 单元接线

（a）发电机—变压器单元；（b）发电机—三绕组变压器单元；（c）发电机—自耦变压器单元

当有两个升高电压等级，主变为三绕组变压

器或自耦变压器时，就组成发电机—三绕组变压器（自耦变压器）单元接线，如图5-13（b）、（c）所示。为了能保证发电机故障或检修时高压侧与中压侧之间的联系，应在发电机与变压器之间装设断路器；若高压侧与中压侧对侧无电源时，发电机和变压器之间的断路器也可省略。

发电机—变压器单元接线的特点为：

（1）接线简单清晰，电气设备少，配电装置简单，投资少，占地面积小。

（2）不设发电机电压母线，发电机或变压器低压侧短路时，短路电流小。

（3）操作简便，降低故障的可能性，提高了工作的可靠性，继电保护简化。

（4）任一元件故障或检修全部停止运行，检修时灵活性差。

单元接线适用于机组台数不多的大、中型不带近区负荷的区域发电厂；分期投产或装机容量不等的无机端负荷的中、小型水电站。

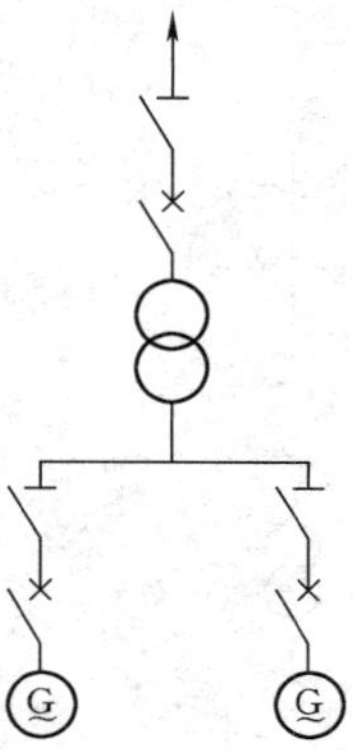

图5-14 扩大单元接线

5.2.4.2 扩大单元接线

采用两台发电机与一台变压器组成单元的接线称为扩大单元接线，如图5-14所示。在这种接线中，为了适应机组开停的需要，每一台发电机回路都装设断路器，并在每台发电机与变压器之间装设隔离开关，以保证停机检修的安全。装设发电机出口断路器的目的是使两台发电机可以分别投入运行或当任一台发电机需要停止运行或发生故障时，可以操作该断路器，而不影响另一台发电机与变压器的正常运行。

扩大单元接线与单元接线相比有如下特点：

（1）减小了主变压器和主变高压侧断路器的数量，减少了高压侧接线的回路数，从而简化了高压侧接线，节省了投资和场地。

（2）任一台机组停机都不影响厂用电的供给。

（3）当变压器发生故障或检修时，该单元的所有发电机都将无法运行。

扩大单元接线用于在系统有备用容量时的大中型发电厂中。

5.2.4.3 发电机—变压器—线路单元接线

发电机—变压器—线路单元接线如图5-15所示。它是将发电机、变压器和线路直接串联，中间除了自用电外没有其他分支引出。这种接线实际上是发电机—变压器单元和变压器—线路单元的组合，常用于1～2台发电机、一回输电线路，且不带近区负荷的梯级开发的水电站，把电能送到梯级开发的联合开关站。

5.2.5 多角形接线

多角形接线也称为多边形接线，如图5－16所示。它相当于将单母线分段按电源和出线数目分段，然后连接成一个环形的接线。比较常用的有三角形、四角形接线。

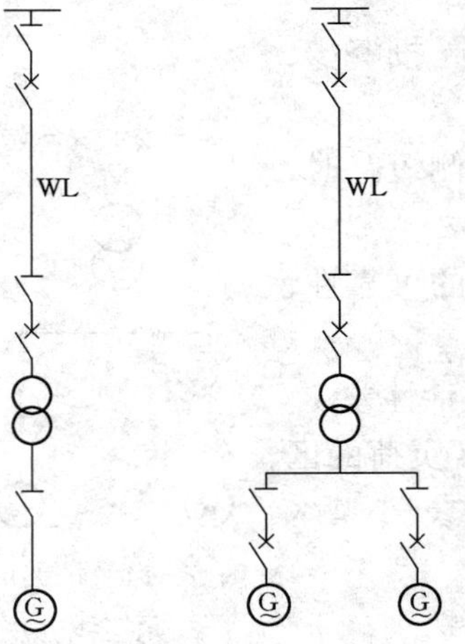

(a)　　(b)

图5－15　发电机—变压器—线路单元接线

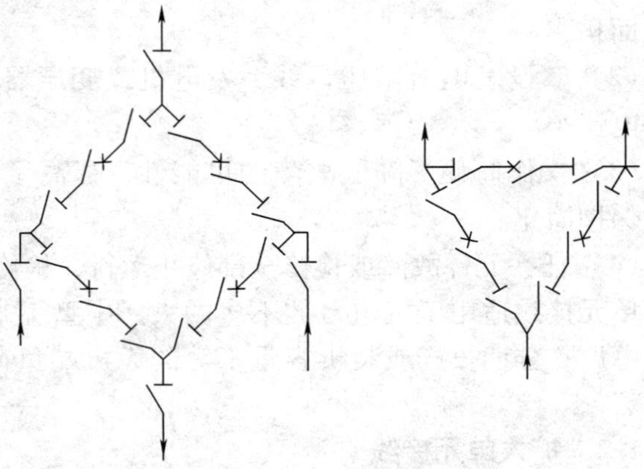

(a)　　(b)

图5－16　多角形接线

（a）四角形接线；（b）三角形接线

多角形接线具有如下特点：

（1）每个回路位于两个断路器之间，具有双断路器接线的优点，检修任一断路器都不中断供电。

（2）所有隔离开关只用作隔离电器使用，不作操作电器用，故容易实现自动化和遥控。

（3）正常运行时，多角形是闭合的，任一进出线回路发生故障，仅该回路断开，其余回路不受影响，因此运行可靠性高。

（4）任一断路器故障或检修时，则开环运行，此时若环上某一元件再发生故障就有可能出现非故障回路被迫切除并将系统解列。这种接线随角数的增加更为突出，所以这种接线最多不超过6角。

（5）开环和闭环运行时，流过断路器的工作电流不同，这将给设备选择和继电保护整定带来一定的困难。

（6）此接线的配电装置不便于扩建和发展。

因此，多角形接线多用于最终容量和出线数已确定的110kV及以上的水电厂中，且不宜超过六角形。

5.3 主变压器的选择

5.3.1 主变台数的选择

主变压器是发电厂和变电站中最主要的设备之一，它在电气设备的投资中所占比例较大，同时与之相配套的电气装置的投资也与之密切相关。因此，对主变压器的台数、容量和型式的选择是至关重要的，它对发电厂、变电站的技术经济影响很大。同时，它也是主接线方案确定的基础。

变压器的运行可靠性高，发生故障的几率小，检修周期长，损耗低，所以在选择时一般不考虑主变压器的备用。同时随着技术的进步，变压器的容量可以做得很大，由于单位容量的造价（元/kVA）随单台容量的增加而下降，因此，减少变压器的台数，提高单台变压器容量，可以降低变压器的本体投资。由于变压器的台数减少，与之配套的配电设备也随之减少，使配电装置结构简化，布置清晰，更为简单，占地面积少，运行检修维护工作量也将减少从而取得了较好的技术经济效益。

主变压器台数的选择是与发电厂（变电站）的接入方式、机组的台数、容量及基本接线方式密切相关，大体上要求主变应与其他的各个环节的可靠性应相一致。

两台变压器联合运行的可靠性已相当高，可用于中小型水电站和变电站。其运行可以根据水电站在丰水期和枯水期的不同分为两台同时运行和一台运行一台退出的运行方式，运行方式灵活；此外，两台主变对工程分期过渡有利，特别对变电站来说，主变压器台数还要考虑中、远期负荷发展。一般主变压器采用两台分期投入的办法，避免主变在运行初期阶段的容量积压和资金积压以及长期处于低负荷和低效率下的运转。

因此，在中小型水电站、变电站中，一般主变压器的台数取1~2台为宜。

在大中型发电厂中，为了保证运行的可靠性和灵活性，通常采用发电机—变压器单元接线或两台发电机——一台变压器的扩大单元接线，此类电厂的主变压器台数往往在2台及以上。

5.3.2 主变容量的选择

发电厂主变容量的选择应满足在正常运行有最大功率通过时而不过载的原则来选定，避免出现功率的“瓶颈现象”。同时，过大的容量不仅增加投资，而且还会加大有功和无功的损耗，增加运行费用，出现“大马拉小车”的现象。由于变压器有较高的可靠性，一般情况下不考虑主变的事故备有容量。

主变容量的确定可按以下方法选择：

（1）发电机—变压器单元接线中，主变的容量应与所接的发电机的容量相配套；扩大单元接线的变压器容量应不小于扩大单元中发电机总的视在功率。

（2）接于发电机汇流主母线上的一台主变，其容量应为该母线上发电机的总容量扣除接在该母线上的近区负荷的最小值。

（3）接于发电机汇流主母线上的两台并联运行的主变，其总容量也按上述原则选择。由于并联运行的变压器的功率分配与变比、短路阻抗有关。因此，两主变应尽量采用同型号、同容量甚至相同厂家的同一批产品。

（4）接于发电机汇流母线上的两台非并列运行的主变，一台与电网相连，另一台接负荷。则第一台主变压器的容量应为接于该母线的发电机总容量减去另一台主变与近区变的最小负荷之和。另一台主变容量则按所送最大的视在功率确定。

（5）梯级联合开发的中心水电站，其主变容量应在考虑本站后再加上由其他梯级电站转送来的最大功率。

最后，实际选择的变压器容量是在上述原则选择的基础上取相近并稍大的标准值。

5.3.3　主变型式的选择

中小型水电站只有一个升高电压等级时，主变宜采用三相普通油浸式双绕组电力变压器，常规连接组别有 Y，d11 或 YN，d11。其产品的有关数据及项目可参照厂家或国家标准，如冷却方式、阻抗值、调压范围、绕组材料（铜或铝导体），但有些数据也可由用户提出，如额定电压、调压方式等，同时推荐使用低能耗节能型产品。

若电站有两个升高电压等级时，可优先考虑采用三绕组来实现高中低压侧的功率传递，以满足电网在不同功率运行状况下的潮流分布要求，提高供电的可靠性和灵活性，减少电能损耗。同时，采用一台三绕组变压器比采用两台双绕组变压器时可节约变压器本体及配套设备的投资费用，也简化了配电装置的布置，减少运行维护工作量。

目前我国生产的标准三相三绕组变压器三侧容量之比按高、中、低压侧有：100/100/100、100/100/50 和 100/50/100 三种。因此，当其中一侧的计算负荷过小（一般小于其额定容量的 15%）时，为避免变压器绕组容量的浪费，一般不采用三绕组变压器而采用两台双绕组变压器更为经济合理。

三绕组变压器的高压侧电压等级最低为 35kV。由于三绕组变压器三个绕组在铁芯柱上的排列顺序不同，三个绕组之间的阻抗电压值也不同，可根据变压器的功率传递方向不同加以选择。水电站的升压变压器功率主要是低压侧往高、中压侧传递，因此常采用自铁芯由内到外按中、低、高的绕组排列顺序；而作为变电站降压变压器功率主要是从高压侧向中、低压侧传递，因而常采用自铁芯由内到外按高、中、低的绕组排列顺序。

自耦变压器由于它的绕组容量小于变压器容量，它与相同容量的普通变压器相比更省材，体积更小，价格更低，具有更好的经济性，运行损耗也小。但自耦变压器只能用于高、中压侧中性点均直接接地的电网，在220kV及以上的电网中广泛取代普通双绕组和三绕组变压器，具有较好的经济效益。

5.4　电气主接线方案的技术经济比较

5.4.1　电气主接线设计步骤

在设计发电厂、变电站主接线方案时，为了正确地选择电气主接线，必须对其作技术经济比较。一般需根据水电站的参数和系统提供的有关数据，初步拟出几种技术上可行的方案，再在此基础上进行经济的比较。拟定的具体步骤如下：

（1）根据发电厂、变电站和电网的具体情况，初步拟出若干种技术可行的接线方案，相应地在电网的地理接线图和电气主接线图上表示出接入点、出线回路数和出线电压等级等。

（2）对主变压器进行选择。包括台数、运行方式、容量、型式及参数等。

（3）拟定发电机电压侧（或低压侧）和升压侧（或高压侧）的基本接线形式。

（4）选择厂（站）自用电和近区用电的引接方式。包括接入点、电压等级、供电方式等。

（5）对上述各部分方案进行合理组合，拟出若干个技术合理的主接线方案，以不遗漏最优方案为原则。再按照主接线的基本要求，结合发电厂（变电站）和电网的实际情况进行技术分析比较，从中选出2~3个较优方案。

（6）对上述几种方案进行经济比较，最后确定最优方案作为最终的主接线方案。

5.4.2　技术可行的方案选择

5.4.2.1　确定主接线方案的一般原则

在主接线方案拟定时，对方案的选择比较从技术上应考虑如下几个问题：

（1）保证系统运行的稳定性，不应在本厂发生故障时造成系统的瓦解。

（2）保证供电的可靠性及电能质量，特别是对重要负荷的供电可靠性。

（3）运行的安全和灵活性。包括调度灵活、检修操作安全方便，设备停运或检修时影响范围小。

（4）自动化程度。

（5）电器设备制造水平、质量和新技术的应用。

（6）扩建容易等。

对于中小型发电厂、变电站来说，还要考虑继电保护及二次接线的复杂性等。为此，必须认真地分析系统及负荷资料，根据发电厂、变电站在系统中的地位和作用、电压等级的高低、容量的大小、穿越功率的大小和负荷的性质等方面来进行分析论证。

为了简化接线和电气布置，中小型水电站应优先选用1～2级输出电压和较少的出线的接线方式；主变一般不超过2台为宜。当出线输出电压为2级时，可优先考虑采用三绕组变压器或再加设一台双绕组变压器。而对重要的变电站来说，可以采用两台三绕组变压器并联运行。

升压侧接线形式的选择主要视出线回路数、主变台数以及是否有穿越功率而定。中小型水电站容量小、机组台数少、电压等级低且出线回路数也少，宜采用单元接线、桥形接线、单母线接线或带旁路接线等；大型发电厂、变电站由于容量大、电压等级高且多级、出线回路数也较多，宜采用供电可靠性高、运行灵活的单母线带旁路、双母线或双母线带旁路，二分之三接线等。

发电机电压侧接线方式应根据机组和主变台数、容量、有无重要的近区负荷以及工程分期投入的情况而定。中小型水电站一般采用单元接线、单母线接线或分段单母线；大型发电厂由于机组容量大，考虑到供电可靠性、发电机电压侧接线设备的容量、复杂性以及大型变压器的制造、运输等问题，一般采用单元接线。

5.4.2.2　主接线方案技术比较举例

【例5-1】　某水电站装机3×3.2MW，机端电压为6.3kV，拟采用两回35kV出线，分别与地区变电站及一小型水电站相连，并转送自该小型水电站的功率。电站年利用小时数较高，带有近区负荷最大为2MVA，最小为1MVA。

方案一：采用两台主变，一台与其中的1G机组接成发电机—变压器单元接线；另一台主变与2G、3G两台机组接成扩大单元接线，主变容量分别是4MVA和8MVA，如图5-17接线。因两回35kV出线有穿越功率，故采用外桥接线；近区负荷采用10 kV供电，设一台2MVA近区变压器供电，10kV与6.3kV机端直配线供电相比，具有明显的优越性：①提高供电可靠性，减少输电线路的损耗；②对发电机过电压保护更为有利。两台厂变分别接在单元接线1G的电压分支线和2G、3G机端母线上。

方案二：采用两台主变，机端采用单母线分段接线，正常运行时不并联，分段运行；35kV 高压侧采用单母线接线；近区负荷仍采用 10kV 供电，如图 5-17 所示。

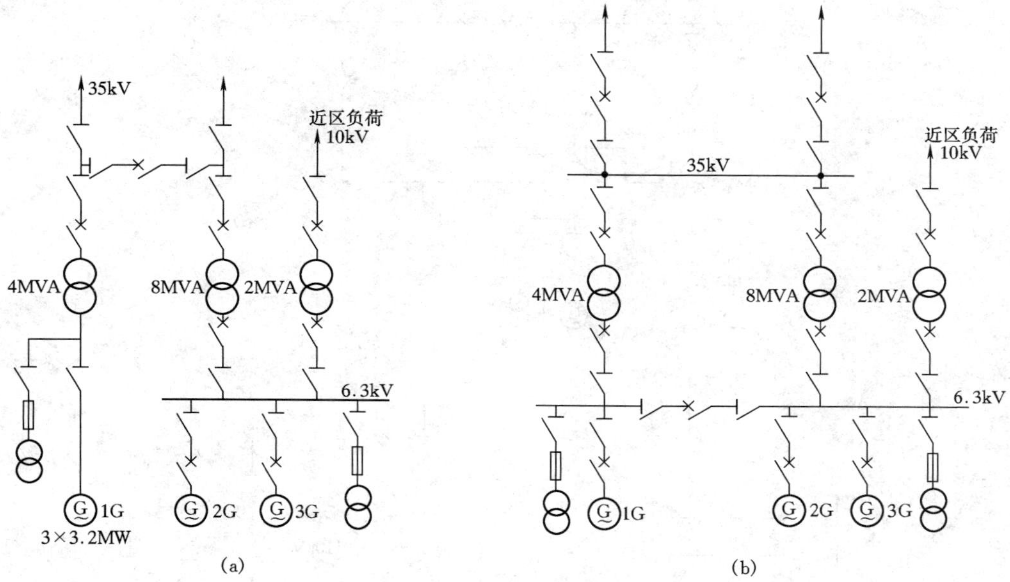

图 5-17 例 5-1 方案接线图
(a) 方案一接线；(b) 方案二接线

方案比较：两种方案相比，它们都能满足可靠性要求，在技术上是相当的。方案一中，高压侧桥形接线比单母线接线节省了一台断路器，同时机端接线所用的断路器数量也比方案二少用三台。所以，方案一在经济上有明显的优越性，取方案一更为合适。

【例 5-2】 某水电站装机 2×8MW，是地方电网的骨干电站。拟采用一回 110kV 与电力系统相连，二回 35kV 线路，其中一回与附近一变电站相连，另一回向工厂供电，电站无近区负荷。

方案一：由于水电站是地方骨干电站，且有两个升高电压等级分别为 110kV 和 35kV。故可以考虑采用两台三绕组变压器，与发电机组成单元接线，容量分别为 10MVA；110kVA 线路采用单母线接线；35kV 侧接线也采用单母线接线，如图 5-18 (a) 所示。厂用变压器可考虑采用两台，分别接在发电机电压分支线上。

方案二：由于变压器运行可靠性较高，拟采用一台三绕组变压器，同时扩大单元

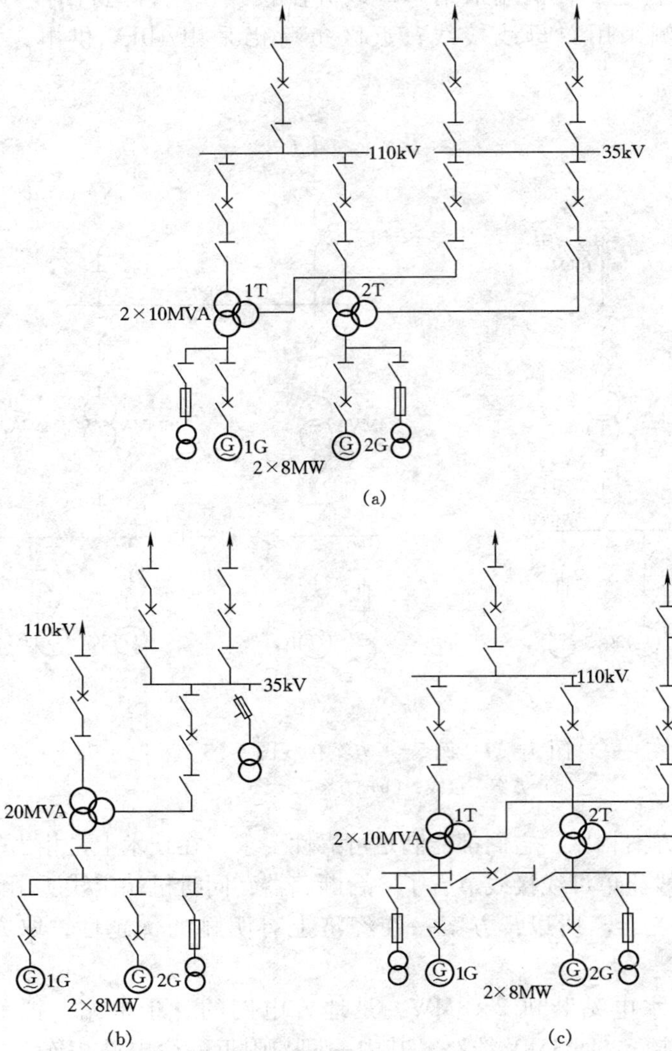

图 5－18　例 5－2 方案接线图

（a）方案一接线；（b）方案二接线；（c）方案三接线

接线也具有一定的可靠性，所以发电机电压侧可考虑采用扩大单元接线；110kV 出线还是采用变压器—线路单元接线；两回 35kV 出线采用单母线接线。如图 5－18（b）所示。两台厂用变压器分别接在发电机电压侧及 35kV 母线上。

方案三：拟选择两台主变可并联运行的接线方式，110kV 侧采用单母线接线；

35kV 侧可考虑采用桥形接线，由于该侧可能有穿越功率，线路也不长，故考虑采用外桥接线；发电机电压侧采用正常运行不并列的单母线分段—变压器组接线，即单母线分段接线中省略主变低压侧断路器的接线，相当于桥形接线，如图 5-18（c）所示。两台厂用变压器分别接在发电机电压侧两段母线上。

方案比较：方案一采用两台主变，组成两组发—变单元接线，省略了发电机电压侧的配电装置，是两台主变的最简接线。由于变压器可靠性高，单元接线具有较高的运行可靠性。这种接线具有一定的可行性。但是，两发电机与两主变接成单元接线后，低压侧没有相互联系，不能形成相互组合，当 1G 检修同时 2T 发生故障或 1T 检修同时 1G 发生故障时，整个电站将全部停机，无法送电，这是这种接线的缺陷。故说明这种接线方式的运行灵活性和可靠性存在不足。方案三接线中发电机与变压器之间采用分段联系，克服了上述方案的缺点，但低压侧增设了母线和三台断路器，经济性较差。同时发电机电压侧的配电装置及继电保护更复杂。而 35kV 侧两种接线方案相当，桥形接线比方案一中的单母线接线省略了一台断路器，更为经济，但它的保护相对比单母线复杂一些。方案二采用一台主变虽然在技术上是可行的，有一定的运行灵活性和可靠性，但是，当变压器发生故障或检修时，两台机组都不能运行；同时水电站开停机比较频繁，两台机组满负荷运行的几率不高，当一台机组停机、发生故障或检修时，造成变压器容量的浪费而增加损耗，经济性不好。同时与电站在系统中的地位也不相适应。因此，这种方案存在明显的不足。

5.4.3 主接线方案的经济比较

在技术比较时，那些技术欠合理的方案将被淘汰，剩下的少数方案都是技术上较为合理的，在实际中是可行的。但这些技术相对合理的方案其经济性并不相同，因此有必要对这些方案在经济上给予比较，最后确定出最佳方案。经济比较主要包括方案的综合投资和年运行费用两项。在进行比较时，一般只计算方案中不同部分的投资和年运行费用。

5.4.3.1 计算综合投资 Z

$$Z = Z_0\left(1 + \frac{a}{100}\right) \tag{5-1}$$

式中 Z_0——两比较方案中主体设备费用，包括变压器、开关设备、配电装置等设备的费用（元）；

a——不明显的附加费用比例系数，包括设备运输、安装、构架、基础及辅助设备的费用等，一般 35kV 取 100；110kV 取 90；220kV 取 70。

5.4.3.2 计算年运行费用 U

年运行费用主要包括一年的电能损耗费和电气设备每年折旧费及维护检修费：

$$U = U_Z + U_{\Delta A} \tag{5-2}$$

（1）年折旧维护检修费 U_Z：

$$U_Z = CZ \tag{5-3}$$

式中　C——折旧维护检修率，对主变及配电装置可取 8% ~10%，对水泥杆线路可取 5%，对铁塔线路可取 4%。

（2）年电能损耗费 $U_{\Delta A}$：

$$U_{\Delta A} = \alpha \Delta A \tag{5-4}$$

式中　α——电能电价，可按当地实际电价计算［元/（kW·h）］；

ΔA——年电能损耗，通常只计算主变压器和输电线路的电能损耗（kW·h）。

（3）双绕组主变的年电能损耗费。n 台等容量的双绕组主变压器一年的电能损耗可按下式计算：

$$\Delta A = n\left[\Delta p_0 t + \Delta p_k \left(\frac{S_m}{S_e}\right)^2 \tau\right] \tag{5-5}$$

式中　Δp_0、Δp_k——变压器的空载损耗和短路损耗（kW），可在产品目录或有关手册中查出；

t——变压器年运行小时数（h），整年运行的取 8760h；

S_e——变压器的额定容量（kVA）；

S_m——变压器持续最大负荷（kVA）；

τ——最大负荷年损耗小时数，决定于最大负荷年利用小时数 T 与平均功率因数 $\cos\varphi$，可由表 5-2 查出。

表 5-2　损耗小时数 τ 的确定

T \ $\cos\varphi$	0.80	0.85	0.90	0.95	1.00	T \ $\cos\varphi$	0.80	0.85	0.90	0.95	1.00
2000	1500	1200	1000	800	700	5000	3600	3500	3400	3200	3000
2500	1700	1500	1250	1100	950	5500	4100	4000	3950	3750	3600
3000	2000	1800	1600	1400	1250	6000	4650	4600	4500	4350	4200
3500	2350	2150	2000	1800	1600	6500	5250	5200	5100	5000	4850
4000	2750	2600	2400	2200	2000	7000	5950	5900	5800	5700	5600
4500	3150	3000	2900	2700	2500	7500	6650	6600	6550	6500	6400

（4）三绕组主变压器的年运行费用。n 台等容量的三绕组主变压器一年的电能损耗可按下式计算：

$$\Delta A = n\left[\Delta p_0 t + \Delta p_{k1}\left(\frac{S_{m1}}{S_{e1}}\right)^2 \tau_1 + \Delta p_{k2}\left(\frac{S_{m2}}{S_{e2}}\right)^2 \tau_2 + \Delta p_{k3}\left(\frac{S_{m3}}{S_{e3}}\right)^2 \tau_3\right] \tag{5-6}$$

式中　S_{e1}、S_{e2}、S_{e3}——三绕组变压器高、中、低三侧绕组的额定容量（kVA）；

S_{m1}、S_{m2}、S_{m3}——高、中、低压侧最大持续负荷（kVA）；

τ_1、τ_2、τ_3——高、中、低压侧最大负荷年损耗小时数，由表 5－2 查出；

Δp_{k1}、Δp_{k2}、Δp_{k3}——高、中、低压侧绕组中的额定铜耗（kVA）。

但在产品目录中只给出两绕组之间的额定铜耗 Δp_{k1-2}、Δp_{k1-3}、Δp_{k2-3}，可计算：

$$\Delta p_{k1} = \frac{\Delta p_{k1-2} + \Delta p_{k1-3} - \Delta p_{k2-3}}{2} \tag{5-7}$$

$$\Delta p_{k2} = \frac{\Delta p_{k1-2} + \Delta p_{k2-3} - \Delta p_{k1-2}}{2} \tag{5-8}$$

$$\Delta p_{k3} = \frac{\Delta p_{k1-3} + \Delta p_{k2-3} - \Delta p_{k1-2}}{2} \tag{5-9}$$

（5）架空输电线路的年电能损耗：

$$\Delta A = \Delta P_m \tau$$

式中　τ——年最大输送功率损耗小时数，查表 5－2；

ΔP_m——在持续最大负荷时的功率损耗（kW）；

ΔP_m 可利用功率损耗系数按下式作简便计算

$$\Delta P_m = P_m l K \tag{5-10}$$

式中　P_m——通过线路的最大持续功率（MW）；

l——线路长度（km）；

K——线路有功损耗系数，可由表 5－3 和表 5－4 查出。

表 5－3　6kV 和 10kV 三相架空线路功率损耗系数 K ［kW/（MW^2·km）］

导线型号	导线电阻（Ω/km）	cosϕ									
		0.85		0.8		0.75		0.7		0.65	
		6kV	10kV	6kV	10kV	6kV	10kV	6kV	10kV	6kV	10kV
LJ—16	1.98	76.0	2704	86.1	31.0	98.0	35.2	112	40.4	130	46.8
LJ—25	1.28	49.2	17.7	55.6	20.0	63.3	24.5	72.3	26.1	84.2	30.3
LJ—35	0.92	35.4	12.8	40.0	14.4	45.5	16.3	52.2	18.8	60.5	21.8
LJ—50	0.64	24.6	8085	27.8	10.0	31.6	11.4	36.3	13.1	42.1	15.2
LJ—70	0.46	17.7	6037	20.0	7.20	22.7	8.17	26.1	9.40	30.2	10.9
LJ—95	0.34	13.1	4.71	14.8	5.31	16.8	6.04	19.3	6.95	22.4	8.05
LJ—120	0.27	10.4	3.74	11.7	4.22	13.3	4.80	15.3	5.51	17.8	6.39

表 5-4　　35kV 和 110kV 三相架空线路功率损耗系数 K [10^3kW/ (MW^2 · km)]

导线型号	导线电阻 (Ω/km)	cosϕ									
		0.9		0.85		0.8		0.75		0.7	
		35kV	110kV	35kV	110kV	35kV	110kV	35kV	110kV	35kV	110kV
LGJ—35	0.85			960		1080		1230		1420	
LGJ—50	0.65		66.3	735	74.4	827	83.9	945	92.6	1080	
LGJ—70	0.46		46.9	520	52.6	585	59.4	668	66.1	770	
LGJ—95	0.33		33.7	373	37.8	421	42.6	479	48.5	550	
LGJ—120	0.27		27.5	305	30.9	345	34.9	392	39.7	450	
LGJ—150	0.21		21.4	237	24.0	268	27.1	305	30.9	350	
LGJ—185	0.17		17.3	192	19.5	217	22.0	247	25.0	283	
LGJ—240	0.132		13.5		15.1		17.0		19.1		

5.4.3.3　经济最优方案的确定

计算出两方案的相对综合投资和年运行费用后，若其中一方案的综合投资和年运行费用都高，则该方案显然经济性差，应被淘汰，则选用两项数值均低的方案。只有综合投资高（低）而年运行费用低（高）的方案才有被比较的必要。如第一方案的综合投资 Z_1 高而年运行费用 U_1 低，第二方案的综合投资 Z_2 低而年运行费用 U_2 高，则应进一步进行比较，比较的方法有如下两种：

（1）抵偿年限法。如上述两方案中，可用抵偿年限 T 来确定出最佳方案：

$$T=\frac{Z_1-Z_2}{U_2-U_1}\quad（年）\tag{5-11}$$

根据国家经济政策，T 规定以 5～8 年为限，它表示第一方案中多投资的费用，可在 T 年内由节省的年运行费用予以补偿。若 T 小于 5～8 年，则选取第一方案；若 T 大于 5～8 年，则选用第二方案。

（2）计算费用最小法。如技术上相当的方案多于两种时，为了便于比较，也常采用计算费用最小的方法。第 i 种方案的计算费用 C_i 可用下式计算。

$$C_i=\frac{Z_i}{T}+U_i\quad(i=1,2,3,\cdots)\tag{5-12}$$

可取 T=5～8 年，然后分别计算各方案的计算费用 C，其中 C 最小的方案为最经济方案。

由于这两种比较的方法都是不考虑投资时间和经济效益的影响，是以设备、材料和人工等的经济价值固定不变作为前提，认为经济价值与时间无关，是静态的，故这两种的比较方法也称为静态比较法。

5.5 电气主接线方案实例分析

电气主接线的确定，主要取决于电站（变电站）容量、单机容量、用户的性质和引出线的数目，以及在电力系统中的地位、作用等因素。设计电气主接线时，要综合考虑各种因素，经过技术经济比较，确定最合理的方案。

5.5.1 水电站的电气主接线

某水电站电气主接线图全图如图 5-19 所示。电站装机为 2×8MW，机端电压为 6.3kV，电站是地方电网的骨干电站，较为重要。采用 110kV 电压送电，与系统相连。由于出线只有一回，故采用一台主变压器的变压器—线路单元接线，主变容量为 20MVA；低压侧采用单母线接线，机组台数少，能满足可靠性要求。同时保护也较为简单。

电站选用两台自用变压器，互为备用。一台自用变接在发电机电压侧母线上，另一台接在附近的 10kV 线路上。使电站获得两个相对独立的自用电源，保证了对自用负荷的供电可靠性。其低压侧为 380V，母线分段接线，由于两台自用变高压侧电压不同相位，低压侧不允许并列运行。

5.5.2 变电站的电气主接线

变电站可分为系统枢纽变电站、中间变电站、地区变电站和一般变电站四类。系统枢纽变电站和中间变电站一般是 500kV 或 220kV 及以上的重要变电站，它汇集多个大电源和大容量负荷之间的联络线，处于系统枢纽位置，高压侧多有较大的功率交换，并担负着向中压侧输送电能的任务。枢纽变电站发生故障，会危害系统的安全运行；严重时，甚至会破坏系统稳定，使系统瓦解或造成大面积停电。因此系统枢纽变电站的电气主接线对可靠性、灵活性要求很高。地区变电站一般是 220kV 的变电站，它处于地区电网的枢纽点，高压侧接受或交换功率，并供给中压侧和低压侧负荷。如果地区变电站发生全所停电事故，将会造成地区电网的瓦解，影响整个地区的供电。地区变电站的电气主接线应有较高的可靠性和灵活性。一般变电站多为终端或分支变电站，电压等级在 110kV 及以下。这种变电站降压后供给附近用户或企业，变电站停电后只影响其低压负荷供电。

另外，变电站主变压器的容量和台数一般按变电站建成后 5~10 年的规划负荷选择，并适当考虑到 10~20 年的负荷发展。对于城郊变电站，主变压器容量应与城市规划相配合。变电站的主接线，要根据变电站在电力系统中的地位、作用、种类、负

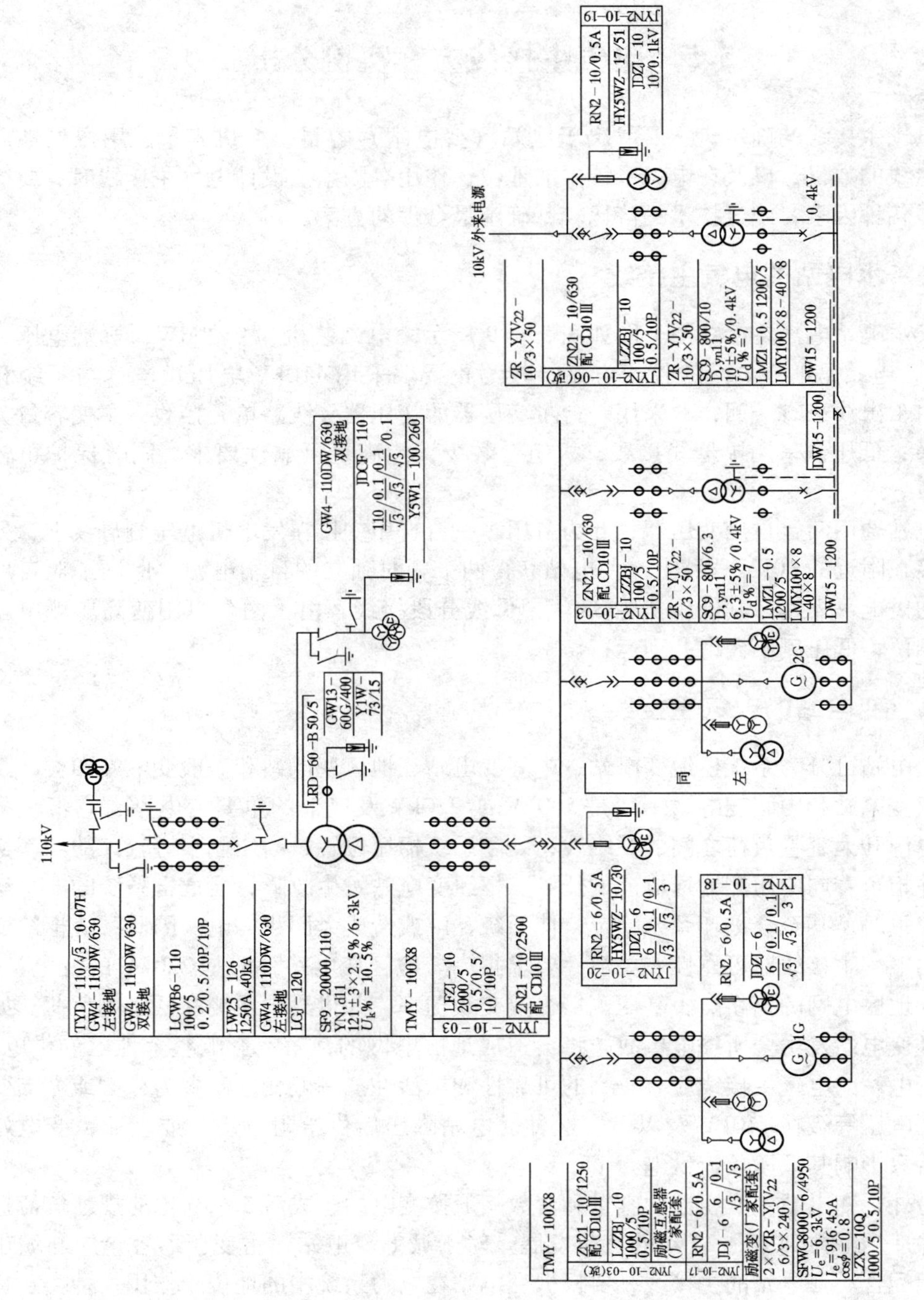

图 5-19 某水电站电气主接线图

荷性质、负荷容量、电网结构等多种因素确定。变电站主变压器一般装设 1～2 台；若终端变压所只有一个电源时，可只装设一台主变压器。变电站装设 2 台主变压器时，其中一台事故断开，另一台主变压器的容量应保证该所 70% 负荷供电，在计及变压器过载能力后要保证Ⅰ、Ⅱ类负荷供电。变电站主变容量和台数的确定还应根据供电地区的负荷发展前景，作中远期考虑。

当变电站有三个电压等级时，一般可考虑采用三绕组变压器或自耦变压器。但中压侧电压为 110kV 及以上时，多采用自耦变压器，因为与三绕组变压器相比，自耦变压器具有电能损耗小、投资少以及体积小便于运输等优点。

5.5.2.1 地区变电站电气主接线

地区变电站的主要负荷是地区性负荷，出线回路数较多，如图 5－20 所示是某地区重要变电站的电气主接线，由于变电站的重要性很高容量大，故设 4 台主变压器、2 台自耦变压器和 2 台三绕组变压器，其容量分别是 120MVA 和 60MVA；该变电站高

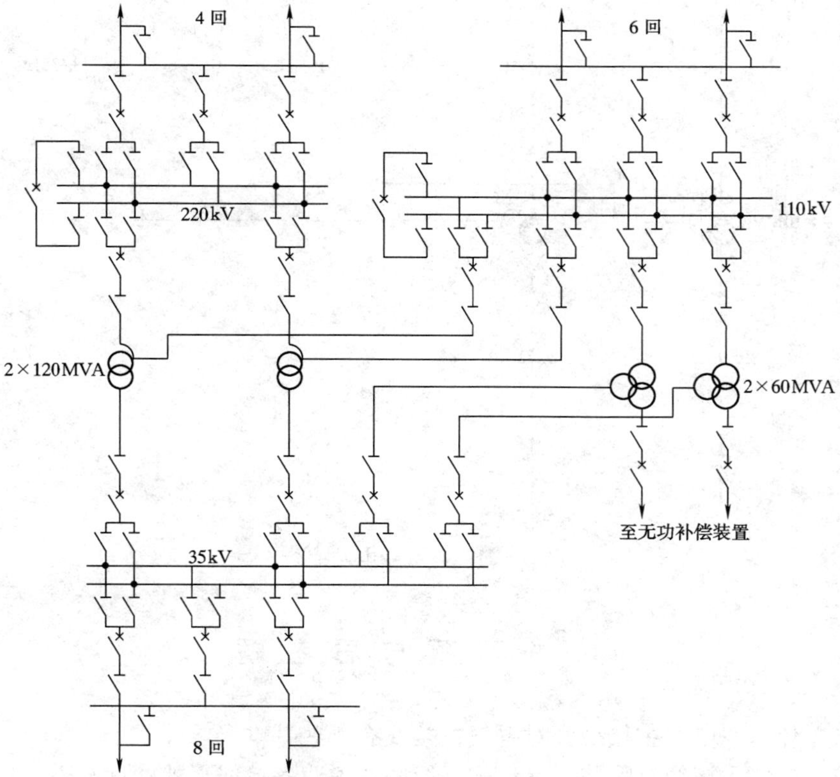

图 5－20 地区变电站接线

压侧电压为 220kV，4 回路与系统相连，采用双母线带旁路接线；中压侧电压为 110kV，6 回出线，采用双母线带旁路接线；低压侧电压为 35kV，8 回路出线，采用双母线带旁路接线，母联兼作旁路断路器的接线，节省了一台断路器；同时还增设了无功补偿装置，提高电网的功率因数和电能质量。

5.5.2.2 终端变电站电气主接线

终端变电站容量比较小，一般是直接给负荷点供电。如图 5－21 所示是某终端变电站的电气主接线，设 2 台三绕组变压器；高压侧电压为 110kV，2 回路与系统相连，采用内桥接线；中压侧电压为 35kV，4 回路与地方小水电和厂矿变电站相连，采用单母线分段接线，这种接线具有一定的可靠性；低压侧电压为 10kV，共有 8 回路直接向负荷供电，采用单母线分段接线。

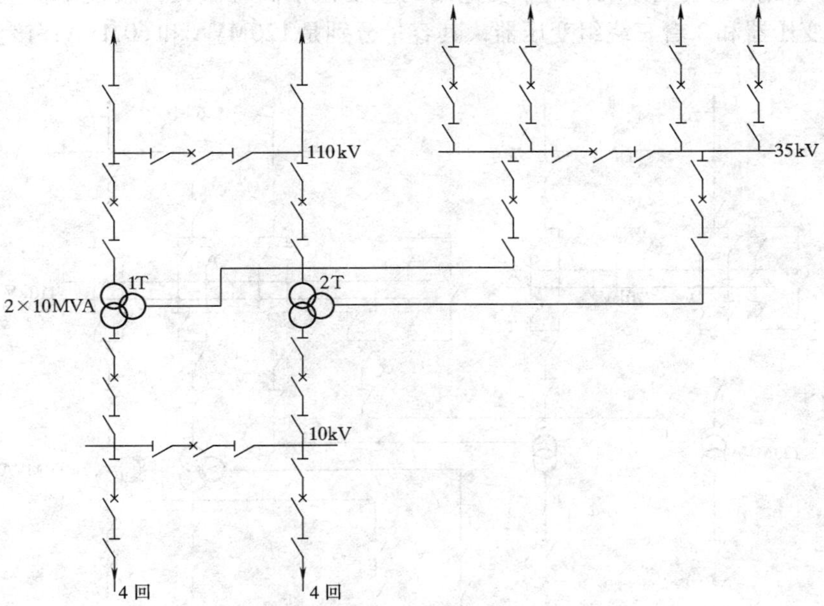

图 5－21 终端变电站接线

习 题 与 思 考 题

5－1 什么叫电气主接线？对电气主接线有哪些基本要求？

5－2 电气主接线有哪些基本形式？绘图并说明各接线形式的优缺点。

5－3　在主接线方案比较中主要从哪些方面来考虑其优越性？

5－4　某水电站装机为4×25MW，机端电压为10.5kV，现拟采用高压为110kV，出线3回，中压为35kV，出线6回与系统相连，试拟出一技术经济较为合理的电气主接线方案，并画出主接线图加以说明。

5－5　某220kV系统的变电站，拟装设两台容量为50MVA的主变压器，220kV有两回出线，同时有穿越功率通过，中压为110kV，出线为4回，低压为10kV，有12回出线，试拟定一技术较为合理的主接线方案，并画出主接线图加以说明。

第6章

自用电接线

【教学要求】 了解火电厂、水电站的自用负荷的特点及分类；学会对自用负荷的分析统计并进行自用变压器的选择；熟悉自用电源的引接方式、自用负荷的供电回路及自用电的接线方式。

发电厂、变电站的自用电是指发电厂、变电站在生产电能过程中，发电厂、变电站自身所使用的电能，也称厂（站）用电。其用电设备主要是一些辅助机械的电动机、照明、电热和整流电源等。除此之外，还有满足运行、检修和试验等的用电。自用电供电安全与否，将直接影响发电厂、变电站的安全、经济运行。为此，发电厂、变电站的自用电源引接、电气设备的选择和接线等，应考虑运行、检修和施工的需要，以满足确保机组安全、技术先进、经济合理的要求。

6.1 自 用 负 荷

6.1.1 自用负荷

6.1.1.1 水电站的站用负荷

水电站的站用负荷通常有以下三类：

（1）水轮发电机组的自用电。机组自用电是指机组及其配套的调速器、蝴蝶阀和进水阀门等的辅助机械用电，通常有：调速器压油装置的压油泵、漏油泵，机组轴承的润滑油（水）泵，水轮机顶盖排水泵，机组技术供水泵，蝴蝶阀压油装置压油泵和漏油泵，输水管电动阀门或进水闸门启闭机，可控硅励磁装置的冷却风扇和起励电源等。这些负荷直接关系到机组的正常和安全运行，大多是重要负荷。

（2）站内公用电。站内公用电是指直接服务于电站的运行、维护和检修等生产过程，并分布在主、副厂房、开关站、进水平台和尾水平台等处的附属用电。通常包括：

1）水电站油、气、水系统的用电。其中油系统包括油处理设备如滤油机、油泵、电热和烘箱等；气系统有高、低压空压机等；水系统有向各机组提供冷却水的联合技术供水泵、消防水泵、厂房渗漏排水泵、机组检修排水泵等。

2）直流操作电源与载波通信电源。

3）厂房桥机、进水口阀门和尾水闸门启闭机等。

4）厂房和升压站的照明和电热。

5）全厂通风、采暖及空调、降温系统。

6）主变冷却系统如冷却风扇、油泵、冷却水泵等。

7）其他如检修电源、试验室电源等。

这些负荷中也有不少是重要负荷。

（3）站外公用电。站外公用电主要是坝区、水利枢纽等用电。主要有：溢洪闸门启闭机、船闸或筏道电动机械、机修车间电源、生活水泵、坝区及道路照明等。这类负荷布置比较分散，根据水电站的型式不同，其位置和布置也将有所区别，坝区负荷可以设坝区变压器供电，有时也把一部分并入站内公用电，另一部分由生活区供电。

中小型水电站的自用电特点是：自用电容量占电站总容量的比例很小，一般只占总容量的0.5%～3%；自用电的主要负荷是电动机，一般单相容量不超过40kW，额定电压采用380V，因此中小型水电站的自用电供电电压一般采用380/220V中性点接地的三相四线制系统；大部分的自用电负荷都是不经常运行的，只有少部分负荷是处于经常运行状态，且其中大部分是属于短时、断续运行的，因此整个自用电的负荷率和同时率很低；各种自用设备的重要性是不相同。少部分负荷如机组润滑系统、主变冷却装置以及可控硅励磁系统的冷却装置用电等维系着整个电站的正常生产和安全，对供电的可靠性要求很高，而大部分自用负荷短时停止工作并不影响电站的正常运行。因此在设计自用电系统时，要考虑在电站处于各种运行状态下保证自用电的供电可靠性。

6.1.1.2 火电厂的自用负荷

火电厂的自用机械主要有如下几类：

（1）煤场中用于卸煤或在煤场范围内运煤的设备。

（2）将煤从煤场送给碎煤机，然后再送到锅炉间的设备。

（3）碎煤设备。

（4）制造煤粉的设备。

（5）为锅炉服务的设备。

（6）汽轮发电机组自用设备。

（7）主变冷却系统设备。

（8）供热装置的设备。

（9）其他辅助设备。

火电厂自用电的特点是：自用电容量占全厂总容量的比例比水电厂（站）大，一般凝汽式火电厂占5%～8%。热电厂占8%～10%；自用负荷主要是电动机，随着机组容量的不同，自用电动机的单机容量可达几兆瓦。因此，火电厂大容量自用电动机一般采用3～10kV电源供电。考虑到其他小负荷及照明需要，火电厂的自用电系统一般采用高压3～10kV和低压380/220kV混合供电。一般情况下，电动机单机容量超过200kW一般采用高压供电，小于200kW一般采用低压供电；容量在200～1800kW一般采用3kV或6kV高压供电；容量超过1800kW采用10kV供电。

6.1.2 自用电负荷的分类

6.1.2.1 按重要性分类

（1）Ⅰ类负荷。Ⅰ类负荷（重要负荷）指短时（即手动切换恢复供电所需的时间）的停电可能影响人身或设备安全，使发电厂无法正常运行或发电量大量下降的负荷。例如水电站中的主变压器冷却风扇、机组压油装置油泵、技术供水泵、硅整流装置等。对Ⅰ类负荷，应由两个独立电源供电，当一个电源消失后，另一个电源要立即自动投入继续供电，它只允许瞬间中断电源；为此，应配置备用电源自动投入装置。除此之外，还应保证Ⅰ类负荷的电动机能够可靠自起动。

（2）Ⅱ类负荷。Ⅱ类负荷（次重要负荷）指允许短时停电，但停电时间过长有可能损坏设备或影响正常生产负荷。例如水电站中的压油装置用的空压机、主厂房桥机、渗漏排水泵及厂内照明等。对Ⅱ类负荷负荷，应由两个独立电源供电，一般备用电源采用自动或手动切换方式投入。允许停电一般不超过几十分钟。

（3）Ⅲ类负荷。Ⅲ类负荷（不重要负荷）指较长时间停电不会直接影响发电厂生产的负荷。例如机修间、试验室、油处理设备等。对Ⅲ类负荷，一般由一个电源供电，不需要考虑任何备用。

6.1.2.2 按运行方式分类

（1）A类：经常连续运转负荷，如技术供水泵、浮充电电源、轴承润滑油泵或水泵、主变冷却风扇以及照明、通风、取暖和空调等。

（2）B类：经常短时断续运转负荷，如压油装置油泵、厂房渗漏排水泵、高低压空压机、水轮机顶盖排水泵等。

（3）C类：不经常连续运转负荷，如机组检修排水泵、蓄电池充电电源、油处理室设备和某些检修用电。

（4）D类：不经常短时断续运转负荷，如闸门启闭机、蝴蝶阀压油装置压油泵、消防水泵、各种短时工作的备用泵等。

这里所指的“经常”与“不经常”是指该负荷的使用机会。“经常”是指负荷与正常生产过程密切相关，一般每天都要使用的电动机；“不经常”是指正常时不用，只在检修、事故或开停机时使用的电动机。“连续”、“短时”、“断续”是指每次使用时间的长短。“连续”是指每次带负荷运转2h以上的负荷；“短时”是指每次连续带负荷运转在10～120min之间的负荷；“断续”是指每次使用时从带负荷运行到停止，如此反复周期性地工作，而每个工作周期均不超过10min。

6.1.2.3 按是否自起动分类

电动机自起动是指当自用电源短时消失后又恢复（如切换电源和故障后恢复）时，原来运转的自用电动机在电源消失时停止运行后无需运行人员作起动操作即可自行起动，迅速恢复运转。自起动能大大缩短电动机重新起动的时间，对一些不允许长时间停电的Ⅰ、Ⅱ类负荷来说是很重要的。由于自用变压器的容量有限，不可能所有的电动机都参与自起动，另外有部分电动机短时停电对发电厂正常运行不会造成直接影响。所以自用电动机可分为具有自起动和不具有自起动两类。一般Ⅲ类和部分Ⅱ类自用负荷无需自起动。

6.2 自用变压器的选择

6.2.1 自用负荷的分析统计

6.2.1.1 计算自用负荷的运行方式

自用负荷统计的目的是为了求出最大自用负荷值，并以此作为选择自用变压器和自用电器的依据。其值与电站的型式、所在地区及运行状况等因素有关。最大负荷值与电站的各种运行状况有关，不同的运行方式其自用电的负荷值是不同的，只有分析不同运行状况才能准确地确定自用最大负荷。一般情况下，自用最大负荷出现在下列两种运行情况：①全部机组运行；②一台机组检修，其他机组满载运行。所以，自用最大负荷取上述两种运行方式下的最大值作为自用负荷的计算运行方式。

6.2.1.2 自用负荷的统计原则

由于自用负荷的运行方式不同，在计算最大自用负荷时，并不是简单地把所有的自用负荷相加，而是按以下原则计入：

（1）计入经常连续运转和经常短时断续运转的负荷。

（2）计入不经常连续运转的负荷。

（3）不经常短时断续运转的负荷可不计入。

（4）互为备用的负荷只计入同时运行的容量。

6.2.1.3 各负荷的计算容量

各种负荷的额定容量表示方法不同，要统一表示为计算容量，即三相输入电功率的额定视在容量。

（1）电动机：

$$S_{Mj} = \frac{P_{Me}}{\eta_M \cos\phi_{Me}} \tag{6-1}$$

式中 S_{Mj}——电动机的计算容量（kVA）；

P_{Me}——电动机的额定功率（kW）；

η_M——电动机的效率，平均取 0.85；

$\cos\phi_{Me}$——电动机的额定功率因数，平均取 0.82。

（2）日光灯和高压汞灯：

$$S_{gj} = \frac{\sum P_{ge}}{\cos\phi_{ge}} \times 10^{-3} \tag{6-2}$$

式中 S_{gj}——日光灯（或高压汞灯）的计算负荷（kVA）；

$\sum P_{ge}$——日光灯（或高压汞灯）的装置容量（W）；

$\cos\phi_{ge}$——日光灯（或高压汞灯）的额定功率因数，一般取 0.4～0.6。

（3）白炽灯。白炽灯、碘钨灯、电热器及电炉等纯有功负荷，计算容量（kVA）等于其额定容量（kW）。

（4）电焊机：

$$S_{hj} = S_{he}\sqrt{\varepsilon} \tag{6-3}$$

式中 S_{hj}——电焊机的计算容量（kVA）；

S_{he}——电焊机的额定容量（kW）；

ε——电焊机的暂载率，指焊接时间与工作周期之比，一般取 0.65。

（5）单相负荷。若单相负荷能按三相对称分布，则三相计算容量 S_{3j} 等于各单相容量 S_1 之和：

$$S_{3j} = \sum S_1 \tag{6-4}$$

6.2.1.4 自用电最大负荷

$$S_{max} = k_f k_t k_w \sum S_j \tag{6-5}$$

式中 S_{max}——自用电总计算负荷（kVA）；

$\sum S_j$——参加统计的自用电负荷计算容量之和（kVA）；

k_f——自用电负荷的平均负荷率，一般取0.7～0.8；

k_t——自用电负荷的平均同时率，一般取0.6～0.8；

k_w——自用电网络的网损率，一般取1.05。

6.2.2 自用变的选择

6.2.2.1 型式的选择

目前可供选择的自用变压器的型式有油浸式和干式两种，后者又分为普通干式和环氧树脂浇注式等。三种变压器作为自用变各具有特点。油浸式的特点是过载能力强，屋内外均可布置，维修简便，价格便宜，但由于采用油为绝缘和冷却介质，屋内布置必须要有防火防爆小间，同时检修、维护复杂；干式变压器的特点是无油，防火性能较好，布置简单，可就近布置在中压开关柜附近，缩短了电缆长度并提高供电可靠性，还可节省间隔及土建费用，但过载能力低，绝缘余度小，在有架空线路直接连接的场合不宜使用，以免遭受感应雷过电压；环氧树脂浇注式的特点是具有一定的防尘耐潮和难燃的优点，比普通干式变更佳，但价格相对昂贵。随着干式变压器生产技术的不断进步，已能生产出散热性能更好、体积小、过载能力大的干式变压器。

由于油浸式变压器屋内布置需要防火防爆小间，且要考虑通风散热以及事故排油设施，因此，目前中小型水电站推荐采用干式变压器。

6.2.2.2 台数和容量的选择

中小型水电站自用变压器一般采用1～2台，2台变压器应分别接在2个独立引接点。正常运行时各分担一半的自用负荷；当其中一个自用电源停电或发生故障时，由另一台自用变担负全部自用负荷。故每台自用变的容量应为：

$$k_g S_e \geqslant S_{max} \tag{6-6}$$

式中 S_e——单台自用变压器额定容量（kVA）；

S_{max}——自用电最大计算负荷（kVA）；

k_g——考虑事故情况下的变压器允许过负荷倍数，对油浸式取1.3～1.4，对干式取1.1～1.2。

部分小型水电站只设一台自用变压器，而另从电站生活区或附近配电变压器引接低压电源作为照明备用，此自用变的选择一般不考虑正常过负荷运行，则：

$$S_e \geqslant S_{max} \tag{6-7}$$

6.2.2.3 自起动校验

为保证人身安全和发电厂正常运行，要求发电厂Ⅰ、Ⅱ类负荷的电动机能自起动。由于自用母线电压消失后又恢复时，具有自起动要求的电动机同时自起动，巨大的起动电流将使主盘母线电压急剧下降，过低的母线电压又将导致电动机起动转矩过小而延长起动时间，引起磁力起动器抖动甚至跳跃，造成起动困难。因此，规定在电动机自起动瞬间，主盘母线电压不得低于额定电压380V的70%～80%；在正常运行时，电动机一般是单个起动，规定单个大容量电动机起动时主母线上的电压波动不得超过10%～15%。为保证自用重要电动机顺利自起动，必须进行电动机自起动电压和容量的校验。

（1）主母线起动电压校验。进行主母线电压校验时，首先必须确定全厂自起动电动机群的数量。为方便计算，假设自起动电动机群在停电后已全部处于停止状态，在恢复供电时同时起动；自用变高压侧为无穷大电源，起动过程电压保持不变；忽略自用变原来所带负荷。则自起动时主母线电压与母线额定电压的百分数可按下式计算：

$$U_{st}\% = \frac{U_1\%}{1 + K_{st}\dfrac{U_k\%}{100}\dfrac{S_M}{S_e}} \tag{6-8}$$

式中 $U_{st}\%$——起动电压与额定电压之比的百分数；

$U_1\%$——高压侧电源平均电压折算到低压侧时与低压侧额定电压之比的百分数，一般取105；

$U_k\%$——自用变阻抗电压百分数；

K_{st}——自起动电动机群的平均起动电流倍数，一般取6～7；

S_M——自起动电动机群总额定容量（kVA）；

S_e——自用变压器额定容量（kVA）。

（2）起动容量校验。由式（6-8）导出允许电动机自起动容量 S_M 为：

$$S_M = \frac{(U_1\% - U_{st}\%) \times 100}{U_{st}\% U_k\%}\frac{S_e}{K_{st}} \tag{6-9}$$

若电动机起动前自用变已带有负荷 S_0，则起动容量 S'_M 可修正如下：

$$S'_M = S_M - \frac{S_0}{K_{st}} \tag{6-10}$$

对于不同的 $U_k\%$，由式（6-9）可得到表6-1结果。

表6-1 电动机自起动容量的允许值（按维持主母线电压的80%计）

自用变阻抗电压百分数 $U_k\%$	4	4.5	5.5	7	8
S_M/S_e（起动前空载）	1.2	1.07	0.87	0.68	0.6
S_M/S_e（起动前半载）	1.1	0.99	0.80	0.61	0.52

由于中小型水电站单台自用电动机容量一般不大，在正常起动时，主母线电压波

动值不会超过10% ~15%，故可不进行校验。

6.3 水电站自用电接线

自用电接线是指从自用变压器高压侧的引接到自用负荷供电的整个网络，包括电源引接方式、接线形式和供电网络等部分。自用电接线的总体要求是要保证对自用负荷的供电可靠性和连续性，力求接线简单、清晰、运行维护方便，同时整个网络供电线路要短以节省电缆和导线，较小损耗，便于管理。

6.3.1 自用电源的引接方式

自用电的引接点是指自用变压器的高压侧与电厂或电网的连接点。显然，引接点的供电可靠性很大程度上决定了自用电的可靠性。由于引接点本身并非供电源，为了满足对自用电的要求，要求引接点必须与一个或几个电源相连，实现多电源的供电。

尽管引接点连接多个电源，但由一个引接点连接的自用变压器所构成的自用电源总是会出现故障而停止供电的情况，如引接点的母线电压消失或自用变压器故障。为满足供电可靠性，自用负荷一般采用双电源供电，即既有工作电源又有备用电源，当工作电源故障或消失时，由备用电源继续供电。因此，备用电源必须与工作电源相对独立。当自用电采用两台或两台以上自用变供电时，作为工作电源和备用电源的两台自用变就必须相对独立，一般不宜接在同一母线上。

备用电源的运行方式简称电源备用方式，通常有明备用和暗备用两种。若备用电源在正常情况下不运行，处于停电备用状态，只有在工作电源发生故障时才投入运行的备用方式，称为明备用。而暗备用是指两个电源平时都作为工作电源各带一部分自用负荷且均保留有一定的备用容量，当一个电源发生故障时，另一个电源承担全部负荷的运行方式。两个电源之间是互为备用的关系，在中小型水电站中广泛应用。其特点是可靠性高，无明备用变压器的投入和冲击升压过程，但正常运行时自用变的负荷率低，效率差。

中小型水电站的自用电源尽可能从电压较低的高压母线上引接，常用的引接方式有以下几种：

（1）两台自用变分别接在单元接线的发电机电压母线或分段母线作为引接点，采用暗备用方式，这种备用方式自用变高压侧一般采用高压熔断器引入，如图6-1（a）、（b）所示。当采用明备用时，宜采用断路器作为保护和操作电器。

在正常情况下，暗备用运行方式两台自用变压器均在工作，各带一半自用负荷，相互独立，不会因任一种电气故障同时停电。这种引接方式是较为理想的两个独立引

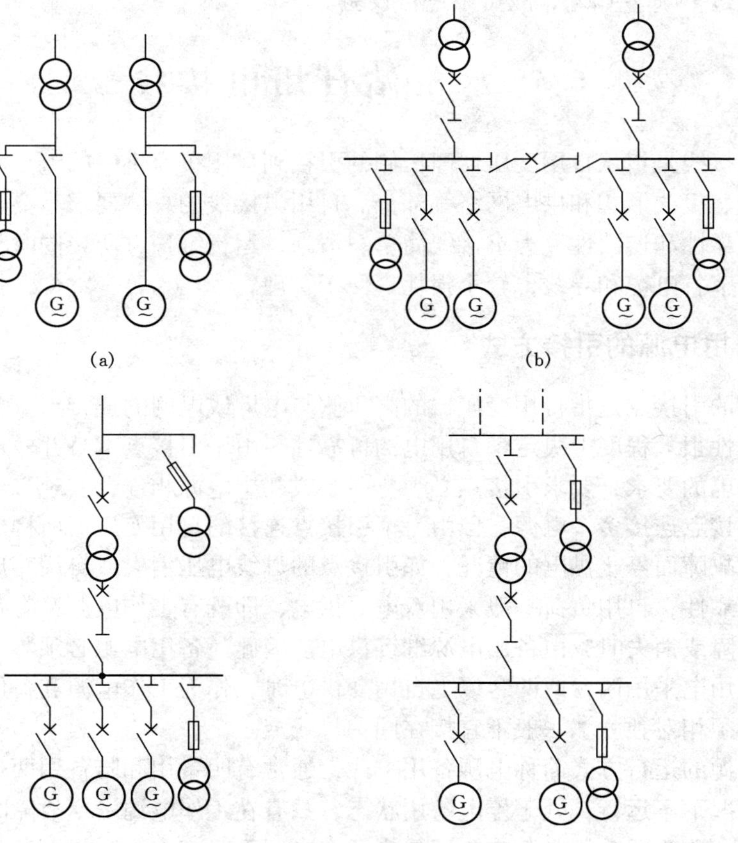

图 6-1　设两台自用变的自用电源引接方式

接点，当一段母线上的机组停机或故障时，该段母线可以由其主变倒送电来供给自用负荷；当全部机组停运时，两段母线可分别由对应主变倒送电供电。

（2）两台自用变压器以发电机电压母线为内侧自用电源引接点，以对侧有可靠电源（如对侧是电网或发电厂）的输电线路或升压侧母线为外侧自用电源引接点。自用变压器的高压侧一般用熔断器作为保护电器，采用暗备用的运行方式，如图 6-1（c）、（d）所示。这两个引接点也是两个独立的供电源。当全厂停止运行或主变退出运行时，仍保持有外侧供电源，由系统倒送电供给自用负荷，而且无需经过主变，节省了主变的损耗。

（3）设一台自用变作为水电站自用电源内侧引接点，作为自用电工作电源，供给全部自用负荷。其明备用电源来自附近独立的低压配电网络或附近变电站的高压母线通过另设一台变压器供电。若采用低压配电网作为备用要求其必须是独立于本站的电源，可靠性高，使之能真正作为可靠的备用电源使用。

6.3.2 自用电的接线形式

由于自用负荷的正常工作直接影响了整个发电厂运行，为了保证对自用负荷的供电可靠性，除了保证自用电引接点的供电可靠性外，还应保证自用电低压网络接线的供电可靠性。为此，两个电源供电的低压母线常采用单母线分段的运行方式。两个独立的自用电源分别接在两段低压母线上，如图6－2所示。对于6.3.1中（2）的引接方式，由于两个自用电源的高压侧电压相位不同，低压侧的电压相位也不同。故自用电低压母线不能并列运行，分段开关处于断开位置。当失去一个自用电源时，分段开关投入供给另一段母线负荷。为了使切换时间满足重要负荷的供电要求，一般分段开关应装设备用电源自动投入装置。

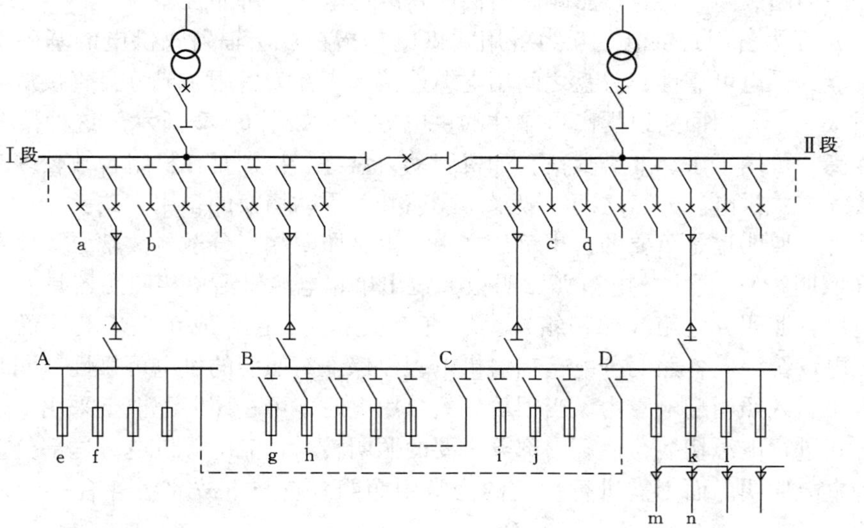

图6－2　自用负荷供电回路

对于自用负荷供电回路常采用以下几种方式供电：

（1）单层辐射式供电。单层辐射式供电是指负荷由自用母线直接供电的接线。如图6－2中的接在Ⅰ、Ⅱ上的a、b、c、d等负荷。每个负荷都由单独引接，配有隔离、操作和保护电器，互不影响，供电可靠性高。一般适用于距主盘较近或容量较大或某些重要的公用负荷，如自用吊车、直流整流电源、检修排水泵等。

（2）双层辐射式供电。双层辐射式供电是指由主盘成辐射式供给分盘再由分盘成辐射式向各负荷供电的接线方式。如图6－2中的母线A～D上的e、f、…、l等负荷。这种供电的负荷一般是远离主盘而比较集中的同类负荷，如机组自用电；公用负荷按装设地点分片分组等。这种供电的优点是：便于供电的分组管理、维护；减少主盘的供电回路数；可大量节省电缆等。但供电可靠性略差。

有的分盘内负荷回路不设引接隔离开关而只设进线的总电源隔离开关，这类分盘称为动力配电箱如图6－2中的A、D分盘。根据动力箱的结构不同可分为落地式和壁挂式（或嵌入式）。其特点是结构简单，布置紧凑，供电回路数多，体积小。可适用于不重要的小容量集中负荷。

（3）干线式供电。对于一些相邻近的小容量Ⅲ类负荷或同一用电设备的不同负荷，可共用一组供电回路或电源电缆，直接在各负荷的操作电器的电源侧并接电源，如图6－2中的m、n回路中各负荷的供电。这种供电方式可以节省配电盘（箱），缺点是任一回路故障，将直接影响到后面回路的供电，故可靠性差。

（4）互为备用式供电。互为备用式供电是指在双层辐射式供电的基础上，为了提高分盘的供电可靠性，分盘之间用电缆连接起来互为备用，或分盘直接从另一主盘上再引接一个备用回路以提高可靠性的供电方式，如图6－2所示。这种接线的供电可靠性高，可用于Ⅰ、Ⅱ类负荷，如机组动力盘等。特别是在机组台数较多时，可采用此接线方式供电。分盘之间一般采用隔离开关手动切换的备用方式。

另外，照明也是重要的自用负荷之一。由于照明相当分散，故常分片设置照明分电箱（照明箱），再由分电箱（照明箱）拉出单相电源供给单相照明器具。容量较大的发电厂各照明分电箱（照明箱）一般直接从主盘引接，或在主盘上设置一块专用照明配电盘统一向各照明分电箱辐射供电，以保证对照明的供电可靠性。同时还应把直流电源引入照明配电盘内。当因故失去自用电时，可在照明配电上采用手动或者自动的方式进行电源切换，使厂内部分重要的照明转为直流电源供电。这部分重要的照明称为事故照明。而不需进行切换的为常用照明。它与事故照明各有一套独立的供电线路。

6.4 变电站自用电接线

变电站的自用电负荷一般比发电厂的自用电负荷小得多。在有人值班的中小型变电站中，自用电负荷主要是：变压器的冷却风扇、蓄电池的充电设备混整流操作电源、采暖通风、加热设备、照明和检修用电等。

大型变电站的自用电负荷主要是：主变压器强迫油循环冷却装置的油泵、水泵、风扇、蓄电池充电设备、油处理设备、空气压缩机（带有空气断路器时）、变压器检修间电源、采暖通风、照明及供水泵用电等。

变电站中装有同期调相机时，还有调相机的空气冷却器和润滑油系统的冷却水泵及油泵用电等。

由于变电站的自用电很少，故自用变压器的容量不大，一般为 50～315kVA，中小型变电站自用变可能更小。

变电站的自用电中最重要的负荷是：主变压器的冷却风扇或强迫油循环冷却装置的油泵、水泵、风扇及整流操作电源等。因此，变电站的自用电接线较为简单，一般采用一台自用变压器，由变电站中最低一级电压母线引接电源，副边采用 380/220V 中性点直接接地的三相四线制系统供电。

对于高电压大容量的系统枢纽变电站，往往装有水冷却或强迫油循环的主变压器及同步调相机，为了保证对自用负荷的供电可靠性，应装设两台自用变压器，分别接

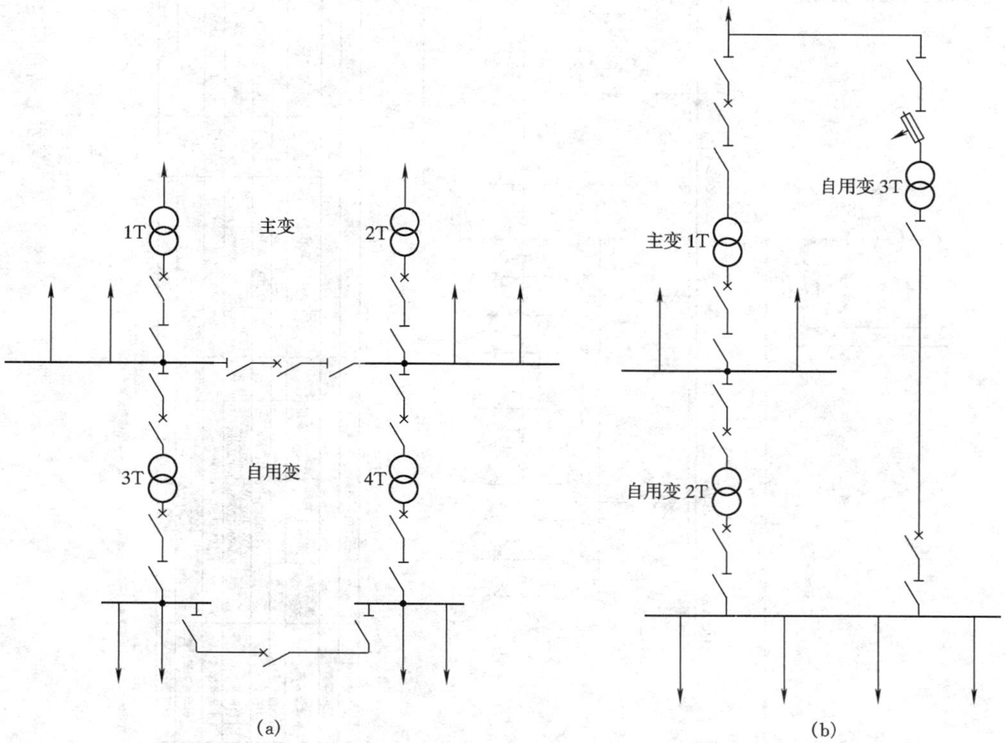

图 6-3　变电站自用电接线

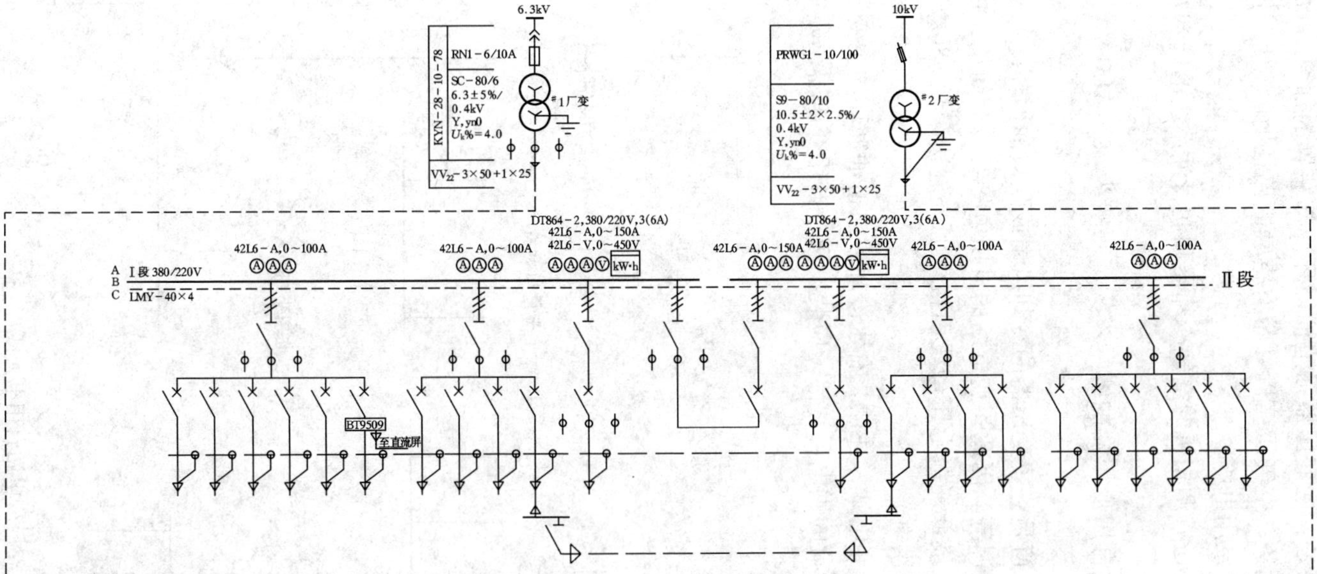

配电屏型号	GGD_1－36						GGD_1－36(改)					GGD_1－10	GGD_1－36(改)					GGD_1－36					
配电屏编号	1						2					3	4					5					
馈线名称	集水井水泵动力箱	吊车	整流器一	安装场动力箱	备用	事故照明分电箱	主厂房照明分电箱	生活区	备用	1#机动力盘	1#厂变进线	母线分段	2#厂变进线	2#机动力盘	备用	备用	整流器二	厂内油处理室分电箱	前池动力箱	气系统	备用	副厂房照明分电箱	备用
回路电流(A)	23.6	34	11	28		13	31.7	57		25	115		115	25			11	10.8	27	10		28	
刀开关	HD13BX－200/31						HD13BX－200/31				HD13BX－200/31	HD13BX－200/31	HD13BX－200/31	HD13BX－200/31				HD13BX－200/31					
断路器	DZ20J－100/32A	DZ20J－100/40A	DZ20J－100/20A	DZ20J－100/32A	DZ20J－100/20A	DZ20J－100/20A	DZ20J－100/32A	DZ20J－100/63A	DZ20J－100/20A	DZ20J－100/32A	DW15－200/120A	DW15－200/120A	DW15－200/120A	DZ20J－100/32A	DZ20J－100/32A	DZ20J－100/20A	DZ20J－100/20A	DZ20J－100/20A	DZ20J－100/32A	DZ20J－100/20A	DZ20J－100/20A	DZ20J－100/32A	DZ20J－100/20A
电流互感器	LMZ1－0.66,100/5						LMZ1－0.66,100/5				LMZ1－0.66,150/5	LMZ1－0.66,100/5	LMZ1－0.66,150/5	LMZ1－0.66,100/5				LMZ1－0.66,100/5					
引出电缆型号截面	VV22－1 3×6+1×4	VV22－1 3×10+1×6	VV22－1 3×4+1×2.5	VV22－1 3×6+1×4		VV22－1 －2×4	VV22－1 －4×6	W22－1 3×25+1×10		VV22－1 3×6+1×4	VV22－1 3×50+1×25		VV22－1 3×50+1×25	VV22－1 3×6+1×4			VV22－1 3×4+1×2.5	VV22－1 3×4+1×2.5	VV22－1 3×6+1×4	VV22－1 3×4		VV22－1 4×6	
穿管管径	G25	G25	G25	G25		G15	G32	G32		G25				G25			G25	G25	G25	G25		G32	

说明：BT9509为事故照明切换板，其直流电源用VV22－1－2×4电缆引至直流屏。

图6－4 某水电站自用电接线

在变电站中最低一级电压的不同母线上。低压侧采用分段母线运行，互为备用，如图6-3（a）。

当变电站不采用蓄电池组而采用复式整流、电容储能等整流操作电源时，变电站正常运行时的控制、信号、保护以及断路器的操作电源都是由交流整流取得。为了提高自用电的可靠性，对于采用整流操作或无人值守的变电站，除应装设两台自用变压器外，还需将其分别进在不同电压等级的电源或独立电源上。以保证在变电站内停电时，仍能使自用电得到不间断供电。如一台自用变接在10kV母线上，另一台自用变接在由高压侧电源回路断路器的外侧供电，如图6-3（b）所示。两台自用变采用明备用方式，并装设备用电源自动投入装置。

6.5 自用电接线方案实例分析

某小型水电站自用电网络接线如图6-4所示。自用变压器设置两台，低压侧为380V，母线分段。正常时都在运行，各带一半的自用负荷，两台自用变互为备用，采用暗备用方式。由于本例中两台自用变电源取之不同相位，低压380V母线不能并联运行。但两段主母线之间装设了备用电源自动投入装置。整个低压配电网络除了配置有主盘外，还对较为集中的远方自用负荷设了分盘，如机组动力盘、油处理室、高低压空压机室、检修电源、照明分电箱等。为了满足对重要负荷的供电，提高供电可靠性，重要分盘也采用双电源供电，如机组动力盘等，正常时备用回路断开运行，工作电源消失或发生故障时，采用手动切换的方式投入备用电源，继续向负荷供电，保证重要的自用负荷不停电。整个配电网络形成环形回路。

有些负荷可以直接由主盘供电。它们通常是离主盘较近的或Ⅰ、Ⅱ类负荷或容量较大的负荷。

习题与思考题

6-1　火电厂和中小型水电站的自用负荷都有哪些特点？各由哪些具体负荷组成？分类如何？

6-2　自用电最大负荷如何确定？采用不同的备用方式和不同的变压器类型如何选择变压器的容量？

6-3　自用电源引接时，如何保证两个电源的独立性？

第 7 章

配 电 装 置

【教学要求】 了解配电装置的基本要求及一般构成方法；掌握最小安全净距的概念；掌握屋内、屋外配电装置的形式及应用范围；学习各种布置的平面图及断面图的画法。

7.1 配电装置概述

7.1.1 配电装置的类型及基本要求

7.1.1.1 配电装置类型及特点

配电装置是电气一次接线的工程实施，是发电厂及变电站的重要组成部分。它是按电气主接线的要求，由开关电器、载流导体和必要的辅助设备所组成的电工建筑物，在正常情况下用来接受和分配电能；发生事故时能迅速切断故障部分，以恢复非故障部分的正常工作。

配电装置按电气设备的安装地点分为屋内配电装置和屋外配电装置。

屋内配电装置的特点是：

（1）由于允许的安全净距小，能分层布置，因而占地面积比屋外布置小。

（2）维修、操作和巡视都在户内进行，不受气候条件的影响。

（3）电气设备不易受外界污秽空气环境的影响，维护工作量小。

（4）电气设备之间的距离小，通风散热条件差，且不便于扩建。

（5）房屋建筑投资大，但可采用价格较低的屋内型设备，能减小一些设备的投资。

屋外配电装置的特点是：

（1）无需配电装置室，节省建筑材料和降低土建费用，一般建设周期短。

（2）相邻设备之间距离大，减少故障蔓延的危险性，且便于带电作业。

（3）巡视设备清楚，且便于扩建。

（4）易受外界气候条件的影响，设备运行条件差，须加强绝缘。

（5）气候变化给设备维修和操作带来困难。

（6）占地面积大，对于水电站可能使投资增大。

选择配电装置的型式，应考虑所在地区的地理情况及环境条件，因地制宜、节约用地，并结合运行及检修要求，通过技术经济比较确定。

在一般情况下，35kV 及以下配电装置宜采用屋内布置；2 级及以上污秽地区或市区的 110kV 配电装置宜采用屋内型，当技术经济合理时，220kV 配电装置也可采用屋内型；大城市中心地区或其他环境特别恶劣地区，110kV 和 220kV 配电装置可采用全封闭或混合式 SF_6 组合电器；地震基本烈度 8 度及以上地区或土地贫瘠地区，110kV 和 220kV 配电装置可采用屋外中型布置；330kV 及以上超高压配电装置一般采用屋外中型、半高型或高型布置。

7.1.1.2 配电装置的基本要求

（1）保证工作的可靠性。配电装置的可靠性，直接反映着故障的可能性及其影响范围。发生故障的可能性和影响范围越小，配电装置的可靠性越高。而配电装置是按照电气主接线所选定的电气设备和连接方式进行布置的，所以要保证配电装置工作的可靠性，必须正确设计电气主接线和继电保护装置，合理地选择电气设备和其他元件，并在运行中严格执行操作规程。

（2）保证运行安全和操作巡视方便。配电装置布置要整齐清晰，并能在运行中满足对人身和设备的安全要求，如保证各种电气安全净距，装设防误操作的闭锁装置，采取防火、防爆和蓄油、排油措施，考虑设备防冻、防阵风、抗震、耐污等性能、使配电装置一旦发生事故时，能将事故限制到最小范围和最低程度，并使运行人员在正常操作和处理事故的过程中不致发生意外情况，以及在检修维护过程中不致损害设备。

（3）节约用地。我国人口众多，但耕地却不多，因此，在安全可靠的前提下，配电装置的布置应合理、紧凑，少占地，不占良田和避免大量的土石方开挖。在土地紧张的情况下，占地可能成为设计配电装置的主要制约因素。

（4）节约投资和运行费。配电装置的投资较高，其要求和建造条件往往差别很大，因此，应根据电压等级、电器制造水平和自然条件等因素，通过技术经济比较，决定采用配电装置的型式。尽可能节省设备和器材，尤其是节省绝缘材料、有色金属和钢材；尽量选用预制构件和成套设备，采用先进技术和先进的施工方法，尽可能降低投资和运行费用。

（5）便于扩建和分期过渡。配电装置应考虑能够在不影响正常运行和不需要经大规模改建的条件下，进行扩建和完成分期过渡。

7.1.2 配电装置的最小安全净距

为了安全可靠，高压配电装置规程中规定了屋内外配电装置的安全净距。所谓安全净距是以保证不放电为条件，该级电压允许的在空气中的物体边缘的最小电气距离。它不但保证正常运行的绝缘需要，而且也保证运行人员的安全需要。

GB50060—92《高压配电装置设计规范》规定了各种安全净距，其中最基本的是带电部分对接地部分之间和不同相带电部分之间的最小安全净距 A_1 和 A_2 值。在这一距离下，无论是正常最高工作电压或者出现内外过电压，都不会使空气间隙击穿。其他电气距离是在 A 值的基础上再考虑一些实际因素决定的。屋内、屋外配电装置中各有关部分之间的最小安全净距见表7-1和表7-2。

表7-1　屋内配电装置的安全净距（mm）

符号	适用范围	额定电压（kV）									
		3	6	10	15	20	35	60	110J	110	220J
A_1	1. 带电部分至接地部分之间 2. 网状和板状遮栏向上延伸线距地2.3m处，与遮栏上方带电部分之间	75	100	125	150	180	300	550	850	950	1800
A_2	1. 不同相的带电部分之间 2. 断路器和隔离开关的断口两侧带电部分之间	75	100	125	150	180	300	550	900	1000	2000
B_1	1. 栅状遮栏至带电部分之间 2. 交叉的不同时停电检修的无遮栏带电部分之间	825	850	875	900	930	1050	1300	1600	1700	2550
B_2	网状遮栏至带电部分之间	175	200	225	250	280	400	650	950	1050	1900
C	无遮栏裸导体至地（楼）面之间	2375	2400	2425	2450	2480	2600	2850	3150	3250	4100
D	平行的不同时停点检修的无遮栏裸导体之间	1875	1900	1925	1950	1980	2100	2350	2650	2750	3600
E	通向屋外的出线套管至屋外通道的路面	4000	4000	4000	4000	4000	4000	4500	5000	5000	5500

注　J系指中性点直接接地系统。

表 7－2　　屋外配电装置的安全净距（mm）

符号	适用范围	额定电压（kV）								
		3～10	15～20	35	60	110J	110	220J	330J	500J
A_1	1. 带电部分至接地部分之间 2. 网状遮栏向上延伸线距地2.5m处，与遮栏上方带电部分之间	200	300	400	650	900	1000	1800	2500	3800
A_2	1. 不同相的带电部分之间 2. 断路器和隔离开关的断口两侧引线带电部分之间	200	300	400	650	1000	1100	2000	2800	4300
B_1	1. 设备运输时，其外廓至无遮栏带电部分之间 2. 交叉的不同时停电检修的无遮栏带电部分之间 3. 栅状遮栏至绝缘体和带电部分之间 4. 带电作业时的带电部分至接地部分之间	950	1050	1150	1400	1650	1750	2550	3250	4550
B_2	网状遮栏至带电部分之间	300	400	500	750	1000	1100	1900	2600	3900
C	1. 无遮栏裸导体至地面之间 2. 无遮栏裸导体至建筑物、构筑物顶部之间	2700	2800	2900	3100	3400	3500	4300	5000	7500
D	1. 平行的不同时停电检修的无遮栏带电体之间 2. 带电部分与建筑物、构筑物的边沿部分之间	2200	2300	2400	2600	2900	3000	3800	4500	5800

在实际配电装置中，为考虑短路电流电动力的影响和施工误差等因素，屋内配电装置各相带电体之间的距离通常为 A 值的 2～3 倍；对屋外配电装置的软绞线在短路电动力、风摆、温度等因素作用下，使相间及对地距离减小，通常也比 A 值大。

图7－1 和图 7－2 所示分别为屋内和屋外配电装置的 A、B、C、D、E 值示意图。

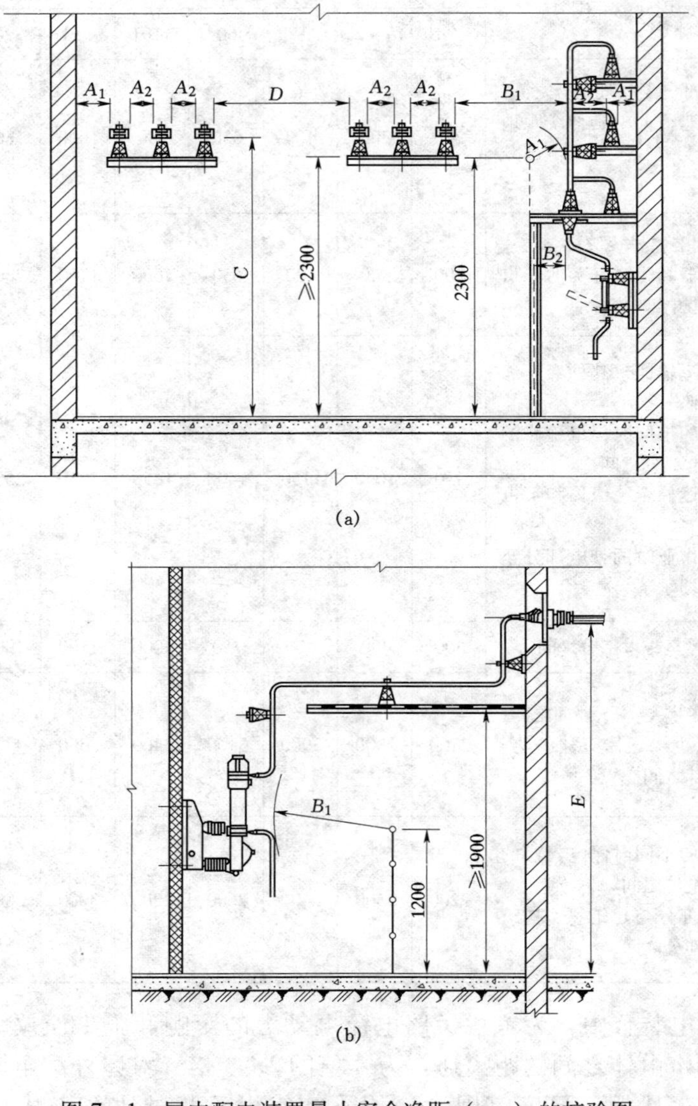

图 7－1　屋内配电装置最小安全净距（mm）的校验图

（a）屋内 A_1、A_2、B_1、B_2、C、D 值校验图；

（b）屋内 B_1、E 值校验图

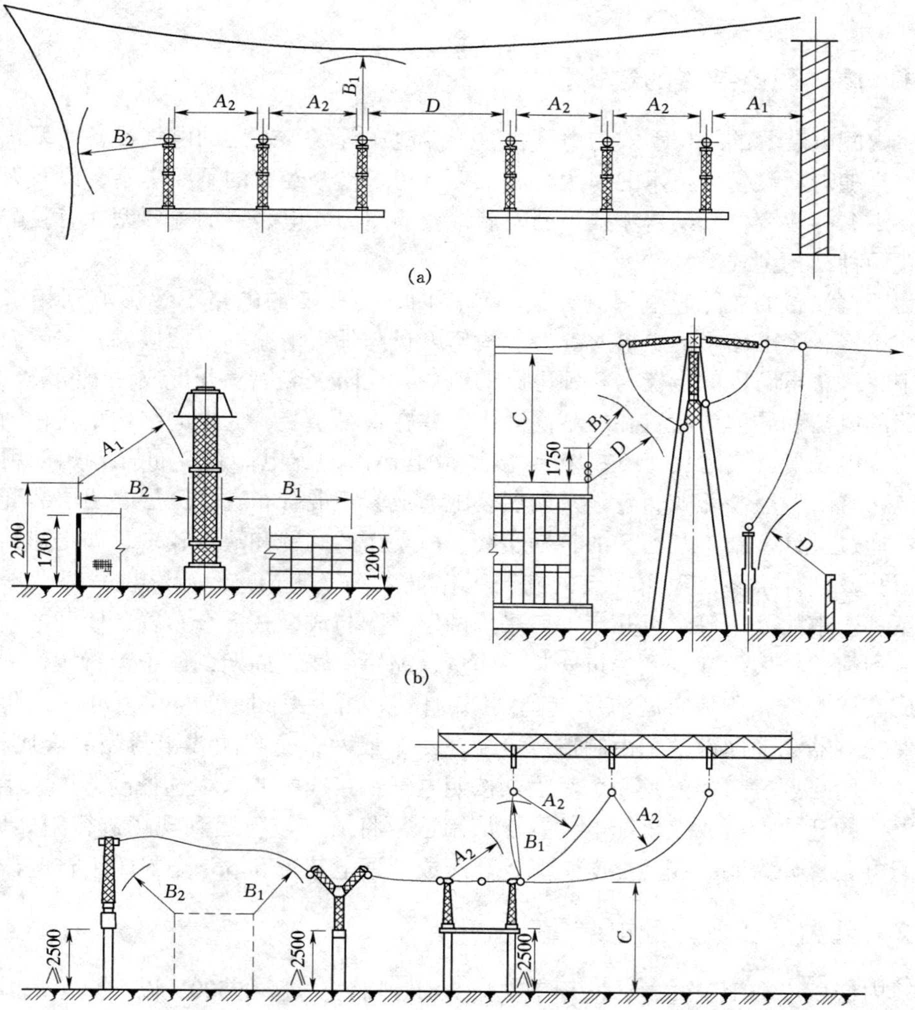

图 7-2　屋外配电装置最小安全净距（mm）的校验图

（a）屋外 A_1、A_2、B_1、D 值校验图；（b）屋外 A_1、B_1、B_2、C、D 值校验图；

（c）屋外 A_2、B_1、C 值校验图

7.2 屋内配电装置

7.2.1 屋内配电装置的结构型式

屋内配电装置的结构型式与电气主接线、电压等级和采用的电气设备的型式密切有关。且随着新设备新技术的采用，施工、运行、检修经验的不断丰富，以及人们的习惯和观念的改变，其结构型式不断发展。目前屋内配电装置的主要型式有装配式和成套式两种结构型式。

为了将设备的故障影响限制在最小范围内，使故障的电路不致影响到相邻的电路；在检修一个电路中的电器时，避免检修人员与邻近电路的电器接触，在屋内配电装置中将一个电路内的电器与相邻电路的电器，用防火隔墙隔开形成一个间隔。同一个电路的电器和导体应布置在一个间隔内，并在现场组装，这样的结构型式称为装配式屋内配电装置。它适用于6～10kV出线带电抗器的配电装置，布置方式采用三层装配式布置、两层装配式布置以及两层装配与成套式混合布置。三层、两层装配式配电装置通过设计、施工及运行的长期实践，所暴露的问题和缺点较多，如土建结构复杂，留孔及埋件很多，建筑安装的施工工作量大，工期长，运行巡视费时，操作不便，不利于事故处理等。近几年一般采用两层装配与成套式混合布置，使配电装置的结构大为简化，大大减少了建筑安装工作量，缩短了建设周期，便于运行操作。

成套式配电装置是由制造厂成套供应的设备。同一个回路的开关电器、测量仪表、保护电器和辅助设备都由制造厂装配在一个或两个全封闭或半封闭的金属柜中，构成一个回路。一个柜就是一个间隔。按照电气主接线的要求，选择制造厂家生产的各种电路的开关柜组成整个配电装置。从制造厂将成套设备运到现场进行组装即成。成套配电装置分为低压成套配电装置、高压成套配电装置和SF_6全封闭组合电器。

7.2.2 屋内低压成套配电装置

屋内低压成套配电装置，适用于交流50Hz，额定电压在500V以下，额定电流在3150A以下的三相配电系统中，作动力、照明及配电设备的电能转换、分配与控制之用。每个柜中分别装有闸刀开关、自动空气开关、接触器、熔断器、仪用互感器、母线以及测量、信号装置等设备。由制造厂组成多种一次线路方案并进行编号，供给用户选用。

7.2.2.1 低压成套配电装置类型

目前，低压配电装置的型式较多，就结构而言，主要有固定式和抽出式两种。固定式低压配电柜的屏面上部安装测量仪表，中部装闸刀开关的操作手柄，柜下部为外开的金属门。柜内上部有继电器、二次端子和电能表。母线装在柜顶，自动空气开关和电流互感器都装在柜后。

固定式低压配电柜一般离墙安装，单面（正面）操作，双面维护。如 GGD 型的低压配电柜，它是本着安全、经济、合理、可靠的原则设计的新型低压配电柜，其分断能力高，动热稳定性好，电气方案灵活，组合方便，实用性强，结构新颖，防护等级高。

GGD 型低压配电柜的基本结构采用冷弯型钢和钢板焊接而成。屏面上方为仪表门，宽为 1000mm 和 1200mm 柜正面采用不对称的双门结构，600mm 和 800mm 宽的柜采用整门结构，柜体后面采用对称双门结构，既安全，又便于检修，同时也提高了整体的美观性。为加强通风和散热，在柜体的下部、后上部和顶部均有通风散热孔；主母线排列在柜的后上方，柜体的顶盖在需要时可以拆下，便于现场主母线的装配和调整。柜的外形及安装尺寸如图 7－3 所示。

抽出式低压开关柜为封闭式结构，主要设备均放在抽屉内或手车上。回路故障时，可换上备用手车或抽屉，迅速恢复供电以提高供电的可靠性和便于检修。目前常用的有 MNS 型低压成套开关柜、GCS、GCK 型抽出式开关柜、DOMINO、CUBIC 型组合式低压开关柜等。

屋内低压配电装置布置要求为：

（1）屋内低压配电装置的电气距离应满足规范要求。无遮栏裸导体布置在屏前通道上方，其高度应不小于 2.5m，否则，应加装不低于 2.2m 高的遮栏，若布置在屏后通道上方，其高度不应低于 2.3m，否则应加装不低于 1.9m 高的遮栏。成排布置的配电屏，其屏前和屏后的通道最小宽度应符合表 7－3 的规定。

表 7－3　配电屏前后的通道最小宽度（mm）

配电屏类型		单排布置			双排面对面布置			双排背对背布置			多排同向布置		
		屏前	屏后		屏前	屏后		屏前	屏后		屏前	屏后	
			维护	操作		维护	操作		维护	操作		前排	后排
固定式	不受限制时	1500	1000	1200	2000	1000	1200	1500	1500	2000	2000	1500	1000
	受限制时	1300	800	1200	1800	800	1200	1300	1300	2000	2000	1300	800
抽屉式	不受限制时	1800	1000	1200	2300	1000	1200	1800	1000	2000	2300	1800	1000
	受限制时	1600	800	1200	2000	800	1200	1600	800	2000	2000	1600	800

注　1. 受限制时是指受到建筑平面的限制、通道内有柱等局部突出物的限制。

2. 屏后操作通道是指需在屏后操作运行中的开关设备的通道。

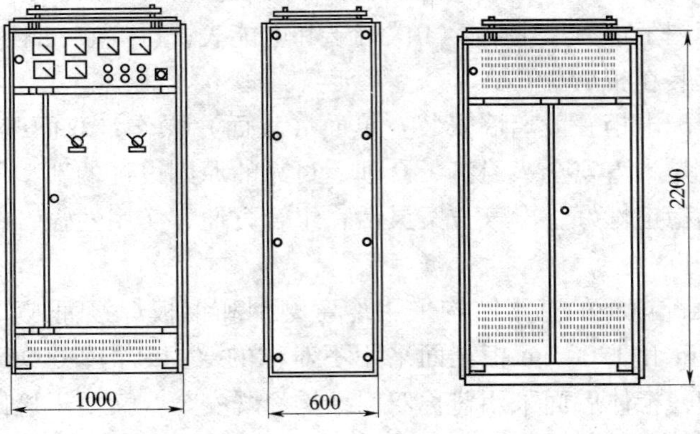

(a)

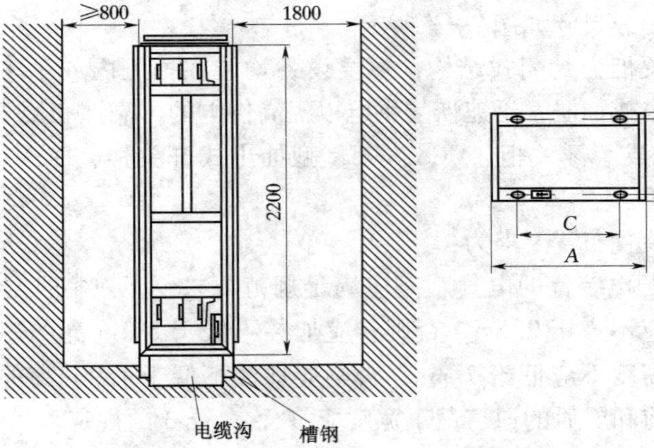

(b)

图 7－3 GGD 型交流低压配电柜外形及安装示意图

（a）GGD 型交流低压配电柜外形尺寸；（b）GGD 型交流低压配电柜安装示意图

（2）低压配电装置的维护通道的出口数目，按配电装置的长度确定：长度不足 6m 时允许一个出口；长度超过 6m 时，应设两个出口，并布置在通道的两端；当两出口之间的距离超过 15m 时，其间应增加出口。

（3）低压配电室长度超过 7m 时，应设两个出口，并宜布置在配电室的两端。当低压配电室为楼上和楼下两部分布置时，楼上部分的出口应至少有一个为通向该层走廊或室外的安全出口。

配电室的门均应向外开启，但通向高压配电装置室的门应双向开启门。

7.2.3 屋内高压成套配电装置

7.2.3.1 屋内高压成套配电装置的类型

目前，国内生产的3～35kV的高压开关柜系列较多，如JYN系列、KYN系列、GBC系列、KGN系列、XGN系列、XYN系列等。

按主开关的安装方式分为：固定式和移开式（手车式）。

按开关柜隔室结构分为：铠装型、间隔型和箱型。

按柜内绝缘介质分为：空气绝缘和复合绝缘。

高压开关柜内配用的主开关为真空断路器、SF_6断路器和少油断路器。目前少油断路器已逐渐被真空断路器和SF_6断路器取代。柜型和主开关的选择，应根据工程设计、造价、使用场所、保护对象来确定。

（1）固定式高压开关柜。固定式高压开关柜以XGN2—12箱型固定式金属封闭开关柜为例。XGN2—12型高压开关柜为角钢或弯板焊接骨架结构，柜内分为母线室、断路器室、继电器室，室与室之间用钢板隔开。该型开关柜为双面维护，从前面可监视仪表，操作主开关和隔离开关，监视真空断路器及开门检修主开关；从后面可寻找电缆故障，检修维护电缆头等。断路器室1800mm，电缆头高度780mm，维护人员可方便地站在地面上检修。隔离开关采用旋转式隔离开关，当隔离开关打开至分断位置时，动触刀接地，在主母线和主开关之间形成两个对地断口，带电只可能发生在相间、相对地放电，而不致波及被隔离的导体，从而保证了检修人员的安全。母线室母线呈品形排列，顶部为可拆卸结构，贯通若干台开关柜的长条主母线可方便地安装固定。柜中部有贯穿整个排列的二次小母线及二次端子室，可方便检查二次接线。柜底部有贯穿整个排列的接地母线，保证可靠的接地连接。

XGN2—12箱式柜主开关、隔离开关、接地开关、柜门之间均采用强制性闭锁方式，具有完善的“五防”功能。主开关传动操作设计与机械联锁装置统筹考虑，结构简单，动作可靠。

根据GB 3906和IEC 298等标准要求，高压开关柜的闭锁装置应具有“五防”功能，即防止误分、误合断路器；防止带负荷分、合隔离开关或带负荷推入、拉出金属封闭（铠装）式开关柜的手车隔离插头；防止带电挂接地线或合接地开关；防止带接地线或接地开关合闸；防止误入带电间隔，以保证可靠的运行和操作人员的安全。

XGN2—12型高压开关柜的结构见图7－4所示。

XGN2—10箱式开关柜系双面维护，离墙安装，柜前为操作通道，柜后为维护通道；该柜宽为1100mm（Ⅲ型开关为1200）mm、深为1200mm（带旁路开关为：1800mm）、高为2650mm。其布置如图7－5所示。

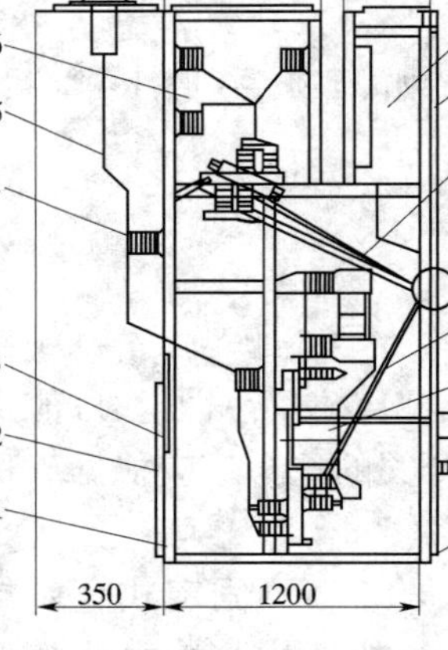

图 7－4 XGN2—12 型高压开关柜结构外形图

1—本体结构；2—后门联锁装配；3—照明灯；4—支持绝缘子；5—架空出线装配；6—母线室装配；7—继电室装配；8—前门元件装配；9—带接地刀上隔离开关传动装配；10—操作联锁机构；11—下隔离开关传动装配；12—电流互感器装配；13—真空断路器传动装配（电操）；14—接地母线装配

（2）手车式高压开关柜。手车式高压开关柜介绍 JYN1—40.5（Z）型间隔移开式交流金属封闭开关设备。该型开关柜分为柜体和手车两大部分，柜体由型钢及钢板弯焊而成；手车按其用途可分为断路器手车、避雷器手车、隔离手车、Y 形接法电压互感器手车、V 形接法电压互感器手车、单相电压互感器手车和站用变压器手车等。其中断路器手车有 ZN85—40.5 真空断路器手车、ZN23—40.5 真空断路器手车、SF_6 断路器手车、少油断路器手车。

开关设备按用途分隔成若干功能单元。

1）外壳：由型钢和钢板焊接而成，在开关柜的正面和背面的外壳均设有视察窗，以观察开关设备的运行情况。

2）手车室：开关柜正面下部两扇大门打开，里面便是手车室。该室与上、下触头室之间有绝缘隔板相隔，与柜顶主母线之间设有金属隔板，手车室底部设有手车轨道，手车接地装置在两轨道的中央。

3）主母线和上隔离触头室：主母线及上隔离触头室在开关柜上部。主母线呈三角形排列布置在上部倒装的支柱绝缘子上。紧挨主母线下方为上隔离触头座，它可以是电流互感器带触头，也可以是支柱绝缘子或穿墙套管带触头，视主接线方案而定。

4）下隔离触头室：下隔离触头室在上隔离触头室的下部，两者之间有隔板相隔，它除供装设电流互感器或支柱绝缘子触头座外，接地开关或联络母线亦设在该

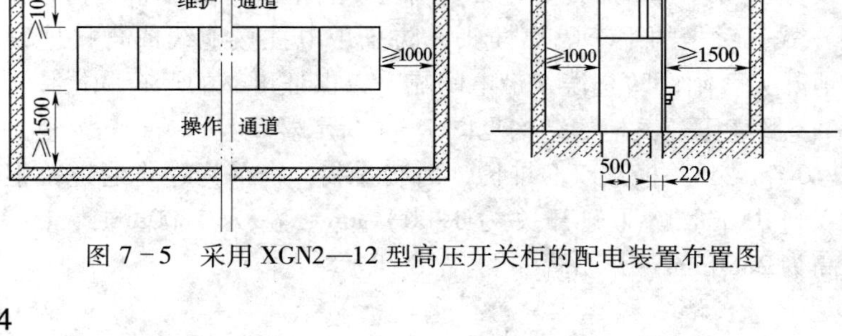

图 7－5 采用 XGN2—12 型高压开关柜的配电装置布置图

室。手车室、隔离触头室和电缆室之间装有绝缘隔板并在其上装有绝缘活门。

接地导体：贯穿与开关柜的整个宽度方向上的铜质接地体装设在开关柜的后下方。两台之间的连接，用制造厂预制并配备于设备内的连接头装上即可。

5）仪表和继电器室：仪表和继电器室在开关柜正面上部，该室两侧设有小母线穿越孔和固定控制电缆用的线夹板，左侧设有小母线端子组，上方和下方均装有走线槽。仪表及继电器室与高压间隔有隔板相隔。

6）端子室：端子室设在开关柜的正面右侧，辅助回路接线端子组安装在该室的中央。上方为柜内照明灯及其开关，下方设有接地螺栓供辅助回路接地使用。

该型开关柜主开关、手车、接地开关及柜门之间均采用了联锁装置，满足“五防”功能要求。柜体尺寸为宽×深×高：1800mm×2400mm×2925mm。其结构如图 7－6 所示。

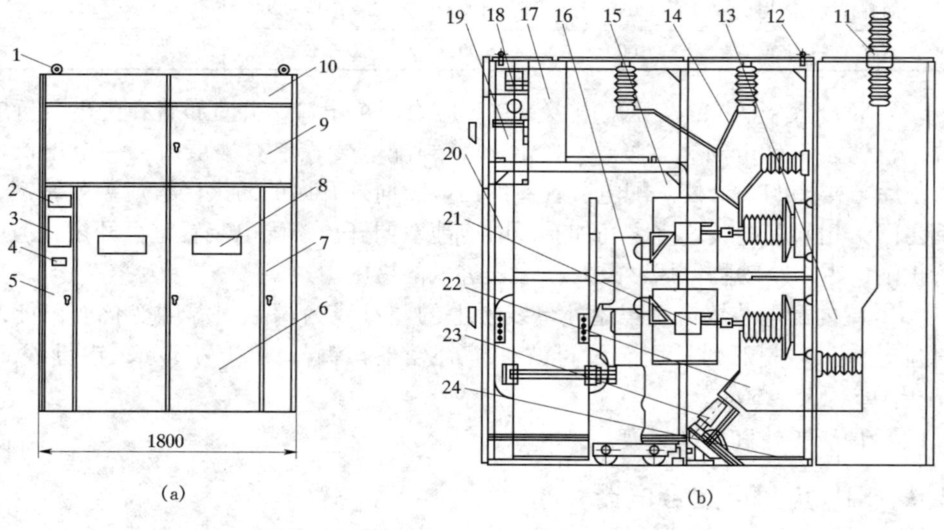

图 7－6　JYN1—40.5（Z）型高压开关柜结构图

（a）正视图；（b）结构示意图

1、12—吊攀；2—铭牌；3—主接线标志；4—带电显示；5—左小门；6—手车室门；7—端子门；8—观察窗；9—仪表门；10—盖板；11—穿墙套管；12—吊攀；13—进（出）线及电缆头室（附柜）；14—主母线室；15—手车室；16—断路器手车；17—排气通道；18—二次控制电缆通道；19—继电器及小母线室；20—二次端子室；21—绝缘活门；22—下隔离触头室；23—接地开关；24—接地母线

7.2.2.2　屋内高压成套配电装置的布置要求

（1）配电装置的布置和设备的安装，应满足在正常、短路和过电压等工作条件

时的要求，并不致危及人身安全和周围设备。

(2) 配电装置的绝缘等级，应和电力系统的额定电压相配合。

(3) 屋内配电装置的安全净距不应小于表 7-1 所列数值；电气设备外绝缘体最低部位距地小于 2.3m 时，应装设固定遮栏。配电装置中相邻带电部分的额定电压不同时，应按较高的额定电压确定其安全净距。

(4) 配电装置的布置应考虑便于设备的操作、搬运、检修和试验。配电装置室内的各种通道应畅通无阻，不得设立门槛，并不应有与配电装置无关的管道通过。通道的宽度应不小于表 7-4 中的数值。

表 7-4　　配电装置室内各种通道的最小宽度（mm）

通道分类 布置方式	维护通道	操作通道		通往防爆间隔的通道
		固定式	成套手车式	
一面有开关设备时	800	1500	单车长+1200	1200
两面有开关设备时	1000	2000	双车长+900	1200

(5) 长度大于 7m 的高压配电装置室，应有两个出口，并宜布置在配电装置室的两端；长度大于 60m 时，宜增添一个出口；当配电装置室有楼层时，一个出口可设在通往屋外楼梯的平台处。配电装置室的门应为向外开启的防火门，应装弹簧锁，严禁用门闩，相邻配电装置室之间如有门时应能双向开启；配电装置室可开窗，但应采取防止雨、雪、小动物、风沙及污秽尘埃进入的措施。

(6) 屋内配电装置或引至屋外母线桥上的硬母线为消除因温度变化而可能产生的危险应力，应按下列长度装设母线伸缩补偿器：铜母线 30～50m；铝母线 20～30m；钢母线 35～60m。

(7) 便于扩建和分期过渡。

7.2.4　SF_6 全封闭组合电器

SF_6 全封闭组合电器是将电气一次接线中的高压电器元件：断路器、隔离开关、母线、接地开关、电流互感器、电压互感器、避雷器、出线套管、电缆终端头等设备按照具体接线的要求，组合在一个封闭的接地的钢制壳体内，充以一定压力的 SF_6 气体，形成以 SF_6 气体为绝缘和灭弧介质的金属封闭式开关设备，并通过电缆终端、进出线套管或封闭母线与电力系统连接，构成封闭式组合电器的各电器元件，都制成独立标准结构，另有各种过渡元件（二通、三通、波纹管等）可以适应各种电气主接线的要求进行组合和布置。图 7-7 为 ZF—220 型进出线回路断面图。

为了支持和检修，母线布置在下部，双断口断路器水平布置在上部，出线用电缆，整个装置按回路顺序布置，结构紧凑。母线采用三相共箱式，母线呈等腰三角形布置，其余元件均采用分箱式，支持带电体的盆式绝缘子将装置按功能与需求分隔成不漏气的隔离室，并分别监控。隔离室可起限制故障范围，在检修、扩建时减小停电范围的作用。在两组母线结合处设有伸缩节，以减少由于温度或安装误差引起的附加应力。外壳上还装有检察孔、窥视孔和防爆盘等设备。

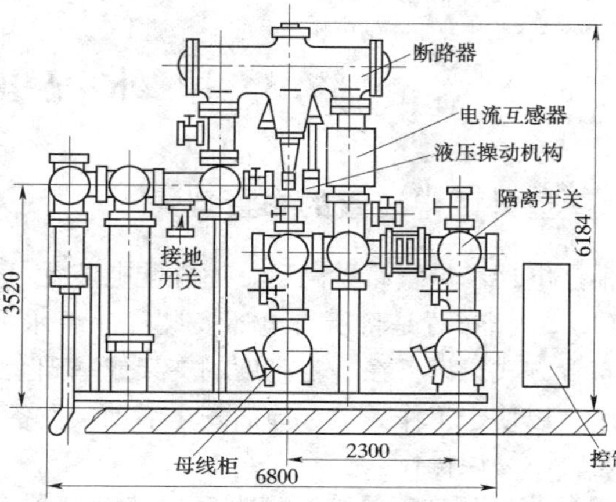

图 7-7 ZF—220 型进出线回路断面图

SF_6 全封闭组合电器的优点：

（1）运行安全、可靠。SF_6 具有很高的介电强度，其绝缘强度与其压力（密度）成正比，因而可通过改变 SF_6 的充气压力，达到不同的绝缘耐受等级，且绝缘性能十分稳定。由于其带电体封闭在钢制壳体中，不受大气和尘埃污染而造成事故。SF_6 是不燃的惰性气体，不发生火灾，一般不会发生爆炸事故。

（2）检修周期长、维护工作量小。全封闭电器由于触头很少氧化，触头开断时烧损也甚微，一般可运行 10 年或切断额定开断电流 15～30 次或正常开断 1500 次。漏气量不大于 1%～3%，且用吸附器保持干燥，补气和换过滤器工作量也很小。

（3）大量节省配电装置所占面积和空间。全封闭电器比敞开式的比率可近似估算为 $10/U_N$，电压越高，效果越显著。

（4）土建和安装工作量小，建设速度快；且配置灵活，环境适应性好。

（5）减小电动力。由于金属外壳的屏蔽作用，消除了无线电的干扰、静电感应和噪声；减少了短路时作用到导体上的电动力。另外，也使工作人员不会偶然触及带电导体。

（6）抗震性能好。

SF_6 全封闭组合电器的缺点：

（1）SF_6 全封闭电器对材料性能、加工精度和装配工艺要求极高，工件上的任何毛刺、油污、铁屑和纤维都会造成电场不均，使 SF_6 抗电强度大大下降。

（2）需要专门的 SF_6 气体系统和压力监视装置，且对 SF_6 的纯度和水分都有严格的要求。

（3）金属消耗量大。

（4）造价较高。

7.3　屋外配电装置

7.3.1　屋外配电装置的布置型式

根据电器和母线布置高度，屋外配电装置可分为中型、半高型和高型三种：

（1）中型布置是将所有电器安装在一个水平面内，与母线、跳线成三种不同高层的布置方式。设备在一定高度的支架或基础上，使设备的带电部分与地面保持必要的高度，以便于工作人员在地面安全活动。设备布置清晰，巡视检查设备时，视距短而清楚，不易误操作。

（2）半高型布置是将断路器、电流互感器布置在相邻的一组母线下方，该组母线布置升高的布置方式。

（3）高型布置是将断路器、电流互感器布置在旁路母线下方，同时两组工作母线重叠布置的布置方式。

半高型、高型布置可以节省占地，但构架消耗较多，且巡视检查不便。因此220kV及以下的屋外配电装置普遍采用中型布置。只有在土地紧张情况下，110kV可采用半高型，220kV可采用高型布置方式。

中型布置分为单列和双列两种形式。单列式是将进、出线的断路器都排成一列布置重在母线一侧。它节省配电装置场地的纵向尺寸，但引线跨数较多。双列式是将进线断路器和出线断路器分别排成两列布置在母线两侧。该布置减少间隔内跨线和跨线门型架构，使配电装置简化。屋外配电装置一般采用双列式布置，仅在配电装置场地受到纵向地形限制时才采用单列式布置。

屋外配电装置按照电气主接线要求，一般由下列间隔组成：电力变压器间隔（进线间隔）；出线间隔；电压互感器和避雷器间隔；母线分断间隔。每一个间隔应包括该部分电路的全部设备。间隔的横向和纵向尺寸主要有配电装置的电压等级决定。

7.3.2　屋外配电装置的布置

7.3.2.1　屋外配电装置的安全净距和基本尺寸

（1）屋外配电装置的安全净距应符合表7－2的规定，并应按图7－2校验。有关尺寸可取推荐值，见表7－5。

（2）当电气设备外绝缘体最低部位距地面小于2.5m时，应装设固定遮栏。

表 7－5　　中型配电装置有关尺寸推荐值（m）

名称		电压等级（kV）			
		35	63	110	220
弧垂	母线	1.0	1.1	0.9～1.1	2.0
	进出线	0.7	0.8	0.9～1.1	2.0
线间距离	Π 型母线架	1.6	2.6	3.0	5.5
	门型母线架	—	1.6	2.2	4.0
	进出线架	1.3	1.6	2.2	4.0
架构高度	母线架	5.5	7.0	7.3	10.0～10.5
	进出线架	7.3	9.0	10.0	14.0～14.5
	双层架	—	12.5	13.0	21.0～21.5
架构宽度	Π 型母线架	3.2	5.2	6.0	11.0
	门型母线架	—	6.0	8.0	14.0～15.0
	进出线架	5.0	6.0	8.0	14.0～15.0

（3）配电装置中相邻带电部分的额定电压不同时，应按较高的额定电压确定其安全净距。

（4）屋外配电装置带电部分的上面或下面，不应有照明、通信和信号线路架空跨越或穿过。

（5）各级电压配电装置的回路排列和相序排列应尽量一致。一般为面对电源自左向右，由远到近，从上到下按 A、B、C 相序排列。

7.3.2.2　屋外配电装置的布置

（1）母线和架构。屋外配电装置的母线有软母线和硬母线两种。220kV 以下软母线主要采用钢芯铝绞线，三相呈水平布置，用悬式绝缘子串悬挂在母线架构上。软母线可选较大的挡距，但挡距越大，导线的弧垂越大，因而导线相间及对地距离就要增加，母线及跨越线架构的宽度均需加大。故一般采用表 7－5 所推荐的数值。硬母线常用的有矩形、管型。矩形母线用于 35kV 及以下的配电装置中；管型母线则用于 60kV 及以上的配电装置中，用户外支持绝缘子安装在支架上。

屋外配电装置的架构可由型钢或钢筋混凝土制成。钢构架经久耐用，便于固定设备，抗震性好，但金属消耗量大，需经常维护。钢筋混凝土构架可以节省钢材，维护简单，坚固耐用，但不便固定设备。用钢筋混凝土环形杆和镀锌钢梁组成的架构，兼顾二者的优点，目前在我国 220kV 及以下的各类配电装置中广泛应用。

（2）电力变压器。电力变压器布置在混凝土或钢筋混凝土基础上，基础高度应保证变压器出线绝缘套管底部对地距离在2.5m以上。基础一般做成双梁并铺以铁轨，轨距等于变压器的滚轮中心距。为了防止变压器发生事故时，燃油流失使事故范围扩大，单个油箱的油量在1000kg以上的变压器，应设置能容纳100%或20%油量的储油池或挡油墙；设有容纳20%油量的储油池或挡油墙时，应有将油排到安全处所的设施，且不应引起污染危害。变压器基础应比储油池高0.1m，储油池四壁应高于屋外场地0.1m。储油池内铺设厚度不小于0.25m的卵石层，卵石直径为0.05~0.08m。

主变压器与建筑物的距离不应小于1.25m，且距变压器5m以内的建筑物，在变压器总高度以下及外廓两侧各3m的范围内，不应有门、窗和通风口。

当变压器的油量超过2500kg以上时，两台变压器之间的防火净距应满足要求，如布置困难时，应设防火墙。

（3）电器的布置。真空断路器、SF_6断路器和少油断路器有低式和高式布置。低式布置的断路器安装在0.5~1m的混凝土基础上，其优点是检修比较方便、抗震性好，但低式布置必须设置围栏，因而影响通道的畅通。一般在中型配电装置中，断路器和互感器多采用高式布置，即将它们安装在较高的混凝土基础上，基础高度应满足：①电器支柱绝缘子最低裙边的对地距离为2.5m；②电器间的连线对地面距离应符合C值要求。

隔离开关和互感器均采用高式布置，一般安装专门的钢筋混凝土支架上，其要求与断路器相同。隔离开关的操作机构装在其靠边一相的基础上，安装高度一般为1.1~1.3m。

避雷器也有高式和低式两种布置。110kV及以上的阀型避雷器由于器身细长，多落地安装在0.4m的基础上。氧化锌避雷器、磁吹避雷器及35kV阀型避雷器形体矮小，稳定性较好，一般采用高式布置。

（4）电缆沟。屋外配电装置中电缆沟的布置，应使电缆所走的路径最短。一般横向电缆沟布置在断路器和隔离开关之间。电缆沟应有可揭开的盖板，屋外电缆沟的盖板应稍高于屋外场地标高。电缆沟应有不小于0.5%的排水坡度且不应排向厂房侧。

（5）通道与围栏。为了运输设备和消防的需要，应在主要设备近旁铺设行车道路。主行车道宽度不小于3.5m，主厂房前应设回车场。

屋外配电装置场地内应设置0.8~1.0m宽的环形小道。可利用屋外电缆沟兼作运行巡视通道。

配电装置的外围一般设2~3m高的围墙。

配电装置中电气设备的遮栏高度，不应低于1.7m，遮栏网孔不应大于40×

40mm；配电装置中的栅栏高度，不应低于1.2m，栅栏最低栏杆至地面的净距，不应大于200mm。

围栏应上锁。

（6）场地。屋外配电装置的场地必须整平、夯实，以确保地基承载力能满足设备的动、静荷载要求，不应出现塌陷或不均匀沉陷现象。屋外配电装置场地的地面，可用混凝土铺面以防杂草生长，场地坡度应不小于0.5%。

（7）辅助设施。屋外配电装置场地四周应设运行巡视和检修照明。当环境温度低于电气设备、仪表和继电器的最低允许温度时，应装设加热装置或其他保温措施。

7.3.3 屋外配电装置布置实例

7.3.3.1 35kV 屋外配电装置

图7-8为某小型水电站35kV屋外配电装置的平、断面图。该电站装机容量为2×1600kW，发电机型号为SFW1600—10/1730，发电机电压为6.3kV，升压至35kV，35kV出线两回，为单母线接线。该电站发电机电压配电装置采用户内成套配电装置，主变压器和35kV电气设备采用屋外中型双列布置。主变压器两台，油重均超过1000kg，按规定设置容纳20%油量的储油池及排油设施。35kV母线采用LGJ—95钢芯铝绞线，架设在距地面5.5m高的钢筋混凝土预制构架上，相间距离为1.6m，母线绝缘子串采用四片XP—6型悬式绝缘子，母线跨距为15m。35kV SF_6 断路器放置在1.7m高的混凝土基础上。母线侧隔离开关均采用 GW_4—35/600型双柱型结构的隔离开关。出线侧隔离开关与电压互感器和氧化锌避雷器合用的隔离开关均采用 GW_4—35D/600型带接地刀闸的隔离开关。所有隔离开关均安装在距地面3m高的钢筋混凝土支架上，其操作机构安装在支架的支柱上，距地面高1.1m。氧化锌避雷器、电压互感器和限流型熔断器安装在同一个钢筋混凝土支架上，避雷器、电压互感器距地面高2.5m，熔断器距地面高3.5m。35kV各间隔宽度为5m。出线门型架构距地面高度为7.3m，进、出线的相间距离为1.3m。进、出线断路器分别布置在母线两侧，整个配电装置共5个间隔但只占3个间隔的横向场地。整个配电装置的总面积为32×21m²。

7.3.3.2 110kV 屋外配电装置

图7-9为某水电站110kV屋外配电装置的平、断面图。该水电站装机容量为2×25000kW，发电机电压侧为发—变单元接线，110kV侧为单母线接线，设两台双绕组变压器，容量为2×31500kVA，其电压等级为10kV和110kV，其中10kV电压配电装置采用户内手车式成套配电装置。110kV出线两回，主接线形式为单母线接线，110kV电气设备采用屋外中型双列布置。主变压器两台，油重均超过1000kg，按规定

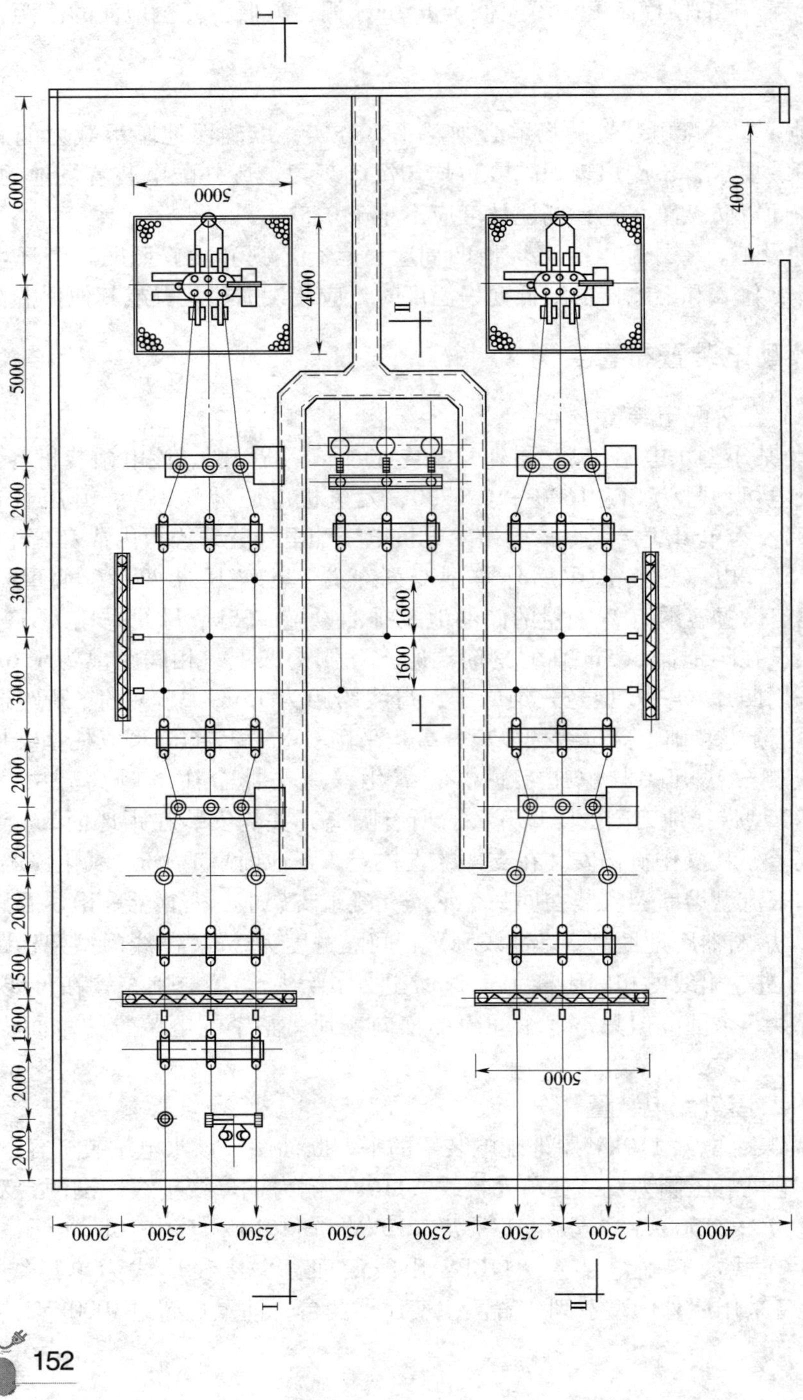

图 7-8 小型水电站 35kV 屋外配电装置平面布置图和断面图(一)

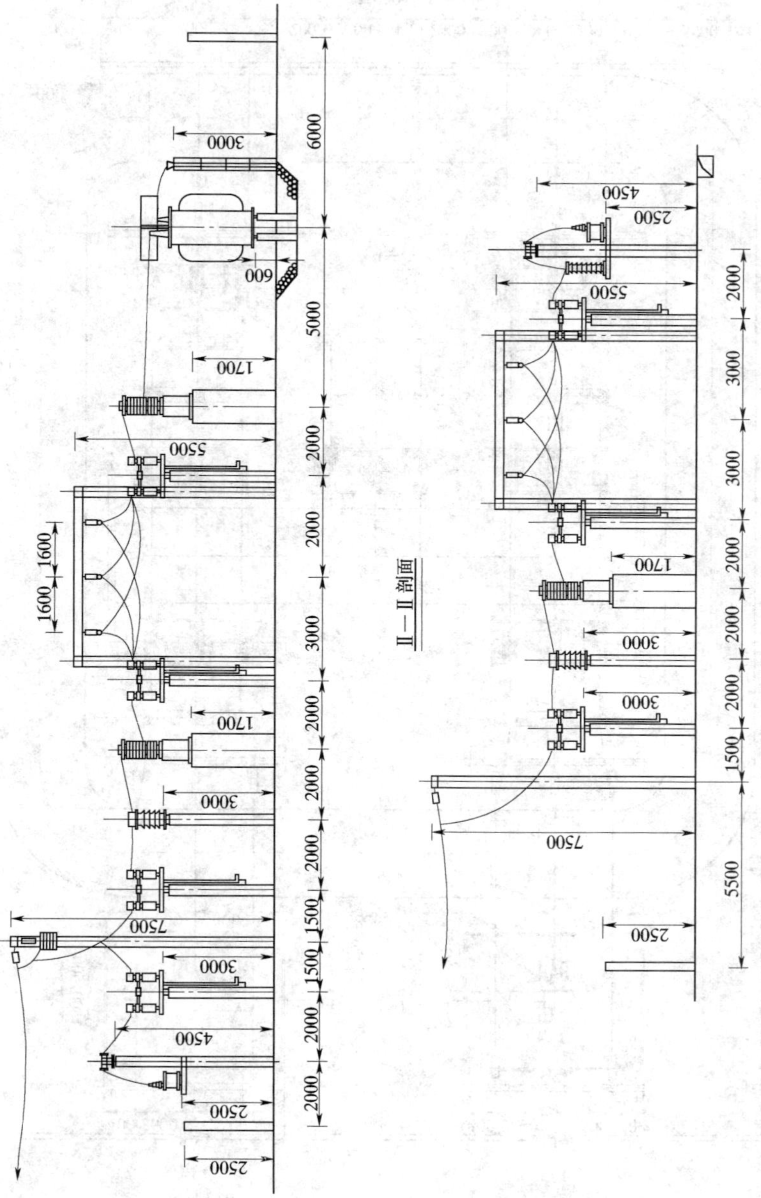

图 7-8 小型水电站 35kV 屋外配电装置平面布置图和断面图(二)

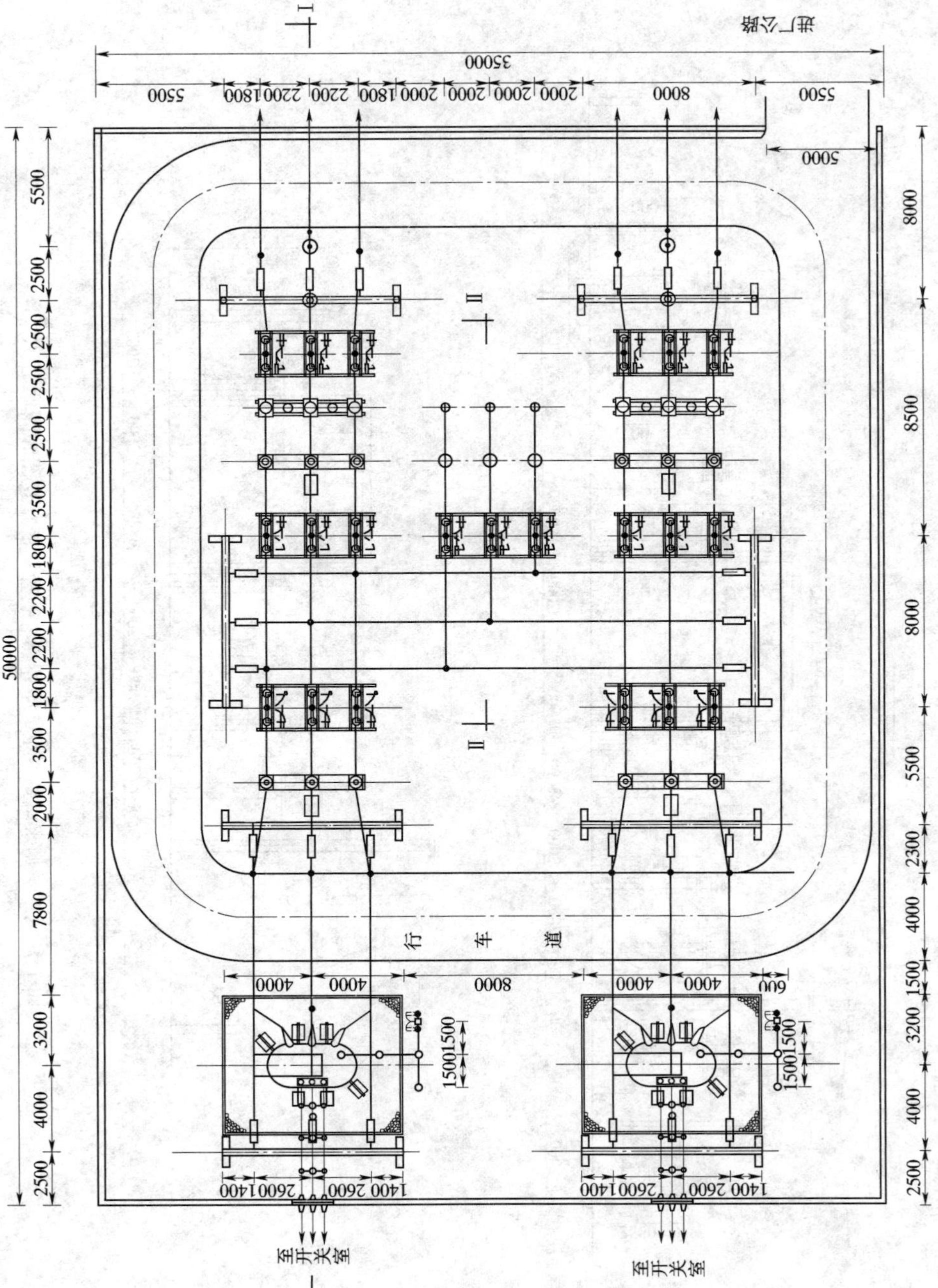

图 7－9　水电站 110kV 屋外配电装置平面布置图和断面图(一)

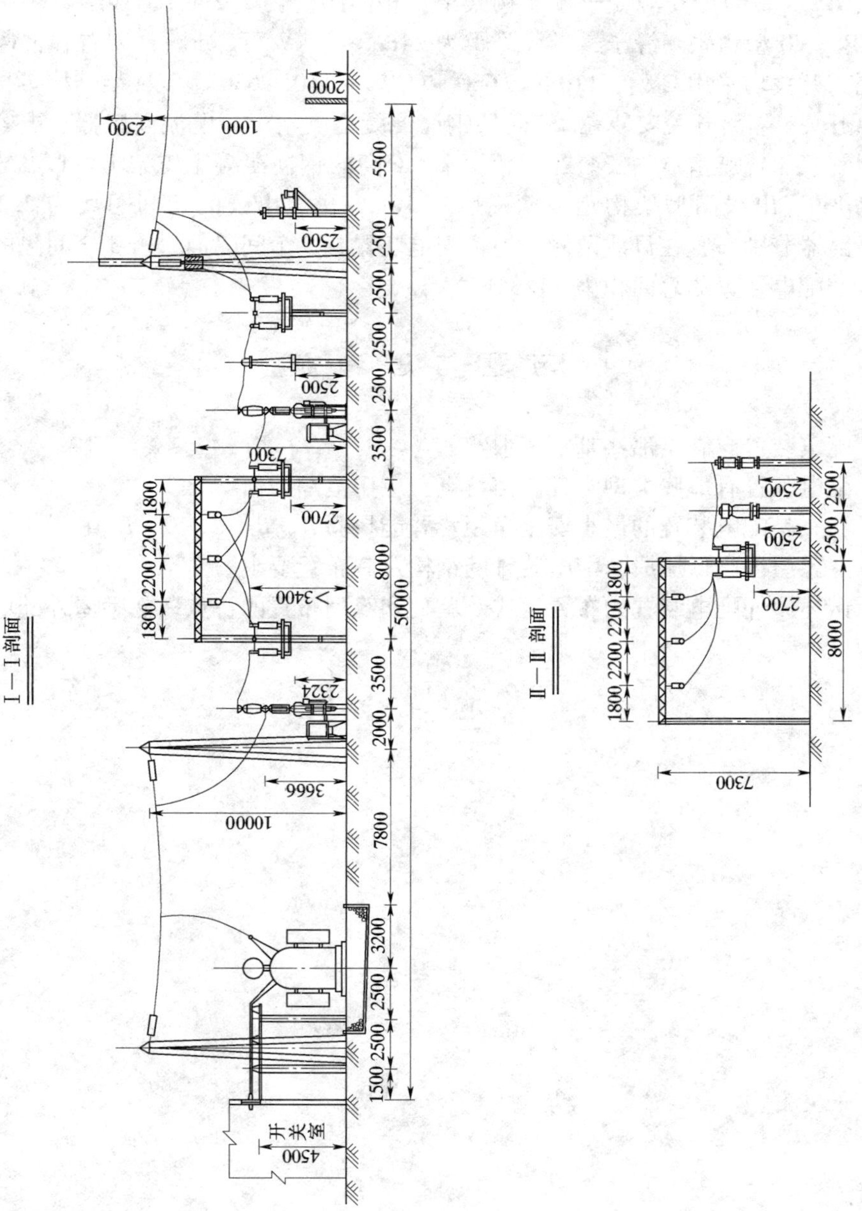

图 7-9 水电站 110kV 屋外配电装置平面布置图和断面图(二)

设置容纳 20% 油量的储油池及排油设施。110V 母线采用 LGJ—185 钢芯铝绞线，架设在距地面 7.3m 高的钢筋混凝土预制构架上，相间距离为 2.2m，母线绝缘子串采用八片 XWP_2—70 型耐张绝缘子，母线跨距为 24m。110kV SF_6 断路器安置在混凝土基础上。隔离开关均采用 GW_4—110ⅡD/630 和 GW_4—110D/630 型双柱型结构带接地刀闸的隔离开关。隔离开关安装在 2.7m 的钢筋混凝土支架上；电流互感器、电容式电压互感器和氧化锌避雷器均安装在距地面 2.5m 高的钢筋混凝土支架上。110kV 各间隔宽度为 8m。出线门型架构距地面高度为 10m，进、出线的相间距离为 2.2m。进、出线断路器分别布置在母线两侧，整个配电装置共 5 个间隔但只占 3 个间隔的横向场地。整个配电装置的总面积为 $50\times35m^2$。

习题与思考题

7－1　配电装置应满足那些基本要求？

7－2　配电装置有那些类型？各有何特点？应用范围如何？

7－3　什么是配电装置的最小安全净距？并能校验 A、B、C、D、E 值。

7－4　熟悉屋内高低压成套配电装置的结构及其布置要求。

7－5　试述屋外配电装置的布置型式及单列和双列布置的特点；熟悉屋外配电装置的布置要求。

第 8 章

接 地 装 置

【教学要求】 了解接地的重要性及人体触电的有关概念；掌握保护接地、保护接零的工作原理；了解影响接地电阻的因素及降低方法，了解接地系统。

接地是防止人身受到电击，保障电力系统正常运行，保护线路和设备免遭损坏，预防电气火灾，防止雷击和防止静电损害的基本措施。

电对人体的伤害是多方面的：电流通过人体会造成电击；电流的热效应会造成电灼伤；电流的化学效应会造成电烙印和皮肤金属化；电磁场能量对人体的辐射作用，会引起头晕、乏力、神经衰弱等症状；电火花会引起瓦斯及氢气爆炸，造成设备损坏和人身伤亡。所以，必须研究电气安全技术，采取有效措施。

8.1 人体触电的概念及机理

8.1.1 人体的触电

8.1.1.1 触电发生的原因

人体的不同部分，如手脚之间、两手之间或两脚之间受到电压的作用，在人体内产生电流，造成伤害，甚至危及生命安全，叫做触电。

通常是人站在天然导电的地面上，手接触到带电体而发生触电。统计表明，多数触电事故是由于直接接触或接近电路的裸带电部分而造成的；另有约 20% 的事故则是由于电气设备的绝缘损坏致使金属外壳、基础构架等发生非正常带电而引发的。前一类称为直接触电，防止的办法是采用电气隔离，并且正确地执行电气设备安全运行的组织措施和技术措施；后一类称为间接触电，除了加强绝缘的定期监测和维修，便是采用接地保护的办法。须知绝缘损坏并不都是由外部原因引发的偶然现象，任何绝缘的老化都是必然的，而老化的绝缘便随时可能出现绝缘故障。

8.1.1.2 电流对人体作用的机理

电流通过人体内部，对人体的伤害程度与通过人体电流大小、电流通过人体的持续时间、电流通过人体的途径、电流的种类及人体的精神状态有关，而且各种因素之间有密切联系。

（1）电流大小。通过人体的电流越大，人体的生理反应越强烈，引起心室颤动所需的时间越短，致命的危险就越大。对于工频电流，按照电流通过人体的大小不同，可以划分为以下三级：

1）感知电流。引起人的感觉的最小电流称为感知电流。实验资料表明，对于不同的人，感知电流也不同，成年男性的平均摆脱电流约为1.1mA，成年女性的平均摆脱电流约为0.7mA。

2）摆脱电流。人触电后能自动摆脱电源的最大电流称为摆脱电流。实验资料表明，对于不同的人，摆脱电流也不同，成年男性的平均摆脱电流约为16mA，成年女性的平均摆脱电流约为10.5mA。

3）致命电流。引起心室颤动的最小电流称为致命电流。根据动物实验和统计分析得出的资料列入表8-1，该资料考虑了通电时间的影响，表中，0是没有感觉的范围，A不引起心室颤动，B是容易产生严重后果的范围。

（2）通电时间。表8-1表明，通电时间愈长，愈容易引起心室的颤动，死亡的危险性增大。这是因为，通电时间愈长，能量积累增加，引起心室颤动的电流减小。

表8-1　　工频电流对人体作用的分析资料

电流范围	电流（mA）	通电时间	人体生理反应
0	0~0.5	连续通电	没有感觉
A_1	0.5~5	连续通电	开始有感觉，手指手腕等处有痛感，没有痉挛，可以摆脱带电体
A_2	5~30	数分钟以内	痉挛，不能摆脱带电体，呼吸困难，血压升高，尚可忍受
A_3	30~50	数秒到数分	心脏跳动不规则，昏迷，血压升高，强烈痉挛，时间过长即引起心室颤动
B_1	50~数百	低于心脏搏动周期	受强烈冲击，但未发生心室颤动
		超过心脏搏动周期	昏迷，心室颤动，接触部分留有电流通过的痕迹
B_2	超过数百	低于心脏搏动周期	昏迷，心室颤动，接触部分留有电流通过的痕迹
		超过心脏搏动周期	心脏停止跳动，昏迷，可能致命

（3）电流途径。电流通过心脏时会引起心室颤动，较大的电流还会使心脏停止跳动。电流流过中枢神经，会引起中枢神经系统强烈失调而导致死亡。电流通过头部会使人昏迷，若电流较大，会对脑产生严重伤害，使人昏迷而导致死亡。因此，从左手到胸部是最危险的电流途径，从手到手、从手到脚也是很危险的电流途径。

（4）电流种类。直流电流、高频电流、冲击电流和静电电荷对人体都有伤害作用，其伤害程度一般较工频电流为轻。电流的频率不同，对人体的伤害程度亦不同。25～300Hz 的交流电对人体的伤害程度最严重。

（5）人体状况。电流对人体的伤害程度与人体状况也有关系：电流对人体的作用，女性较男性敏感；小孩承受电击能力较成年人低；引起心室颤动的电流约与体重成正比。

（6）人体电阻和安全电压。人体电阻不是一个常数，它与电流途径、皮肤（干湿及破损）状况以及接触面大小有关，且随作用电压的大小而变。在小电压时，皮肤具有绝缘保护作用，在电压升高时皮肤将逐渐发生击穿，并增加机体电解，使人体总电阻下降。

设电流途径为手—手或手—脚，皮肤具有一般的接触面积和平均干湿度。当电压低于 100V 时，人体电阻平均值约为 3000Ω，忽略站脚处地面电阻率的影响，则痉挛电压值约为 $3000\times0.02=60$V。即是说，在一般条件下，触电者不需别人帮助能自行脱开 60V 的触电电压，避免出现触电死亡事故。若接触条件变坏（指皮肤潮湿、接触面加大），即使人体电阻降至 1300Ω，也不至于达到 50mA 的使心室纤颤的危险限值。故一般可认为根据国际电工学会的推荐，该电压值现宜降至 50V。

在特殊环境中，例如水中或特别潮湿处，或金属的地面上潮湿皮肤和大面积接触的情况下，人体电阻只有几百欧姆。此时必须使用更低的安全电压规定值，例如 36V、24V 甚至 12V。

8.2 保 护 接 地

8.2.1 接地的分类

所谓接地，既将电气设备的某些部分用导线（接地线）与埋在土壤中或水中的金属导体（接地体）相连接。按照接地的作用，电气设备的接地主要有三种形式：

（1）工作接地。工作接地是为了使电气装置正常工作而将电气回路中的某一特定点接地，使之与地基本保持同电位。如变压器中性点、电压互感器中性点等的接地。

(2) 保护接地。保护接地是将主要电气设备可能带电的金属部分进行接地，防备由于绝缘损坏使外壳带危险电压，以保护人身的安全。如电气设备的金属外壳，钢或钢筋混凝土构架、杆塔，停电检修的电路等的接地。由于绝缘故障有可能窜入高电压的低压回路一点接地，也具有保护接地的性质。如电流互感器二次回路的一点接地。

(3) 冲击接地。其作用是将雷电流安全地泄入地中，消除过电压的危险影响。如避雷针、避雷器和线路杆塔等的接地。

按照接地电流的波形，工作接地和保护接地属于工频接地，在电站共用一个统一的接地装置。冲击接地常设置独立的集中接地装置，构成过电压保护装置的一部分。

8.2.2 基本原理

未作保护接地时，当电气设备主绝缘损坏致使金属外壳等与带电部分相连通时，人一接触设备，既与故障相的对地电压接触，这对人体是非常危险的，如图 8-1 所示。

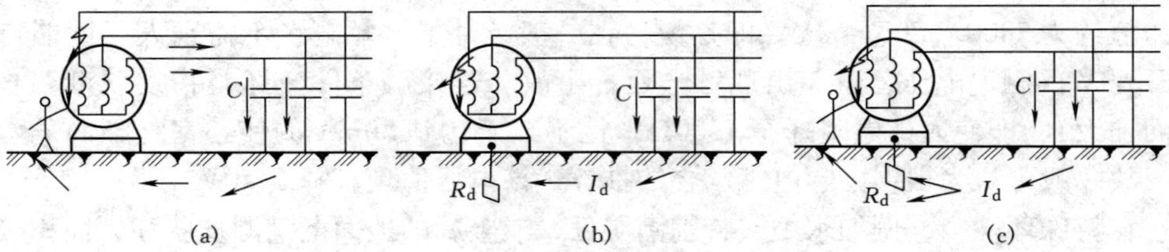

图 8-1 保护接地的作用原理

(a) 无保护接地；(b) 有保护接地；(c) 保护接地防止触电的原理

处于相电压下的金属外壳对人体安全构成的威胁还与系统中性点的运行方式有关。

在中性点不接地系统或经消弧线圈接地的系统中，通过触电者的电流将是单相接地的电容性电流（或过补偿的感性电流），其数值以安培计，故对人体构成威胁。

在中性点直接接地系统中，加于触电者的电压将是相电压，在高压系统中将导致人体的迅速烧毁。

当金属外壳等有保护接地之后时，情况便大不相同。当电气设备绝缘损坏时，设备外壳上的对地电压为：

$$U_d = I_d R_d \tag{8-1}$$

式中 I_d——单相接地电流；

R_d——接地装置的电阻。

当人触及设备外壳时，接地电流将沿着接地体和人体两条通路流过，如图 8-1 所示，而通过人体的电流为

$$I_r = I_d R_d / (R_r + R_d) \qquad (8-2)$$

式中 R_r——人体的电阻。

以图 8-2 为例，与外壳同电位并与土壤紧密接触的接地体，在电流向地中散流时，因土壤的电阻率很大，在设备附近形成一个倒漏斗形的地电位分布曲线。靠近接地体附近的土壤中电流密度大，电位分布陡峭。距接地体越远，电流密度越小，电压降也越小。约在 15~20m 处地电位接近于零。最高电位 U_{jd} 与接地电流 I_{jd} 之比值叫做接地电阻 R_{jd}，即：

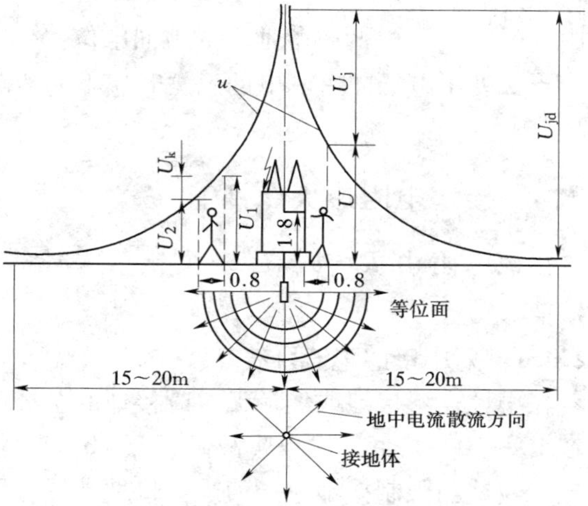

图 8-2 单根垂直接地体的散流场和地面电位分布

$$R_{jd} = U_{jd} / I_{jd} \qquad (8-3)$$

显然接地电阻不是一个集中参数，而是遍及电位分布场中的分布电阻。

8.2.3 接触电压与跨步电压

在发生接地故障（如电气设备主绝缘损坏致使金属外壳等与带电部分相连通）时，位于分布电位场内的人体所受到的电压有接触电压和跨步电压。

所谓接触电压 U_j，即人站在距设备 0.8m 处，手触外壳等带电部分，手脚之间所受的电压值。即：

$$U_j = U_{jd} - U \qquad (8-4)$$

式中 U——触电者站脚处的电位。

由式（8-4）可见，接触电压的大小与接地电阻的大小有关，接地电阻愈小，接触电压就愈小。接地保护之所以有效，不仅在于降低了带电外壳等的电位 U_{jd}，而且还因抬高了站脚处的电位 U。设备的接地即使非常好，在故障电源未切断前，接触电压也是存在的。

所谓跨步电压 U_k，即人在接地故障区域内行走，跨出 0.8m 步距的两脚所受到的电位差值。即：

$$U_k = U_1 - U_2 \tag{8-5}$$

式中　U_1、U_2——两脚落地点的地面电位。

当人处于电场内有麻电的感觉时，不能奔跑逃离电场，而应该单脚跳或细步离开电场。

8.2.4　接地电阻最大允许值

接地电阻由 $R = U_{jd}/I_{jd}$ 来决定，这时的接地电压 U_{jd} 应是能保证人身安全的数值。

8.2.4.1　对小接地电流系统

在中性点不接地或经消弧线圈接地的系统中，一相绝缘损坏时的接地电流一般控制在 10～30A 以下，可以带故障运行 2h。此时为了不致出现过高的接触电压和跨步电压，应适当限制接地电压值。当接地装置仅用于高压系统时，规定接地电压不超过 250V，故一般应符合 $R \leqslant 250/I_{jd}$，接地电阻值一般不应大于 10Ω。

当接地装置用于低压系统或高压系统共用时，考虑到人与低压设备接触的机会较多，需要更加降低接触电压和跨步电压，规定接地电压不超过 120V，故一般应符合 $R \leqslant 120/I_{jd}$，接地电阻一般不应该超过 4Ω。在发电机或变压器的容量小于 100kVA 时，可放宽至 10Ω。

高土壤电阻率地区，接地电阻允许升高，但不应超过：发电厂、变电站 15Ω，其余 30Ω。

8.2.4.2　对大接地电流系统

在中性点直接地系统中，一相绝缘损坏时的接地电流很大，此时巨大的短路电流流过接地点必伴随着高接地电压。但保护将迅速动作切除故障电路，接地电压的出现只是短暂的，致使人体触电的机遇很少，而且作用时间短。故允许采用较大的接地电压和跨步电压值，并综合考虑电力系统运行的多方面要求，规定接地电压不超过 2000V，故一般应符合 $R \leqslant 2000/I_{jd}$，当系统的计算单相短路电流大于 4000A 时，可取 $R \leqslant 0.5\Omega$。

高土壤电阻率地区，接地电阻允许升高，但不应超过 5Ω。

8.2.4.3　对低压系统

低压系统（主要是 380/220V 系统）的中性点一般采用直接接地。

并联运行电气设备的总容量为 100kVA 以上时，接地电阻一般不应大于 4Ω；并联运行电气设备的总容量为 100kVA 及以下时，接地电阻一般不应大于 10Ω。

高土壤电阻率地区，接地电阻允许升高，但不应超过 30Ω。

8.3 保 护 接 零

8.3.1 保护接零原理

在中性点直接接地系统中，无论高低电压，要发生单相接地时，都使一相电压经接地中性点与故障接地点形成单相短路回路。但由于低压系统电压低，中性点和设备处接地装置阻值较大，单相短路电流偏小，常达不到保护所需要的动作值。此外，对低压设备，接地电压也略显过大。

针对低压设备保护接地存在接地电流偏小和接地电压偏高的两个主要缺点，一般在380/220V低压系统中设置工作零线，将电气设备的金属外壳等与工作零线相连，构成保护接零。它用零线短接了保护接地回路中的电阻 R_0 和 R_s，因故接零保护可增大接地电流和减小接地电压。它是保护接地的进一步发展。

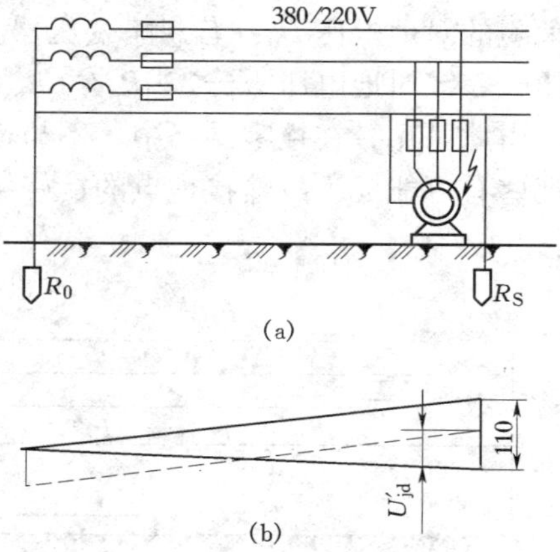

图8－3 低压设备的保护接零

图8－3（a）为保护接零图。当电气设备绝缘损坏而发生碰壳短路时，形成了一个闭合的金属性短路回路，由于这个回路不包括接地体的接地电阻，所以短路电流比较大，使继电保护装置能够可靠动作。另外，假定零线阻抗与相线阻抗（包括变压器或发电机每相绕组阻抗）持平，则相电压220V在相线与零线上各降落110V左右。图8－3（b）实线表示只有变压器中性点接地时，接零保护的电位分布。此时故障设备外壳的对地电压 U_{jd} 为110V左右。若在故障设备处作零线的重复接地，则零线上的电位分布如图8－3（b）中虚线所示，这时零线压降在 R_0 和 R_s 两个接地电阻上分压。可见，在中性点直接接地的低压系统中，具有重复接地的接零保护能提供比接地保护大得多的故障分断电流和低得多的接地电压，这是接零保护的优点。

8.3.2 保护接零条件

低压系统在实施保护接零时如果处理不当，不仅会影响其优点的充分发挥，甚至带来严重后果。为此必须履行以下接零条件。

8.3.2.1　零线不允许开断

图 8-4 表示零线在 S 点开断后，其负载端由于单相负载 B 的连通而上升为相电压，导致接零保护设备 A 的外壳带电，这是非常危险的。为了防止零线开断，要求零线有足够的机械强度，截面不宜过小，并尽量减少其接头；各设备的接零保护不能采用串接，而应各自用保护导线与零干线连接；在零线上切忌装设熔断器和闸刀开关。

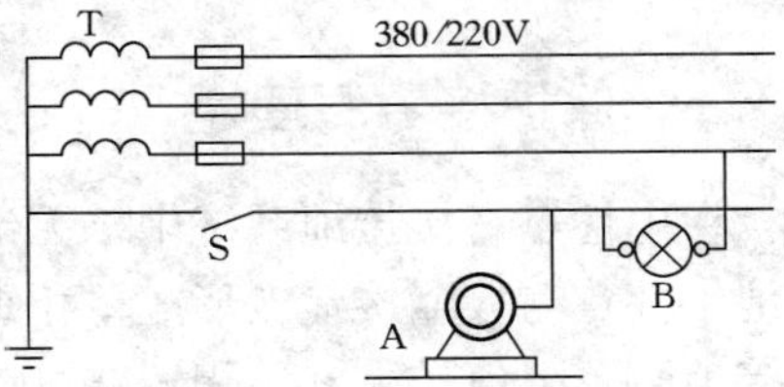

图 8-4　零线开断时引起的危险

8.3.2.2　接零网络中的低电阻接地体均应接零

见图 8-5 所示，当相线对着未接零的低电阻接地体 A 发生单相接地故障时，故障电流经设备 A 的接地电阻 R_A 和变压器中性点的接地电阻 R_0 回流，引起变压器中性点电位上升，使零线及接零保护的设备外壳产生危险的对地电压 U_0，若忽略变压器和相线中的阻抗，则 220V 相电压在 R_A 和 R_0 上分压，零线对地电压 $U_0=220R_0/(R_0+R_A)$。当 R_A 越小，则零线电位升高越大。

由此可见，在接零网络中，不与零线相接的单纯保护接地是禁止采用的。此外，对那些有可能成为故障接地点的良好接地体如金属水管等，也要与零线作可靠的电气连接。

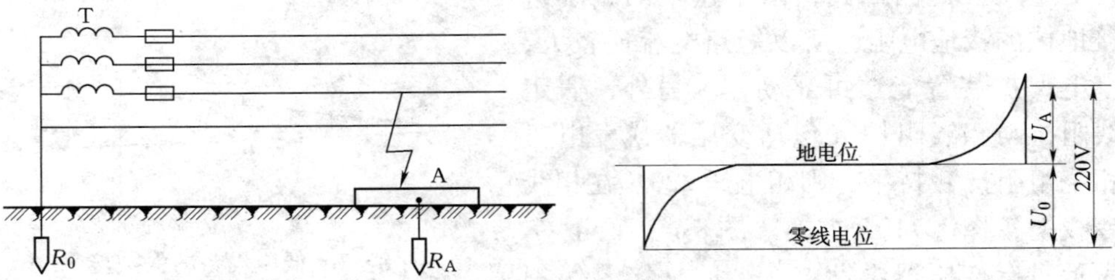

图 8-5　相线碰接未接零的低电阻接地体时引起零线电压的升高

8.3.2.3　零线应作重复接地

零线至少应在各级配电盘处、用电设备集中处及网络支路末端等作重复接地。重复接地愈多，接零保护愈安全。因为：

（1）重复接地能有效地降低接零保护接地电压 U_{jd}，见图 8-3（b）中之虚线。

（2）通过众多的重复接地点可减轻因未满足上述接零条件时出现的危险后果。

8.3.2.4　接零与接地统一

在有条件的地方宜在电气装置全范围内设置统一的接地网，它与电源中性点相接后便成为统一的接地接零网，此时电气设备的保护接地也就是保护接零，并自行满足上述各项接零条件。但为了避免单相负荷或三相不对称负荷电流长期流过接地网，对低压网络干线仍需设置工作零线。

8.4 接 地 系 统

8.4.1 接地系统的构成

接地系统由接地体和接地线组成。

8.4.1.1 接地体

埋入地中并直接与大地接触的金属导体称为接地体。接地体包括两大类：

（1）自然接地体，指兼作接地体用的直接与大地接触的各种金属构件、金属井管、钢筋混凝土建筑物内的钢筋、金属管道和设备。

（2）人工接地体，指人为埋入地中的金属构件，按打入的方式不同可分为垂直接地体和水平接地体。垂直接地体一般采用钢管或角钢，垂直打入土中；水平接地体则用扁钢或圆钢平放埋入 0.6 ~0.8m 深地下。

通常情况下，按一定布置和要求，将众多的水平和垂直接地体相互连接（连接导体一般也是水平接地体），并向设备引出接地抽头，构成接地网。

8.4.1.2 接地线

电气设备的接地部分与接地体连接用的金属导体称为接地线。

8.4.2 接地系统的要求

（1）在使用期限内，接地系统的性能和接地电阻应满足电气装置对工作接地、保护接地及冲击接地的要求。

（2）接地设施应具有足够的机械强度或设置附加的机械保护，以能适应外界的影响。为此，接地钢管的厚度应不小于 3.5mm，扁钢不小于 20mm×4 mm，圆钢不小于 ϕ8mm。地中连接一律采用焊接。

（3）接地系统应有防腐蚀措施，以保证在使用期限内保持符合要求的接地电阻值。

（4）接地体要有适当的埋深，以避免机械外伤，也可避免地表土壤层温度的剧烈变化对其影响。在北方宜尽量埋设在冻土层以下。

（5）接地网应遍及需要保护接地的电气设备所在地点，为各设备提供接地引出抽头。在高压配电装置室等户内必要场所，还应设置明敷接地带，为设备的检修和试验提供临时性接地抽头。

(6) 接地网边缘一般应封闭成环，并酌情在场内增设均压带以降低接触电压和跨步电压。

(7) 节省钢材和投资、减少工作量、方便施工，为此可采取以下措施：

1) 充分利用自然接地体。

2) 大面积接地网应以水平接地体为主。

3) 因地制宜不失时机地在基础开挖、土石方工程回填时作深埋接地体。

4) 利用地质钻探孔作深井接地体等以获得事半功倍的效果。

8.4.3　接地系统的分类及特点

(1) 按接地电流的大小，可分为大电流接地网和小电流接地网。二者对接地阻值和均压的要求不同，其工程规模和布置方式相差很大。4Ω 级接地阻值在一般土壤地区是容易达到的，一般充分利用自然接地体即可达到或超过此要求。但 0.5Ω 级接地装置则是一项艰巨的工程，接地网面积大概需要达到 500m×500m。采取措施降低接地电阻值是这种接地装置敷设的主要目标。

(2) 按土壤电阻率分类，可分为优质土壤、低电阻率土壤、中电阻率土壤和高电阻率土壤。通常认为 $\rho \leqslant 100\Omega \cdot m$ 为不可多得的优质土壤，$100<\rho<500\Omega \cdot m$ 为低电阻率土壤，$500 \leqslant \rho<2000\Omega \cdot m$ 为中电阻率土壤，$\rho \geqslant 2000\Omega$ 的为高电阻率土壤。由于 ρ 值差别很大，相应接地网的构造和规模也大不相同。在高电阻率地区，当难以达到正常的接地阻值要求时，考虑到技术经济的合理性，允许按规程适当降低阻值要求。

(3) 按所属电站的不同，可分为水电站接地网、变电站接地网和火电厂接地网等。水电站建筑物的水下部分有大量自然接地体可资利用，还有水域面积可作外引接地网。但有的水电站地处峡谷，土壤覆盖层薄，又远离水库，接地工程十分困难。变电站和火电厂则主要依靠人工接地体，且一般要避免选址在高电阻率地区。

8.4.4　降低接地电阻值的常用措施

在高电阻率地区敷设接地网，降低接地阻值是一个突出的难题，在技术经济合理的限度内应扩大接地工程规模和采取一些降低接地电阻值的措施，同时还可按规程适当放宽接地阻值的要求。工程上常用以下几种措施降低接地电阻。

8.4.4.1　敷设外引接地网

若在附近 1km 以内有电阻率较低的土壤，可设置外引接地网，它与主接地网之间至少要用两根接地干线相连接。外引允许距离受到连接干线本身阻抗值的限制，如有大截面的自然接地体如金属管道、压力钢管、钢轨等作外引连接干线最为理想，但要注意在其接头处作补充的电气连接。经过公路外引线时，埋设深度不应小于0.8m。

外引水下接地网在水电站有普遍意义。凡便于施工、水量丰富、水域宽阔之处，如尾水渠、前池、引水渠、水库、河道等均宜就近加以利用。为了充分发挥水下接地网的作用，应与建筑物中的自然接地体相距10m以上并向外伸展。

8.4.4.2 深埋接地体

如果地下较深处的土壤电阻率较低，可用井式或深埋式接地体的方式，或用钻孔、冲压等技术将垂直接地体深埋至十几米、几十米甚至几百米深处，达到地下水层以下。由于地下水层导电性能的改善和散流截面的扩大，降阻效果非常明显。有时一根深埋接地体即可降到2～1Ω，甚至0.5Ω以下。接地电阻值不仅随埋深下降，主要还取决于地层情况：粘土和矿砂层最好，砂卵石层次之，岩石层最差。深埋接地体较昂贵，最好能利用现成的地质钻探孔。相邻深井间距离宜大于20～30m，以避免屏蔽效应。

8.4.4.3 换土

用电阻率较低的土壤（如粘土、黑土及电石渣、矿渣、氮肥渣、石灰、木炭等与优质天然土壤的混合物等）替换电阻率较高的土壤，具体做法见图8－6和图8－7。

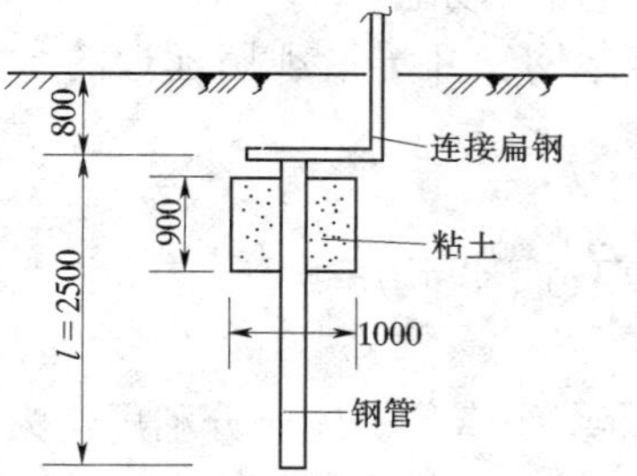

图8－6 在埋设垂直接地体的坑内换土

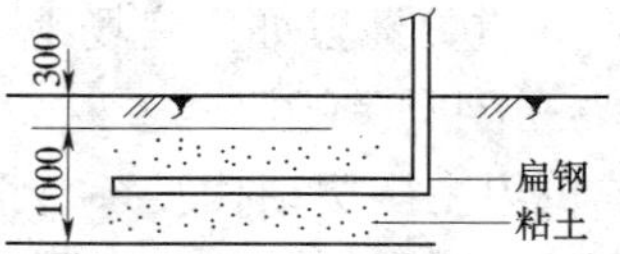

图8－7 在埋设水平接地体的坑内换土

8.4.4.4 利用降阻剂

降阻剂是用来降低高土壤电阻率接地体接地电阻的物质，由多种化学物质配置而成。降阻剂的电阻率一般应在10Ω·m以下。

降阻剂用在小面积的集中接地、小型接地网时，可以明显降低接地体的接地电阻，如在输电线路杆塔的接地装置或小型变电站的接地网中，其降阻效果较为显著。但在大中型变电站的接地网中，由于降阻剂使接地网的有效尺寸扩大的百分比很有限，所以降阻剂的作用不大。

8.4.4.5 敷设水下接地网

充分利用水工建筑物（水塔、水井、水池等）以及其他与水接触的金属部分作为自然接地体，当不能满足要求时，可在就近的水中敷设外引接地装置。

8.4.5 接地网的敷设

下面以水电站的接地网为例，介绍接地网的敷设情况。

8.4.5.1 根据阻值要求和土壤环境确定工程规模和实施方案

在非高电阻率区敷设小电流接地网比较简单，其目标是：①使接地网遍及电气设备所在地点，就近向设备引出接地抽头；②适当顾及均压要求。在满足此两点后，可以指望其阻值已接近或达到4Ω。为此，在水电站的主、副厂房主变场地、开关站等处，分片或联片敷设环形接地网。再参照电气设备的布置，在环内每隔 5 ~ 8m 敷设数行水平接地体，并准确按设备位置引出接地抽头。上述的“环”和“行”应尽量利用片内的自然接地体。最后在各分片之间至少用 2 根截面不小于 40mm×4mm 之扁钢相互连接（连接带本身也是水平接地体），形成一个全站统一的接地接零网。

大电流接地网是在上述基础上采取以下措施以降低接地阻值和进一步实现均压的：

（1）扩大接地网范围，不再囿于上述电气设备所在场地。

（2）增设较远的引外接地网，尤其是水下接地网，并尽量利用远近的水工建筑物的水下自然接地体。

（3）有选择地打设一些垂直接地体。

（4）在重要地段如主变场地、开关站及交通要道增设均压带。

8.4.5.2 主副厂房的接地

立式机组主厂房结构复杂，钢筋、金属管道等交织密集，应充分利用作为自然接地体。水轮机层以下一般为水下部分，其自然接地体对降低阻值颇为有效。基本实施方法是：分别在主厂房底层（包括集水井和集水廊道底板、尾水管底板等）、水轮机层和发电机层三层钢筋中，每隔 3 ~ 5m（考虑均压）或 5 ~ 8 m（不考虑均压）选定一根纵向和横向尾水管直管段和机墩等处，相应地选取垂直主钢筋作为垂直自然接地体，与各层对应之水平自然接地体钢筋相连接，并上引至主厂房顶，形成一个多层的、立体的笼式钢筋接地网，与厂内所有金属管道、设备基础等牢固焊接。

卧式机组主厂房是单层的，且多系砖木结构，使用钢筋少，一般要敷设人工接地体，并与厂房大柱钢筋、尾水锥管、压力水管及机械电气管道相连接。其他要求同上。

8.4.5.3 屋外配电装置的接地

配电装置和主变场地是接地网的中心地段。屋内配电装置接地网常和主副厂房的联成一片；主变场地则依主变位置或与主副厂房、或与屋外配电装置的接地网联成一片。

大面积屋外配电装置场地的接地如图 8－8 所示。它以水平接地体为主，埋深 0.6～0.8m。考虑场内均压的需要，水平接地体行间距离取 3～6m（大接地电流、高 ρ 值和小面积场地时取小值），并就近向设备和构架引出接地抽头。对大电流接地系统，该接地网一般要向外扩展，并将外缘各角作成圆弧形，以缓和接地电位分布。

图 8－8 两断面图显示均压带使地面电位的分布趋于平缓。虽然其接地电压可能超过 2kV，但场地内接触电压和跨步电压不大。

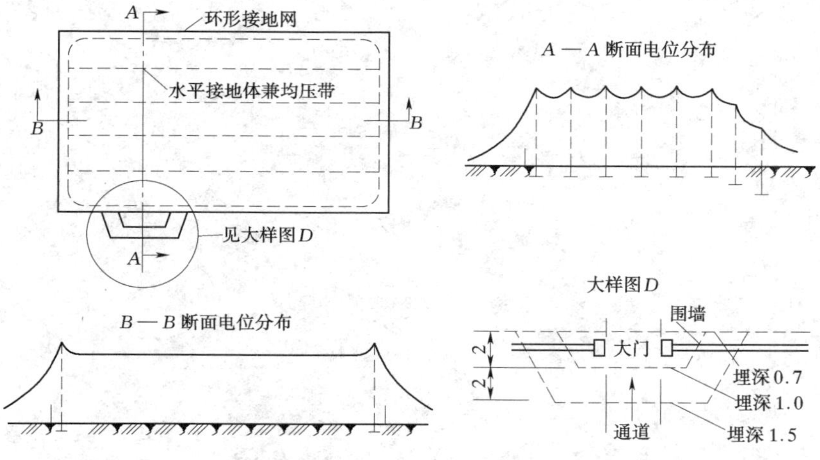

图 8－8　屋外配电装置的环形均压接地网及地面电位分布

由于场地外侧的地面电位分布依然陡峭，为此可做以下处理：

（1）扩展边缘线至偏僻陡坡外。

（2）在边缘附近用高电阻材料（如砾石、卵石、沥青或沥青混凝土等）覆盖。

（3）在交通要道和出入口等外，为了有效地降低边缘跨步电压，可采用“帽檐式均压带”，即在局部地方加设两行埋深依次递增的均压带，详见图 8－8 中的大样图 D。该处地面电位的分布明显变平缓，如 A－A 断面图右端所示。

习 题 与 思 考 题

8－1　有人说：“具有接地阻值为 R_{jd} 的设备外壳发生碰壳带电时，人手触及外壳相当于人体电阻与 R_{jd} 并联。”这种说法对吗？为什么？

8－2　何谓接触电压和跨步电压？如何降低这些电压？

8-3 接地电阻是如何定义的？不同系统的接地电阻值的要求是多少？降低接地电阻值的常用措施有哪些？

8-4 何谓保护接零？在什么情况下应用？保护接零条件有哪些？

8-5 将一部分低压设备的外壳采用接零保护，而另一部分只作接地保护，有何不妥？

8-6 具有 35kV 及以下电压等级的小型水电站的接地网工程有何特点？主要须满足哪些要求？

第9章

电气设备选择

【教学要求】 熟悉电器和载流导体发热及电动力效应的计算；掌握电气设备的一般选择条件和具体设备选择校验的主要内容；掌握主要设备的选择条件、方法和技巧。

9.1 电器和载流导体的发热

当电器和载流体通过电流时，有部分电能以不同的损耗形式转化为热能，使电器和载流体的温度升高，这就是电流的热效应。

这些电能损耗，主要是由于电器和载流体存在着电阻，通过电流时将产生电阻损耗。这部分电阻损耗，可以由焦耳—楞次定律来计算其发热量：

$$Q = I^2 Rt \text{ (J)} \tag{9-1}$$

$$R = K_f R_{dc}$$

式中 I——通过的电流（A）；

t——电流作用的时间（s）；

R——电阻（Ω），如为直流电路，即为直流欧姆电阻 R_{dc}；

K_f——集肤系数，其大小与电流的频率、导体的形状和尺寸有关，在大截面母线中，其影响往往不可忽略，而对于绞线和空心导线，通常都可以认为 $K_f = 1$。

其他的损耗还有：在电器或载流体附近的用磁性材料制成的零配件中，当电器或载流体通过交流电流时产生的磁滞和涡流损耗；用非磁性导电材料制成的零件中，由于交变磁场的作用而产生的涡流损耗；用绝缘材料制成的零件中，由于电场的作用而引起的介质损耗等。在正常情况下，这些损耗在总的能量损耗中占的比例很小，或者可以采取措施予以限制，因此通常可以忽略不计。

电器和载流体过度发热的影响主要有：

（1）机械强度下降。金属材料温度升高时，会使材料退火软化，机械强度降低。例如，铝导体在长期发热时，当温度超过 100 °C，其抗拉强度便急剧降低。

（2）接触电阻增加。导体的接触连接处，如果温度过高，接触连接表面会强烈氧化，使得接触电阻增加，温度便随着增加，因而可能导致接触处松动或烧熔。

（3）绝缘性能降低。有机绝缘材料长期受到高温作用，将逐渐变脆和老化，以致绝缘材料失去弹性和绝缘性能下降，使用寿命大为缩短。

电器和载流体主要有两种发热状况，即正常工作情况下的持续发热和故障情况下的短时发热。这两种发热的过程是大不相同的，因此，对电器和载流导体也就有着不同的影响，在这两种状态下的允许发热也就有着不同的标准。

为了安全运行，必须对电器和载流体在正常工作和故障（短路）情况下的发热进行计算，保证均不超过相应的最高允许温度。

进行热力计算的目的，就是要分析在不同的发热状况下，电器或载流体可能达到的最高温度，并与允许温度相比较，以判定该电器或载流体的热稳定性能。

9.1.1 正常工作情况下持续发热的计算

电器或载流体在未通过电流时，其温度和周围介质温度相同。当通过电流时，由于发热，使温度升高，并因此与周围介质产生温差，热量将逐步散失到周围介质中去。在正常工作情况下，通过的工作电流是持续的，因此，发热的过程也是持续进行的。对某一工作状况而言，在经过一段时间后，该电流所产生的全部热量将随时完全散失到周围介质中去，建立热的平衡，使电器或载流体的温度达到某一稳定值。当工作状况改变时，则热平衡被破坏，温度发生变化；再过一段时间，又能建立新的热平衡，达到另一个稳定温度。显然，在这种正常工作情况下持续发热时产生的热量，将使其温度升高所需的热量及向周围介质散失的热量相平衡。

为了便于讨论，以同一材料制成并且有相同截面的均匀导体（如母线）为例来进行分析。

对于均匀导体，其持续发热的热平衡方程式是：

$$I^2R\mathrm{d}t = mc\mathrm{d}\theta + KA(\theta - \theta_j)\mathrm{d}t \tag{9-2}$$

式中 I——通过导体的电流（A）；

R——已考虑了集肤系数的导体交流电阻（Ω）；

K——散热系数［W/（m^2·°C）］；

A——导体散热表面积（m^2）；

θ——导体温度（°C）；

θ_j——周围介质温度（°C）；

m——导体质量（kg）；

c——导体比热容［W·s/（kg·°C)］。

导体通过正常工作电流时，导体的温度变化范围不大，可以认为电阻 R、比热容 c、散热系数 K 为常数，将式（9－2）积分：

$$\int_0^t \mathrm{d}t = \int_{\theta_0}^{\theta_t} \frac{mc}{I^2R - KA(\theta - \theta_j)}\mathrm{d}\theta$$

求解得：

$$\theta_t - \theta_j = \frac{I^2R}{KA}(1 - e^{-\frac{KA}{mc}t}) + (\theta_0 - \theta_j)e^{-\frac{KA}{mc}t} \tag{9-3}$$

令 $\tau_0=\theta_0-\theta_j$、$\tau_j=\theta_t-\theta_j$，τ_0、τ_t 分别称为导体起始和 $t(s)$ 时的温升。如果发热过程开始时，导体温度等于周围介质的温度，即 $\theta_0=\theta_j$，则 $\tau_0=0$，式（9－3）可以简化为：

$$\tau_t = \frac{I^2R}{KA}(1 - e^{-\frac{KA}{mc}t}) \tag{9-4}$$

当 $t\to\infty$ 时，导体的温升称为导体的稳定温升，即：

$$\tau_w = \frac{I^2R}{KA} \tag{9-5}$$

由此可见，在工作电流作用下，当导体因流过电流而消耗的电功率（I^2R），与散发到周围介质中的热功率（$KA\tau_w$）相等时，导体的温度即不再增加，因而达到稳定温升 τ_w。

式（9－4）中，$\frac{mc}{KA}$对一定的导体而言是一个常数，其单位是 s，称为发热时间常数 T，即：

$$T = \frac{mc}{KA} \quad (s) \tag{9-6}$$

发热时间常数仅与导体的材料和几何尺寸有关，其物理意义可以认为是导体的热容量与散热能力之比。

由此，式（9－4）可以改写为：

$$\tau_t = \tau_w(1 - e^{-\frac{t}{T}}) \tag{9-7}$$

该式为均匀导体持续发热时温升与时间的关系式，其曲线如图 9－1。

分析式（9－7）和图 9－1，可见：

(1) 温升 τ 起始阶段上升很快，随着时间的延长，其上升速度逐渐减小。这是

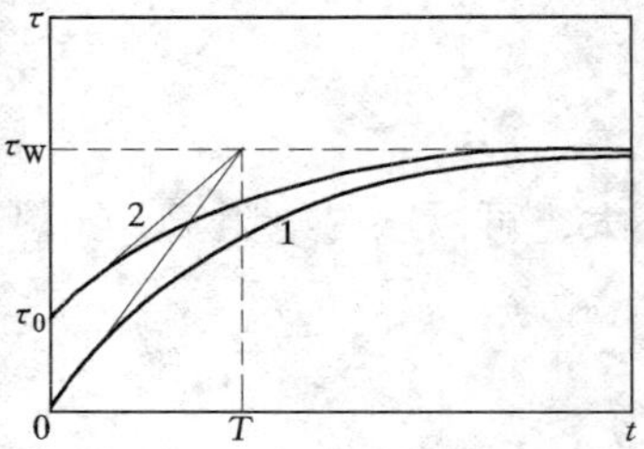

图 9-1　均匀导体持续发热时温升与时间关系曲线

1—起始温升为0°C；
2—起始温升为 τ_0

因为起始阶段温度较低，散热量也较少，发热量主要用来使导体温度升高，所以温度上升速度很快。在导体的温度升高后，也就使导体对周围介质的温差加大，散热量就逐渐增加，因此，导体温度升高的速度也就减慢，最后达到稳定值。

（2）对于某一导体，当通过不同的电流时，由于发热量不同，稳定温升也就不同。电流大时，稳定温升高；电流小时，稳定温升低。

（3）达到稳定温升的时间，从理论上讲应该是无限大，而实际上，当 $t=(3\sim4)T$ 时，温升即达到稳定值的（95～98.2)%。所以，当 $t>(3\sim4)T$ 时，其温升值即可按稳定温升 τ_w 计算。

散热系数 K 包括所有的散热形式，即传导、辐射和对流。置于液体介质中或由液体内冷的导体，其主要散热形式是传导；置于空气中的导体，在室外或强制通风时，由于风速较大，则主要是对流散热；置于室内空气中的导体，辐射和对流是它的两种主要散热形式。

由于油漆的辐射系数较大，所以规定室内硬母线必须涂漆，以加强散热，同时也便于分辨相别。绝缘导体和电缆，则由于增加了绝缘层，散热条件较差，与裸导体比较，相同截面时，其允许载流量要小得多。

导体的稳定温升与导体的散热表面积成反比，所以应该用周边最大的截面形式来取得最好的散热效果。圆形截面的周边最短，因此其散热表面积最小，故只用于由于结构、工艺上的原因而不得不使用的情况下，或者主要靠对流散热的某些装置中，如绝缘线、断路器活动触头和室外配电装置中的母线以及架空线路用的绞线等。硬母线则通常采用周边较大的矩形截面，尤其是当厚度减小时，散热表面积则相应增大，散热效果就更好，但由于机械强度等原因，也不宜采用过薄的片形母线。

根据导体持续发热的条件，当导体的稳定温升 τ_w 小于或等于导体持续发热时的允许温升 τ_{xu} 时，可以认为是热稳定的。根据式（9-5），令 $\tau_w=\tau_{xu}$，可以求出该导体正常运行情况下最大允许电流 I_{xu}，即：

$$I_{xu}=\sqrt{\frac{KA\tau_{xu}}{R}} \tag{9-8}$$

铜、铝及钢裸母线持续发热允许温度规定为70°C。

对于电器设备，则根据设计或试验结果，规定其最大允许工作电流（额定电流），以保证电器设备在持续发热条件下不超过最大允许温升。

9.1.2 故障情况下短时发热的计算

故障情况下的短时发热，主要是在系统发生短路故障时。这时通过电器和载流体的短路电流，其数值比正常工作电流大很多倍。但由于保护装置的作用，可以迅速切除故障，故短路电流流过的时间很短，一般为零点几秒到几秒。这是一种短时发热的状况。由于短路发热过程很短，因此，向外界散热很少，可以认为其热量全部用来升高导体自身的温度，即认为是一个绝热过程。

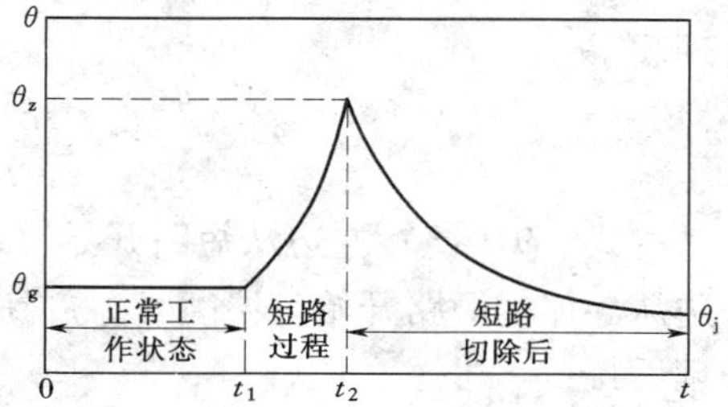

图 9-2 短路前后导体温度的变化

导体在短路前后温度的变化，如图9-2所示。在时间 t_1 以前，导体处于正常工作状况，θ_g 就是导体正常工作时（短路前）的温度。在时间 t_1 时发生短路，导体温度急剧升高，θ_z 是短路后导体的最高温度。到时间 t_2 时短路被切除，导体温度逐渐下降，最后接近于周围介质的温度 θ_j。

对于均匀导体，短时发热的热平衡方程式是：

$$i_d^2 K_f R_\theta \mathrm{d}t = mc_\theta \mathrm{d}\theta \tag{9-9}$$

式中 i_d——短路电流的瞬时值。

短路时，由于导体温度的变化范围很大，这时，其电阻 R_θ 和比热容 c_θ 都不是常数。其随温度而变化的关系式是：

$$R_\theta = \rho_0(1 + \alpha\theta)\frac{l}{S}\ (\Omega) \tag{9-10}$$

$$C_\theta = C_0(1 + \beta\theta)\ [\mathrm{W \cdot s/(kg \cdot {}^\circ C)}] \tag{9-11}$$

式中 ρ_0——温度为0 °C时导体电阻率（Ω）；

C_0——温度为0 °C时导体比热容［W·s/（kg·°C）］；

α——导体电阻温度系数（1/°C）；

β——导体比热容温度系数（1/°C）；

l——导体长度（m）；

S——导体截面（m^2）。

将式（9-10）、式（9-11）代入式（9-9），得：

$$i_d^2 K_f \rho_0(1 + \alpha\theta)\frac{l}{S}\mathrm{d}t = mc_0(1 + \beta\theta)\mathrm{d}\theta \tag{9-12}$$

又因为导体的质量：

$$m = lS\rho_m(\text{kg})$$

式中 ρ_m——导体材料密度（kg/m^3）。

所以，式（9－12）可以写为：

$$i_d^2 K_f \rho_0 (1+\alpha\theta) \frac{l}{S} dt = lSc_0\rho_m(1+\beta\theta)d\theta$$

整理后得：

$$i_d^2 dt = \frac{S^2 c_0 \rho_m (1+\beta\theta)}{K_f \rho_0 (1+\alpha\theta)} d\theta \tag{9-13}$$

将式（9－13）左边从短路开始（$t=0$）到短路切除时（t）积分，式（9－13）右边从导体的短路开始时温度（θ_0）到通过短路电流发热后的最高温度（θ_z）积分，整理后得：

$$\int_0^t i_d^2 dt = \frac{S^2 c_0 \rho_m}{K_f \rho_0} \int_{\theta_0}^{\theta_z} \frac{1+\beta\theta}{1+\alpha\theta} d\theta \tag{9-14}$$

式（9－14）左边是短路电流作用 t 内的热效应 $Q_{dt} = \int_0^t i_d^2 dt$。

因为 $$i_d = \sqrt{2} I_{zt} \cos t - i_{fz0} e^{\frac{t}{T_{fi}}}$$

所以 $$Q_{dt} = \int_0^t i_d^2 dt = \int_0^t (\sqrt{2} I_{zt} \cos t - i_{fz0} e^{-\frac{t}{T_{fi}}})^2 dt \tag{9-15}$$

考虑到故障切除时间 t 都是按周波数的整倍数（$2n\pi$）计，所以 $\int_0^t \cos t dt = 0$，且 $i_{fz0} = I''_{zm} = \sqrt{2} I''_z$，代入式（9－15），积分并整理得：

$$Q_{dt} = \int_0^t I_{zt}^2 dt + T_{fi}(I''_z)^2 (1 - e^{-\frac{2t}{T_{fi}}})$$

当 $t/T_{ft}>2.5$ 时，$T_{fi}(I''_z)^2 e^{-\frac{2t}{T_{fi}}}$ 可忽略不计，这时：

$$Q_{dt} = \int_0^t I_{zt}^2 dt + T_{fi}(I''_z)^2 = Q_{zt} + Q_{fzt} \tag{9-16}$$

式中 Q_{zt}——短路电流周期分量在 t 内的热效应；

Q_{fzt}——短路电流非周期分量在 t 内的热效应。

短路电流周期分量在 t 内的热效应 Q_{zt}，可以用发热等值时间法或求近似数值积分的方法求得。

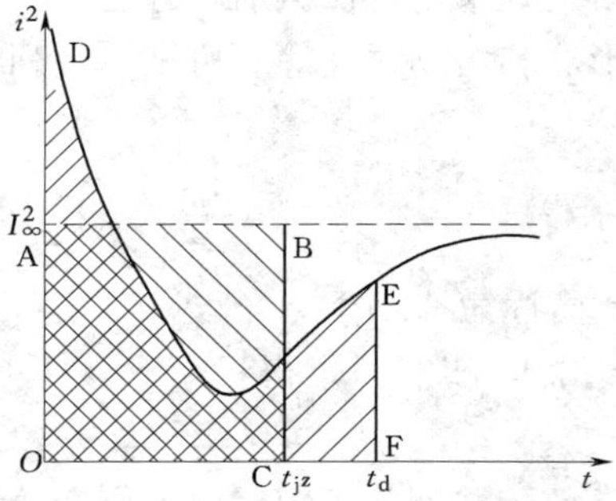

图 9-3 等值时间 t_{jz} 的意义

发热等值时间法，是令：

$$Q_{zt}=\int_0^t I_{zt}^2 \mathrm{d}t = I_\infty^2 t_{jz} \quad (9-17)$$

其物理意义是短路电流周期分量 I_{zt} 在短路电流作用时间 t 内的热效应，与稳态短路电流 I_∞ 在短路电流周期分量发热等值时间（假想时间）t_{jz} 的热效应相同，即将图9-3中曲边梯形DEFO的面积计算改为矩形ABCO的面积计算。这一简化的关键在于等效（假想）时间 t_{jz} 的确定。显然，t_{jz} 与实际短路持续时间 t_d 有关并依赖于实际短路电流 i_d 的变化规律，它与电机参数、励磁调节器的动作特性有关，可以针对典型的参数与特性作出在工程上有实用性的等效计算。

由式（9-17）得：

$$t_{jz}=\frac{1}{I_\infty^2}\int_0^t I_{zt}^2 \mathrm{d}t=\int_0^t\left(\frac{I_{zt}}{I_\infty}\right)^2 \mathrm{d}t \quad (9-18)$$

令 $\beta''=\dfrac{I_{zt}}{I_\infty}$，则式（9-18）为：

$$t_{jz}=\int_0^t (\beta'')^2 \mathrm{d}t \quad (9-19)$$

由此可见，$t_{jz}=f(\beta'', t)$，按照具有自动电压调节器的发电机组的平均运算曲线，可以绘出 $t_{jz}=f(\beta'', t)$ 曲线族，见图9-4。

当已知 β''、t 时，即可由曲线查得 t_{jz}。曲线只绘至 $t=5$s。当 $t>5$s 时可以认为在5s以后的时间内，短路电流维持在 I_∞ 不再变化，故 $t>5$s 时的发热等值时间：

$$t_{jz}=t_{jz(5'')}+(t-5) \quad (9-20)$$

系统为无限大电源时，短路电流的周期分量不衰减，所以其发热等值时间

$$t_{jz}=t \quad (9-21)$$

由于图9-3是根据50MW以下的发电机短路电流周期分量平均运算曲线作出的，

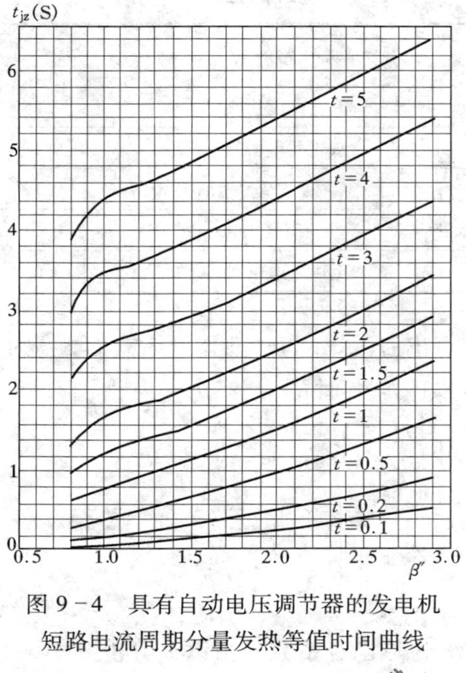

图 9-4 具有自动电压调节器的发电机短路电流周期分量发热等值时间曲线

应用于更大容量的发电机，势必产生较大误差。这时最好采用近似数值积分法。

求近似数值积分的方法有分段矩形法、分段梯形法和抛物线法等。可推出下列近似公式：

$$Q_{zt}=\frac{t}{12}(I''^2_z+10I^2_{z(t/2)}+I^2_{zt}) \qquad (9-22)$$

由于式（9－22）中系数依次为1、10、1，故亦简称为1－10－1公式。

短路电流非周期分量在t（s）内的热效应Q_{fzt}，由式（9－16）得：

$$Q_{fzt}=T_{ft}I''^2_z \qquad (9-23)$$

严格地说，短路电流非周期分量热效应的时间常数，并不等于短路电流周期分量的时间常数，而且由于短路电流通过不同的支路，其时间常数$T_{fi}=\frac{x}{314R}$亦不同，故也不应用同一时间常数计算。但在实用计算中，本着计算结果偏于安全的原则，为简化计算，可以取各支路中最大的T_{fi}作为短路计算用等效时间常数。如在发电机端发生短路，就可以取发电机端短路时的T_{fi}作为计算用等效时间常数。根据我国电力系统元件的参数，表9－1列出了不同短路点的等效时间常数推荐值。

表9－1 不同短路点等效时间常数T_{fi}的推荐值

短路点		T_{fi}（s）
汽轮发电机端		0.25
水轮发电机端		0.19
高压侧母线	主变容量大于100MVA	0.13
	主变容量为40～100MVA	0.11
远离发电厂处		0.05

式（9－14）的右边经整理得：

$$Q_{dt}=\frac{S^2}{K_f}(A_z-A_0) \qquad (9-24)$$

所以

$$A_z=\frac{K_f}{S^2}Q_{dt}+A_0 \qquad (9-25)$$

A只与导体的材料和温度θ有关。对于不同的导体材料（如铜、铝），都可以作出$\theta=f(A)$曲线，如图9－5所示。根据导体材料和短路开始时的温度θ_0，可以从曲线上求出A_0。当短路电流及持续时间确定后，可算出Q_{dt}，如同时已知导体截面S，则可按式（9－25）求出A_z，并由曲线反推出短路过程结束时的温度θ_z。当该温度不大于该导体材料短时发热的最高允许温度θ_{xud}，即：

$$\theta_z\leqslant\theta_{xud} \qquad (9-26)$$

则认为该导体在此短路条件下热稳定满足要求。

在实用计算中，令：

$$C=\sqrt{A_z-A_0}$$

C称为热稳定系数。由以上分析可知，对于任何一种导体材料规定的该材料短时发热

的最高允许温度 θ_{xud} 和短路开始时的导体温度（通常取正常工作时，导体允许的最高温度 70 °C），热稳定系数是确定的，可以从表 9－2 中查出。这时，式（9－24）即成为：

$$Q_{dt} = \frac{C^2 S^2}{K_f} \qquad (9-27)$$

所以，导体满足短路时热稳定条件的最小截面：

$$S_{min} = \frac{1}{C}\sqrt{K_f Q_{dt}} \quad (mm^2) \quad (9-28)$$

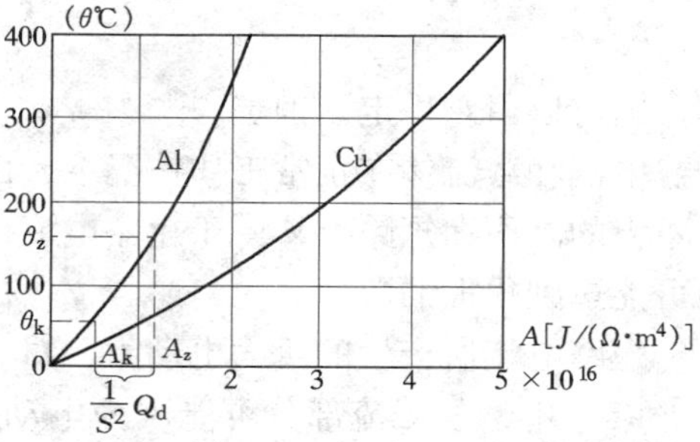

图 9－5　θ=f（A）的曲线

对于电器短路时的热稳定，是指电器在短路电流作用下的最高温度不超过电器在短时发热条件下的允许最高温度，亦即电器在短路作用时间 t 内，短路电流的热效应 Q_{dt}，应不大于电器通过短路电流时的允许热效应 $Q_{xu \cdot d}$，即：

$$Q_{dt} \leqslant Q_{xu \cdot d} \qquad (9-29)$$

如果电器制造厂在设备技术数据中提供了电器在 t 内允许的热稳定电流 I_t，则电器的短时热稳定条件是：

$$Q_{dt} \leqslant I_t^2 t \qquad (9-30)$$

表 9－2　硬裸导线短路发热计算时的热稳定系数 C 值（短路前导体温度 70 °C）

导 体 材 料		短路时最高允许温度（°C）	C 值
铜		300	171
铝		200	87
钢	不直接与设备连接	400	67
	直接与设备连接	300	60

9.2　电器和载流导体的电动力效应

载流导体之间将产生电动力的相互作用，这就是载流导体的电动力效应。

载流导体间的作用力大小，可以用比奥—沙瓦定律计算，即作用于长度为 l，通过电流为 i，并位于磁感应强度为 B，与该磁场的磁力线方向成 φ 角的载流导体上的电动力：

$$F = \int_0^l B\sin\varphi \mathrm{d}l \qquad (9-31)$$

其方向可以由左手定则确定。

电器和载流体在正常工作情况下，由于流过的电流相对较小，所以其间的作用力是不大的。而在短路时，由于短路电流比正常工作电流大很多倍，所以，其间的作用力可能达到很大的数值。

短路电流所产生的巨大电动力，对于电器或配电装置具有很大的危害性。如：

（1）电器的载流部分可能因为电动力而振动，或者因电动力所产生的应力大于其材料允许应力而变形，甚至使绝缘部件或载流部件损坏。

（2）电气设备的电磁绕组，受到巨大的电动力作用，可能使绕组变形或损坏。

要使电气装置安全可靠地工作，必须能承受短路时电动力的作用，而不致扩大事故或造成设备的永久性损坏，这就要求对电器和载流体进行短路时电动力稳定性的校验。

以下讨论比较简单的平行导体之间的电动力。

9.2.1 两根平行导体之间的电动力

如图9-6所示，当两根平行导体的电流方向相反时，两根导体之间将产生斥力；而当电流方向相同时，则产生吸力。

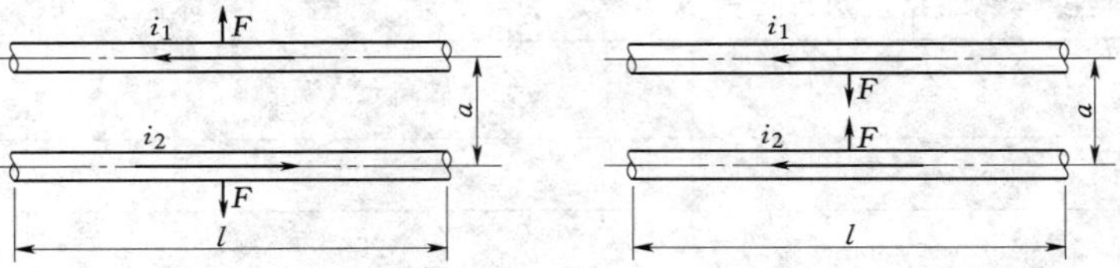

(a) (b)

图9-6 两根平行载流体间的作用力

（a）电流方向相反；（b）电流方向相同

当导体的几何尺寸比导体间的距离小得多时，可以认为电流集中在各自的几何轴上流过。如果两导体无限长，则一导体（流过电流 i_1）在另一导体（流过电流 i_2）处产生的磁感应强度：

$$B_1 = \mu_0 H_1 = \mu_0 \frac{i_1}{2\pi a} = \frac{i_1}{a} \times 2 \times 10^{-7}(\mathrm{T})$$

因为 B_1 的方向与流过电流 i_2 的导体垂直，故 $\varphi = 90°$，$\sin\varphi = 1$。

以上均代入式（9－31），整理得：

$$F = \int_0^l i_2 B_1 \sin\varphi \mathrm{d}l = i_2 B_1 l = 2 i_1 i_2 \frac{l}{a} \times 10^{-7}(\mathrm{N}) \tag{9-32}$$

式中 i_1、i_2——通过两平行导体的电流（A）；

l——该段导体的长度（m）；

a——两根导体轴线间的距离（m）。

在计算两平行母线之间的电动力时，其长度通常可按该母线相邻两个支柱绝缘子之间的距离（挡距）来计算，求得的电动力为该段母线上均匀分布的总作用力。

在实用中，有时两根平行导体间的间距，并不比导体的几何尺寸大很多，如一相由数根矩形硬母线组成的母线排。这时，按上式计算将产生很大的误差。在工程设计中，可以用形状系数 K 来修正，式（9－32）可改写为：

$$F = 2K i_1 i_2 \frac{l}{a} \times 10^{-7}(\mathrm{N}) \tag{9-33}$$

对于截面不很大的圆形截面，$K=1$；矩形截面的形状系数，可查图9－7。

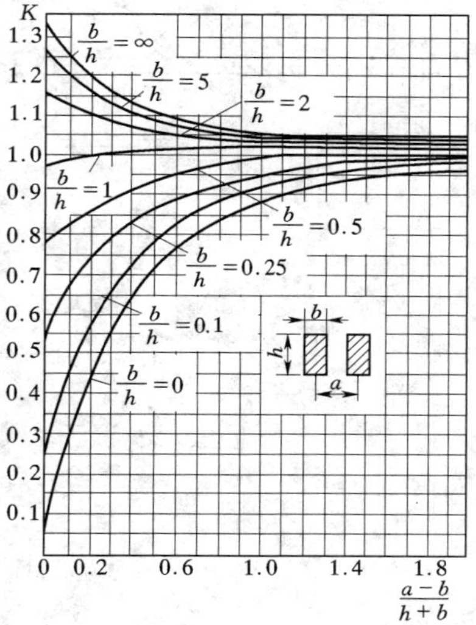

图9－7 决定矩形截面母线形状系数的曲线

9.2.2 三相系统中导体间的电动力

在三相系统中，作用于每相导体上的电动力，由该导体中的电流和其他两相导体中电流所产生的相互作用力来决定。在对称三相系统中，两边相导体所受电动力的大小相等，而中间相则不同。图9－8表示三相水平布置的母线在图示电流方向时受力的情形。

经计算，三相系统中中间相受力最大。

由于电动力最大瞬时值直接决定于短路冲击电流 i_{ch}，对于无限大容量系统：

$$i_{ch} = 1.8\sqrt{2} I'' = 1.8 I_{zm}(\mathrm{kA})$$

代入式（9－33），可求得三相系统三相短路时电动力的最大瞬时值：

$$F_{max} = 5.72 \frac{l}{a} \left(\frac{i_{ch}}{1.8} \times 10^3 \right)^2 \times 10^{-7} = 0.176 \frac{l}{a} i_{ch}^2 (\mathrm{N}) \tag{9-34}$$

可以以此作为校验母线电动力稳定的依据。

短路电动力将引起母线振动，严重时可能引起共振，使母线系统遭到破坏。为了避免危险的共振，应使母线短路作用力的振动频率尽量避开母线本身固有振动频率的范围，否则就要计入振动系数。

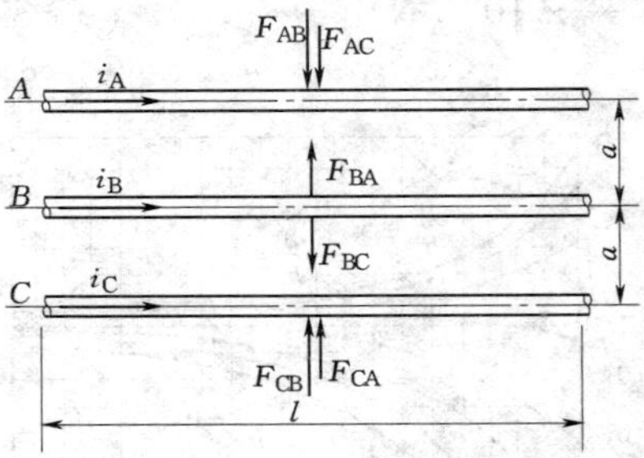

图 9-8　水平布置的三相硬母线的相互作用力

所以，水平放置在同一平面内的三相交流系统的母线，其最大作用力是：

$$F_{max} = 0.176\frac{l}{a}i_{ch}^2\beta\ (\mathrm{N}) \qquad (9-35)$$

式中　β——母线系统的振动系数。

装在支柱绝缘子上的硬母线，是不允许硬性固定在每个绝缘子上的。而且，对于较长的母线，在适当部位还必须设置挠性伸缩节，使母线在温度变化时，可以在一定范围内自由伸缩。因此，在进行母线机械强度计算时，可以认为母线是一端固定、受均匀荷载的多跨距连续梁。在这种情况下，作用于母线上的最大弯矩

$$M_{max} = \frac{F_{max}l_{ju}}{10}\ (\mathrm{N \cdot m}) \qquad (9-36)$$

式中　l_{ju}——相邻两个支柱绝缘子间的跨距（m）。

其最大计算应力：

$$\sigma_{max} = \frac{M_{max}}{W} = 1.76\frac{l_{ju}^2}{aW}i_{ch}^2\beta \times 10^{-2}(\mathrm{Pa}) \qquad (9-37)$$

式中　W——母线的截面系数（m^3），其值与母线的截面形状及布置形式有关，可查有关手册。

若母线最大计算应力 σ_{max} 不大于母线材料的允许应力 σ_{xu}，即：

$$\sigma_{max} \leqslant \sigma_{xu} \qquad (9-38)$$

则可以认为短路时，母线在电动力作用下是稳定的。

母线所用各种材料的允许应力，见表9-3。

表 9-3　各种材料最大允许应力

硬母线材料	最大允许应力 σ_{xu}	
	Pa	kgf/cm³
铜	1372×10^5	1400
铝	686×10^5	700
钢	1568×10^5	1600

对于电器设备，制造厂提供了满足电动力稳定条件的电流峰值（i_{gf}），要求保证：

$$i_{ch} \leqslant i_{gf} \qquad (9-39)$$

9.3 电气设备选择的一般条件

正确地选择设备是使电气主接线和配电装置达到安全、经济运行的重要条件。在进行设备选择时，应根据工程实际情况，在保证安全、可靠的前提下，积极而稳妥地采用新技术，并注意节约投资，选择合适的电气设备。

尽管电力系统中各种电气设备的作用和工作条件并不一样，具体选择方法也不完全相同，但对它们的基本要求却是相同的。电气设备要能可靠地工作，必须按正常工作条件进行选择，并按短路状态来校验其热稳定和动稳定。

9.3.1 按正常工作条件选择导体和电器

9.3.1.1 额定电压和最高工作电压

导体和电器所在电网的运行电压因调压或负荷的变化，常高于电网的额定电压 U_{ew}，故所选电器和电缆允许最高工作电压 U_{ymax} 不得低于所接电网的最高运行电压 U_{gmax}，即：

$$U_{ymax} \geqslant U_{gmax} \tag{9-40}$$

一般电缆和电器允许的最高工作电压：当额定电压在 220kV 及以下时为 $1.15U_e$；额定电压为 330～500kV 时为 $1.1U_e$。而实际电网运行的 U_{gmax} 一般不超过 $1.1U_e$，因此在选择设备时，一般可按照电器和电缆的额定电压 U_e，不低于装置地点电网额定电压 U_{ew} 的条件选择，即：

$$U_e \geqslant U_{ew} \tag{9-41}$$

9.3.1.2 额定电流

导体和电器的额定电流是指在额定周围环境温度 θ_0 下，导体和电器的长期允许电流 I_y（或额定电流 I_e）应不小于该回路的最大持续工作电流 I_{gmax}，即：

$$I_{gmax} \leqslant I_y(\text{或 } I_e) \tag{9-42}$$

由于发电机、调相机和变压器在电压降低 5% 时，出力保持不变，故其相应回路的 $I_{gmax}=1.05I_e$（I_e 为电机的额定电流）；母联断路器回路一般可取母线上最大一台发电机或变压器的 I_{gmax}；母线分段电抗器的 I_{gmax} 应为母线上最大一台发电机跳闸时，保证该段母线负荷所需的电流；出线回路的 I_{gmax} 除考虑线路正常负荷电流（包括线路损耗）外，还应考虑事故时由其他回路转移过来的负荷。

此外，还应按电器的装置地点、使用条件、检修和运行等要求，对导体和电器进行种类（屋内或屋外）和型式的选择。

9.3.1.3 按当地环境条件校核

在选择电器时，还应考虑电器安装地点的环境条件，当气温、风速、湿度、污秽等级、海拔高度、地震强度和覆冰厚度等环境条件超过一般电器使用条件时，应向制造部门提出要求或采取相应的措施。例如，当地区海拔高度超过制造部门规定之值时，由于大气压力、空气密度和湿度相应减少，使空气间隙和外绝缘的放电特性下降，一般当海拔在1000～3500m范围内，若海拔比厂家规定值每升高100m，则最大工作电压要下降1%。当最高工作电压不能满足要求时，应采用高原型电气设备，或采用外绝缘提高一级的产品。对于110kV以下电气设备，由于外绝缘裕度较大，可在海拔2000m以下使用。

当周围环境温度θ和导体（或电器）额定环境温度θ_0不等时，其长期允许电流I_y可按式（9－43）修正：

$$I_{y\theta} = I_y\sqrt{\frac{\theta_y - \theta}{\theta_y - \theta_0}} = KI_y \tag{9-43}$$

式中 K——修正系数；

θ_y——导体或电气设备正常发热允许最高温度，当导体用螺栓连接时，$\theta_y = 70°C$。

我国目前生产的电气设备的额定环境温度$\theta_0 = 40°C$。如周围环境高于40 °C（但不大于60 °C）时，其允许电流一般可按每增高1 °C，额定电流减少1.8%进行修正；当环境温度低于40 °C时，环境温度每降低1 °C，额定电流可增加0.5%，但其最大负荷不得超过额定电流的20%。

我国生产的裸导体的额定环境温度θ_0为25 °C，当装置地点环境温度在－5～50 °C范围内变化时，导体允许通过的电流可按式（9－43）修正。此外，当海拔高度上升时，日照强度相应增加，故屋外载流导体如计及日照影响时，应按海拔和温度综合修正系数对载流量进行修正。

9.3.2 按短路情况校验

9.3.2.1 短路热稳定校验

短路电流通过时，导体和电器各部件温度（或发热效应）应不超过允许值，即满足热稳定的条件为：

$$Q_d \leqslant Q_r \tag{9-44}$$

或

$$I_\infty^2 t_{jz} \leqslant I_r^2 t \tag{9-45}$$

式中 Q_d——短路电流产生的热效应；

Q_r——短路时导体和电气设备允许的热效应；

I_r——时间 t 内允许通过的短时热稳定电流（或短时耐受电流）。

9.3.2.2 电动力稳定校验

电动力稳定是导体和电器承受短路电流机械效应的能力，亦称动稳定。满足动稳定的条件是：

$$i_{ch} \leqslant i_{dw} \tag{9-46}$$

或

$$I_{ch} \leqslant I_{dw} \tag{9-47}$$

式中 i_{ch}、I_{ch}——短路冲击电流幅值及其有效值；

i_{dw}、I_{dw}——允许通过稳定电流的幅值和有效值。

下列几种情况可不校验热稳定或动稳定：

（1）用熔断器保护的电器，其热稳定由熔断时间保证，故可不验算热稳定。

（2）采用有限流电阻的熔断器保护的设备可不校验动稳定；电缆因有足够的强度，亦可不校动稳定。

（3）装设在电压互感器回路中的裸导体和电器可不验算动、热稳定。

9.3.2.3 短路电流计算条件

为使所选导体和电器具有足够的可靠性、经济性和合理性，并在一定时期内适应系统发展需要，作验算用的短路电流应按下列条件确定。

（1）容量和接线。按本工程（施工期长的大型水电厂）设计最终容量计算，并考虑电力系统远景发展规划（一般为本期工程建成后 5～10 年）；其接线应采用可能发生最大短路电流的正常接线方式，但不考虑在切换过程中可能并列运行的接线方式（例如切换自用变压器并列）。

（2）短路种类。一般按三相短路验算，若其他种类短路较三相短路严重时，则应按最严重情况验算。

（3）计算短路点。选择通过导体和电器的短路电流是最大的那些点为短路计算点。

现以图 9－9 为例，将短路计算点的选择方法说明如下：

（1）发电机、变压器回路的断路器。应比较断路器前或后短路时通过断路器的

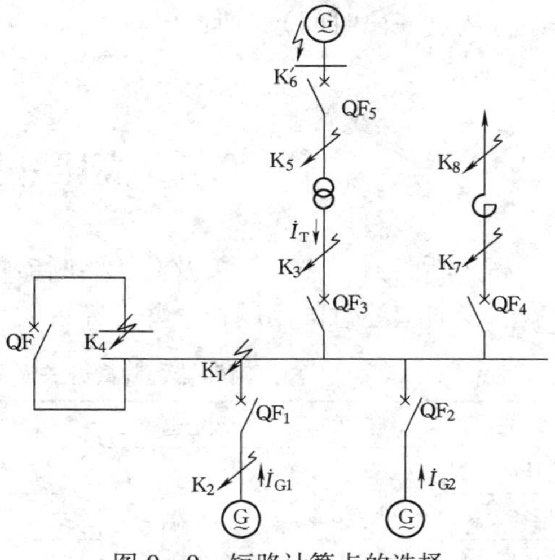

图 9－9 短路计算点的选择

电流值，择其较大者为短路计算点。例如，选择发电机断路器 QF_1，当 K_1 点短路时，流过 QF_1 的电流为 I_{G1}；当 K_2 点短路时，流过的电流为 $I_{G2}+I_T$，若两台发电机容量相等，则 $I_{G2}+I_T>I_{G1}$，故应选 K_2 点为 QF_1 的短路计算点。

（2）母联断路器。应考虑当母联断路器向备用母线充电时，备用母线故障，即 K_4 点短路，此时，全部短路电流 $I_{G1}+I_{G2}+I_T$ 流过母联断路器 QF 及汇流母线。

（3）带电抗器的出线回路。在母线和母线隔离开关隔板前的母线引线及套管应按电抗器前 K_7 点短路选择。由于干式电抗器工作可靠性较高，且电器间的连线都很短，故障几率小，故隔板后的导体和电器一般可按电抗器后即 K_8 点为计算短路点，这样出线可选用轻型断路器，节约投资。

9.3.2.4 短路计算时间

校验短路热稳定和开断电流时，还必须合理地确定短路计算时间。验算热稳定的短路计算时间 t_r 为继电保护动作时间 t_b 和相应断路器的全开断时间 t_{kd}之和，即：

$$t_r = t_b + t_{kd} \tag{9-48}$$

式中 t_{kd}——断路器全开断时间，为固有分闸时间与燃弧时间之和。

当验算裸导体及 110kV 以下电缆短路热稳定时，一般采用主保护动作时间。如主保护有死区时，则应采用能保护该死区的后备保护动作时间，并采用相应处的短路电流值。如验算电器和 110kV 及以上充油电缆的热稳定时，为了可靠，一般采用后备保护动作时间。

开断电器应能在最严重的情况下开断短路电流，故电器的开断计算时间 t_k 应为主保护时间 t_b 和断路器固有分闸时间 t_{gf}之和（固有分闸时间 t_{gf}为接到分闸信号到触头刚分离这一段时间），即：

$$t_k = t_b + t_{gf} \tag{9-49}$$

9.4 高压开关电器的选择

高压断路器、隔离开关及高压熔断器可按照表 9－4 各项进行选择和校验。以下仅就选择时应注意的问题作一些补充说明。

表 9－4 高压断路器、隔离开关及高压熔断器的选择校验项目

项目	额定电压	额定电流	开断电流	短路关合电流	热稳定	动稳定
高压断路器	$U_e \geqslant U_{ew}$	$I_e \geqslant I_{gmax}$	$I_{ekd} \geqslant I_z$	$i_{eg} \geqslant i_{ch}$	$I_r \geqslant I_\infty \sqrt{\frac{t_{dz}}{t}}$	$i_{dw} \geqslant i_{ch}$
隔离刀关			—	—		
高压熔断器			$I_{ekd} \geqslant I_{ch}$	—	—	—

9.4.1 高压断路器选择

9.4.1.1 断路器种类和型式的选择

高压断路器应根据断路器安装地点、环境和使用技术条件等要求选择其种类和型式。目前，广泛采用真空断路器和 SF_6 断路器。

9.4.1.2 按开断电流选择

高压断路器的额定开断电流应满足：

$$I_{ekd} \geqslant I_z (\mathrm{kA}) \tag{9-50}$$

式中 I_z——高压断路器触头实际开断瞬间的短路电流周期分量有效值。

当断路器的额定开断电流较系统的短路电流大很多时，为了简化计算，也可用次暂态电流 I''_z 进行选择，即 $I_{ekd} \geqslant I''_z$。

如第 9.3 节中所述，校验短路应按照最严重的短路类别进行计算，但由于断路器开断单相短路的能力比开断三相短路大 15% 以上，因此只有单相短路比三相短路电流大 15% 以上才作为短路计算条件。

一般中、慢速断路器，由于开断时间较长（>0.1s），短路电流非周期分量衰减较多，能满足国家标准规定的、非周期分量不超过周期分量幅值 20% 的要求，故可用式（9－49）计算。对于使用快速保护和高速断路器者，其开断时间小于 0.1s，当在电源附近短路时，短路电流的非周期分量可能超过周期分量的 20%，因此其开断短路电流应计及非周期分量的影响。短路全电流应按下式计算：

$$I_d = \sqrt{I_z^2 + (\sqrt{2} I''_z e^{-\frac{\omega t_K}{T_a}})^2} \ (\mathrm{kA}) \tag{9-51}$$

$$T_a = \frac{x_\Sigma}{r_\Sigma}$$

式中 I_z——开断瞬间短路电流周期分量有效值，当开断时间小于 0.1s 时，$I_z \approx I''_z$；

t_K——开断计算时间（s）；

T_a——非周期分量衰减时间常数（rad）；

x_Σ——电源至短路点等效总电抗（令 $r=0$）；

r_Σ——电源至短路点等效总电阻（令 $x=0$）。

如计算结果非周期分量超过周期分量 20% 以上时，订货时应向制造部门提出补充要求。

装有自动重合闸装置的断路器，当操作循环符合厂家规定时，其额定开断电流不变。

9.4.1.3 短路关合电流的选择

在断路器合闸之前，若线路上已存在短路故障，则在断路器合闸过程中，触头间在未接触时即有巨大的短路电流通过（预击穿），更易发生触头熔焊和遭受电动力的损坏。且断路器在关合短路电流时，不可避免地在接通后又自动跳闸，此时要求能切断短路电流，因此额定关合电流是断路器的重要参数之一。为了保证断路器在关合短路时的安全，断路器的额定关合电流 i_{eg} 不应小于短路电流最大冲击值 i_{ch}，即：

$$i_{eg} \geqslant i_{ch} \tag{9-52}$$

一般断路器额定关合电流不会大于额定动稳定电流 i_{dw}，因此，如 $i_{gh} \geqslant i_{ch}$，则 $i_{dw} \geqslant i_{ch}$。

高压断路器的操动机构，大多数是由制造厂配套供应，仅部分断路器有电磁式、弹簧式或液压等几种型式的操动机构可供选择。一般电磁式操动机构虽需配有专用的直流合闸电源，但其结构简单可靠；弹簧式的结构比较复杂，调整要求较高；液压操动机构加工精度要求较高。操作机构的型式，可根据安装调试方便和运行可靠性进行选择。

其他如热稳定和动稳定的校验，与以前所述相同，不再赘述。

9.4.2 隔离开关的选择

隔离开关的选择和校验条件如表 9-4 所示。屋外隔离开关的型式较多，它对配电装置的布置和占地面积等有很大影响，因此，其型式应根据配电装置的布置特点和使用要求等因素，进行综合技术经济比较确定。

【例 9-1】 选择图9-10中发电机 G_1 的断路器和隔离开关，发电机参数和系统阻抗如图 9-10 所示。主保护 $t_{b1}=0.05s$，后备保护 $t_{b2}=4s$。

解：最大持续工作电流：

$$I_{gmax} = 1.05I_e = 1804\ (A)$$

因为发电机断路器设在 10.5kV 屋内配电装置中，故选用 VB12—20—40G 真空断路器，其主要参数见表 9-5。VB12—20—40G 固有分闸时间为 0.06s，全开断时间为 0.1s。

开断计算时间：

$$t_k = t_{b1} + t_{gf} = 0.05 + 0.06 = 0.11(s)$$

查运算曲线得短路电流并换算为有名值：$I''_z = 26.4kA$；$I_\infty^{(3)} = 15.5\ kA$；$I_\infty^{(2)} = 19.1kA$；$I_{0.11} = 20.8kA$。

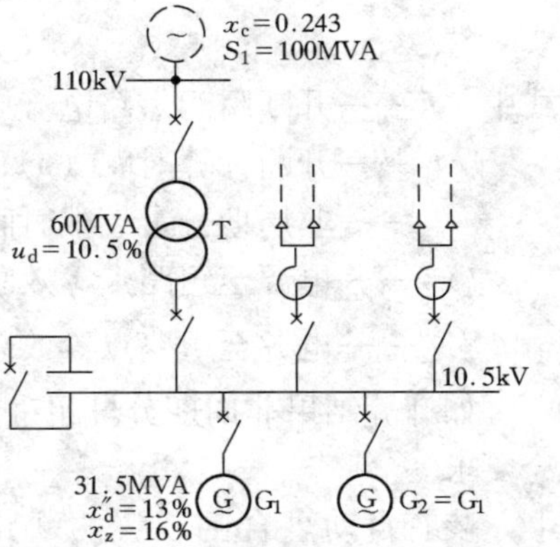

图 9-10 例 9-1 主接线图

短路热稳定计算时间：

$$t_r = t_{b2} + t_{kd} = 4 + 0.1 = 4.1(s)$$

因 $I_{\infty}^{(2)} > I_{\infty}^{(3)}$，故应按二相短路校验热稳定。

$$\beta''^{(2)} = \frac{I''^{(2)}_z}{I_{\infty}^{(2)}} = \frac{0.87I''_z}{I_{\infty}^{(2)}} = \frac{22.9}{19.1} = 1.2$$

查周期分量等值时间曲线得 $t_z = 3.8s$，由于 $t_r > 1s$，故非周期分量发热可忽略不计，$t_{dz} = 3.8s$。

隔离开关按额定电压和额定电流选用 GN2—10/2000。

断路器和隔离开关选择结果，如表 9－5 所示。断路器配用 CD10—Ⅲ型操作机构。

表 9－5　断路器和隔离开关选择结果表

计算数据		VB12—20—40G		GN2—10/2000
U	10（kV）	U_e	12（kV）	10（kV）
I_{gmax}	1804（A）	I_e	2000（A）	2000（A）
I_z	20.8（kA）	I_{ekd}	40（kA）	—
i_{ch}	78.5（kA）	i_{eg}	100（kA）	—
$I_{\infty}^2 t_{dz}$	$19.1^2 \times 3.8$（$kA^2 \cdot s$）	$I_r^2 t$	$40^2 \times 3$（$kA^2 \cdot s$）	$36^2 \times 5$（$kA^2 \cdot s$）
i_{ch}	78.5（kA）	i_{dw}	100（kA）	85（kA）

9.4.3 高压熔断器选择

高压熔断器的选择、校验条件和计算公式如表 9－4 所示。在选择时应注意以下几点：

9.4.3.1 按额定电压选择

对于一般的高压熔断器，其额定电压必须大于或等于电网的额定电压。另外对于充填石英砂有限流作用的熔断器，则只能用在等于其额定电压的电网中，因为这种类型的熔断器能在电流达最大值之前就将电流截断，致使熔断器熔断时产生过电压。过电压的倍数与电路的参数及熔体长度有关，一般在等于其额定电压的电网中为 2.0～2.5 倍，但如在低于其额定电压的电网中，因熔体较长，过电压值可高达 3.5～4 倍相电压，以致损害电网中的电气设备。

9.4.3.2 按额定电流选择

熔断器的额定电流选择，包括熔断器熔管的额定电流和熔体的额定电流的选择。

（1）熔管额定电流的选择。为了保证熔断器壳体不致损坏，高压熔断器的熔管额定电流 I_{eRg}，应大于或等于熔体的额定电流 I_{eRt}：

$$I_{eRg} \geqslant I_{eRt} \tag{9-53}$$

（2）熔体额定电流选择。为了防止熔体在通过变压器励磁涌流和保护范围以外的短路及电动机自起动等冲击电流时误动作，保护35kV以下电力变压器的高压熔断器，其熔体的额定电流可按式（9－54）选择：

$$I_{eRg} = KI_{gmax} \tag{9-54}$$

式中 K——可靠系数，不计电动机自起动时，$K=1.1\sim1.3$，考虑电动机自起动时，$K=1.5\sim2.0$；

I_{gmax}——电力变压器回路最大工作电流。

用于保护电力电容器的高压熔断器的熔体，当系统电压升高或波形畸变引起回路电流增大或运行过程中产生涌流时不应误熔断，其熔体按式（9－55）选择：

$$I_{eRg} = KI_{eC} \tag{9-55}$$

式中 K——可靠系数，对限流式高压熔断器，当一台电力电容器时，$K=1.5\sim2.0$，当一组电力电容器时，$K=1.3\sim1.8$；

I_{eC}——电力电容器回路的额定电流。

9.4.3.3 熔断器开断电流校验

$$I_{ekd} \geqslant I_{ch}(\text{或 } I''_{z}) \tag{9-56}$$

对于没有限流作用的熔断器，选择时用冲击电流的有效值 I_{ch} 进行校验；对于有限流作用的熔断器，在电流过最大值之前已截断，故可不计非周期分量影响，而采用 I''_{z} 进行校验。

9.4.3.4 熔断器选择性校验

为了保证前后两级熔断器之间或熔断器与电源（或负荷）保护之间动作的选择性，应进行熔体选择性校验。各种型号熔断器的熔体熔断时间可由制造厂提供的安秒特性曲线上查出。

对于保护电压互感器用的高压熔断器，只需按额定电压及断流容量两项来选择。

9.5 母线、电缆和绝缘子的选择

9.5.1 敞露母线及电缆的选择

敞露母线一般按下列各项进行选择和校验：①导体材料、类型和敷设方式；②导体截面；③电晕；④热稳定；⑤动稳定；⑥共振频率。电缆则按额定电压和上述①、②、④项及允许电压降选择和校验。

9.5.1.1 敞露母线及电缆的选型

常用导体材料有铜和铝。铜的电阻率低，抗腐蚀性强，机械强度大，是很好的导体材料。但是它在工业和国防上有很多重要用途，且我国铜的储量不多，价格较贵，因此铜母线只用在持续工作电流大，且位置特别狭窄的发电机、变压器出线处或污秽对铝有严重腐蚀而对铜腐蚀较轻的场所。铝的电阻率虽为铜的 1.7 ~2 倍，但密度只有铜的 30%，我国铝的储量丰富，价格较低，因此一般都采用铝质材料。

工业上常用的硬母线截面为矩形、槽形和管形。矩形母线散热条件较好，有一定的机械强度，便于固定和连接，但集肤效应较大。为避免集肤效应系数过大，单条矩形的截面最大不超过 1250mm^2。当工作电流超过最大截面单条母线允许电流时，可用 2 ~4 条矩形母线并列使用。但是由于邻近效应的影响，多条母线并列的允许载流量并不成比例增加，故一般避免采用 4 条矩形。矩形导体一般只用于 35kV 及以下，电流在 4000A 及以下的配电装置中。槽型母线机械强度较好，载流量较大，集肤效应系数也较小。槽型母线一般用于 4000 ~8000A 的配电装置中。管形母线集肤效应系数小，机械强度高，管内可以通水和通风，因此，可用于 8000A 以上的大电流母线。另外，由于圆管形表面光滑，电晕放电电压高，因此可用作 110kV 及以上配电装置母线。

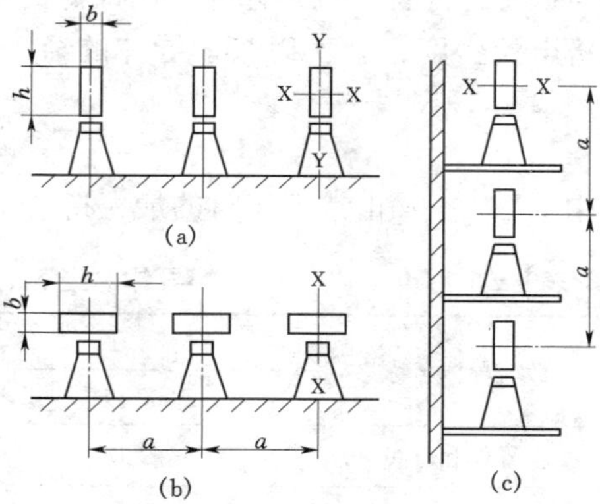

图 9－11 矩形母线的布置方式

（a）水平布置；（b）水平布置；（c）垂直布置

截面形状不对称母线的散热和机械强度与导体置放方式有关，图 9－11 为矩形母线的布置方式，当三相母线水平布置时，图 9－11（a）与图 9－11（b）相比，前者散热较好，载流量大，但机械强度较低，而后者则相反。图 9－11（c）的布置方式兼顾了图 9－11（a）、图 9－11（b）的优点，但配电装置高度有所增加，因此，母线的布置方式应根据载流量的大小、短路电流水平和配电装置的具体情况确定。

电缆类型的选择与其用途、敷设方式和使用条件有关。例如 35kV 及以下，一般采用三相铝芯电缆；110kV 及以上采用单相充油电缆；直埋地下，一般选用钢带铠装电缆；敷设在高差较大地点，应采用不滴流或塑料电缆。

9.5.1.2 母线及电缆截面选择

除配电装置的汇流母线及较短导体按导体长期发热允许电流选择外，其余导体的截面一般按经济电流密度选择。

（1）按导体长期发热允许电流选择。导体所在电路中最大持续工作电流 I_{gmax} 应不大于导体长期发热的允许电流 I_y，即：

$$I_{gmax} \leqslant KI_y \tag{9-57}$$

式中 I_y——相应于导体允许温度和基准环境条件下导体长期允许电流；

K——综合修正系数，裸导体的 K 值与海拔和环境温度有关，电缆的 K 值与环境温度、敷设方式和土壤热阻有关，K 值可查《电力工程设计手册》等有关手册。

（2）按经济电流密度选择。按经济电流密度选择导体截面可使年计算费用最低。年计算费用包括电流通过导体所产生的年电能损耗费、导体投资（包括损耗引起的补充装机费）和折旧费以及利息等，对应不同种类的导体和不同的最大负荷年利用小时数 T_{max} 将有一个年计算费用最低的电流密度——经济电流密度（J）。部分导体的经济电流密度，见表9－6。导体的经济截面可由式（9－58）决定：

$$S=\frac{I_{gmax}}{J} \tag{9-58}$$

式中 I_{gmax}——正常工作时的最大持续工作电流。

表9－6　导体的经济电流密度 J（A/mm^2）

载流导体名称	最大负荷年利用小时数		
	3000以内	3000～5000	5000以上
铜导体和母线	3.0	2.25	1.75
铝导体和母线	1.65	1.15	0.9
铜芯	3.0	2.5	2.0
铝芯	1.6	1.4	1.2
橡皮绝缘铜芯电缆	3.5	3.1	2.7

应尽量选择接近式（9－57）计算的标准截面，当无合适规格的导体时，为节约投资，允许选择小于经济截面的导体。按经济电流密度选择的导体截面还必须满足式（9－58）的要求。

在负荷电流较大，有多种型式的电缆可供选择时，应考虑采用不同敷设方式（包括并列根数、间距等）电缆载流能力的不同，通过技术经济比较，合理选择电缆截面和型式。

9.5.1.3　电晕电压校验

电晕放电将引起电晕损耗、无线电干扰、噪声干扰和金属腐蚀等许多不利现象，对于 110 ~ 220kV 裸母线，可按晴天不发生全面电晕条件进行校验，即裸母线的临界电压 U_{lj} 应大于其最高工作电压 U_{gmax} 为：

$$U_{lj} > U_{gmax} \tag{9-59}$$

对于 330 ~ 500kV 超高压配电装置，电晕是选择导线的控制条件，要求在 1.1 倍最高运行的相电压下，晴天夜间不发生可见电晕。选择时应综合考虑导体直径、分裂间距和相间距离等条件，经技术经济比较，确定最佳方案。

9.5.1.4 热稳定校验

按正常电流选出导体截面后，还应按热稳定进行校验。根据短路电流的热效应可知：

$$Q_d = I_\infty^2 t_{dz} = S^2(A_Z - A_K)$$

如计及集肤效应系数，则按热稳定决定的导体最小截面为：

$$\left.\begin{aligned} S_{min} &= \sqrt{\frac{Q_d K_f}{A_Z - A_K}} = \frac{1}{C}\sqrt{Q_d K_f} \\ S_{min} &= \sqrt{\frac{I_\infty^2 t_{dz} K_f}{A_Z - A_K}} = \frac{I_\infty}{C}\sqrt{t_{dz} K_f} \end{aligned}\right\} \tag{9-60}$$

式中 C——热稳定系数，$C = \sqrt{A_Z - A_K}$。

热稳定系数 C 值与材料及发热温度有关。母线的 C 值如表 9 - 7 所示。

表 9 - 7　不同工作温度下裸导体的 C 值

工作温度（°C）	40	45	50	55	60	65	70	75	80	85	90
硬铝及铝锰合金	99	97	95	93	91	89	87	85	83	82	81
硬　铜	186	183	181	179	176	174	171	169	166	164	161

电缆的热稳定系数 C 可用式（9 - 61）计算：

$$C = \frac{1}{\eta}\sqrt{\frac{JQ}{K\rho_{20}\alpha}\ln\frac{1 + \alpha(\theta_d - 20)}{1 + \alpha(\theta - 20)}} \times 10^{-2} \tag{9-61}$$

式中 η——计及电缆芯线充填物热容随温度变化以及绝缘散热影响的校正系数，对于 3 ~ 6kV 自用回路，取 0.93；

Q——电缆芯单位体积的热容量［cal/（cm^3 · °C）］，铝芯取 0.59；

J——热功当量系数，取 4.2（J/cal）；

α——电缆芯在 20 °C时的电阻温度系数（1/°C），铝芯为 0.00403；

K——20 °C时导体交流电阻与直流电阻之比，$S \leqslant 100mm^2$ 的三芯电缆 $K = 1$，$S = 120 \sim 240mm^2$ 的三芯电缆 $K = 1.005 \sim 1.035$；

ρ_{20}——电缆芯在 20 °C时的电阻系数（$\Omega \cdot cm^2/cm$），铝芯取 0.031×10^{-4}；

θ——短路前电缆的工作温度（°C）；

θ_d——电缆在短路时的最高允许温度，对 10kV 及以下普通粘性浸渍纸绝缘及交联聚乙烯绝缘电缆为 200 °C，有中间接头（锡焊）的电缆最高容许温度为 120 °C。

9.5.1.5 硬母线动稳定校验

各种形状的硬母线通常都安装在支持绝缘子上，当冲击电流通过母线时，电动力将使母线产生弯曲应力，因此，母线应按弯曲情况进行应力计算。

下面介绍单条母线的应力计算方法。按照母线在支持绝缘子上固定的形式，通常假定母线为自由支承在绝缘子上的多跨距、载荷均匀分布的梁，在电动力的作用下，母线所受的最大弯矩 M 为：

$$M = f_x l^2/10 \ (\text{N} \cdot \text{m}) \tag{9-62}$$

式中 f_x——单位长度母线上所受相间电动力（N/m）；

l——支持绝缘子间的跨距（m）。

当跨距数等于 2 时，母线所受最大弯矩为：

$$M = f_x l^2/8 \ (\text{N} \cdot \text{m}) \tag{9-63}$$

母线最大相间计算应力：

$$\sigma_{xj} = M/W \ (\text{Pa}) \tag{9-64}$$

式（9-64）中 W 为母线对垂直于作用力方向轴的截面系数（也称抗弯矩）。矩形母线按图 9-11（a）布置时，$W=W_Y=b^2h/6$（m^3）；按图 9-11（b）布置时，$W=W_X=bh^2/6$（m^3）；对于圆管形导体，$W=\pi(D^4-d^4)/32D$（m^3）（D、d 为圆管母线的外径和内径）。

按式（9-64）求出的母线应力 σ_{xj} 应不超过母线材料允许应力 σ_y，即：

$$\sigma_{xj} \leqslant \sigma_y (\text{Pa}) \tag{9-65}$$

导体材料的允许应力 σ_y 见表 9-8。

为了便于计算，设计中常根据材料最大允许应力来确定绝缘子间最大允许跨距，由式（9-62）可得：

$$l_{max} = \sqrt{10\sigma_y W/f_x} \ (\text{m}) \tag{9-66}$$

当矩形导体水平置放时，为避免导体因自重而过分弯曲，所选取的跨距一般不超过 1.5 ~2m。考虑到绝缘子支座及引下线安装方便，常选取绝缘子跨距等于配电装置间隔宽度。

表 9-8 硬导体最大允许应力（σ_y）

导体材料	最大允许应力（Pa）
硬 铝	69×10^6
硬 铜	137×10^6

9.5.1.6 母线共振的校验

当母线的自振频率与电动力交变频率一致或接近时，将会产生共振现象，增加母线的应力。因此，对于重要回路（如发电机、变压器及汇流母线等）的母线应进行共振校验。母线的一阶自振频率可按$f_1=\frac{N_f}{l^2}\sqrt{\frac{EI}{m}}$计算，其中$l$为跨距（m）；$N_f$为频率系数，可根据导体连续跨数和支撑方式由手册查得。

当自振频率无法限制在共振频率范围之外时，母线受力必须乘以动态应力系数β，β值可由手册查得。

$f_1=\frac{N_f}{l^2}\sqrt{\frac{EI}{m}}$还可写成：

$$l_{max}=\sqrt{\frac{N_f}{f_0}\sqrt{\frac{EI}{m}}}\ (\text{m}) \qquad (9-67)$$

已知母线的材料、形状、布置方式和应避开共振的自振频率（一般$f_0=200\text{Hz}$）时，可由式（9－67）计算母线不发生共振所容许的最大绝缘子跨距l_{max}，如选择的绝缘子跨距小于l_{max}，则$\beta=1$。有关手册已列出l_{max}值供设计时参考。

9.5.2 封闭母线的选择

凡属定型产品的封闭母线，制造厂将提供有关封闭母线的额定电压、额定电流、动稳定电流和短时热电流等参数，因此可按电器选择一般条件中所述方法来进行选择和校验。由于各个工程的封闭母线布置情况不同，所连接的发电机、变压器、配电装置的标高和连接要求也不相同，因此，还要向制造厂提供封闭母线的平断面布置图，供制造厂进行布置和连接部分设计。当选用非定型封闭母线时，应进行导体和外壳发热、应力以及绝缘子抗弯的计算，并进行共振校验。

9.5.3 支柱绝缘子和穿墙套管的选择

支持绝缘子和穿墙套管是母线结构的重要组成部分，其选择和校验项目见表9－9。

表9－9　支柱绝缘子和穿墙套管选择和校验项目

项　目	额定电压	额定电流	热稳定	动稳定
支柱绝缘子	$U_e \geqslant U_{ew}$	—	—	$F_{js} \leqslant 0.6F_{ph}$
穿墙套管		$I_e \geqslant I_{gmax}$	$I_r^2 t \geqslant Q_d$	

注　U_e——额定电压；U_{ew}——电网额定电压；I_e——额定电流；I_{gmax}——最大工作电流；I_r——短时热电流；F_{js}——计算作用力；F_{ph}——弯曲破坏力；Q_d——热效应。

绝缘子和套管的机械应力计算如下。布置在同一平面内的三相母线（如图9-12所示），在发生短路时，支柱绝缘子所受的力为与该绝缘子相邻跨母线上电动力的平均值。例如绝缘子1所受力为：

$$F_{max}=\frac{F_1+F_2}{2}=1.73i_{ch}^2\frac{l_1+l_2}{2a}\times10^{-7}=1.73i_{ch}^2\frac{l_{js}}{\alpha}\times10^{-7}(\mathrm{N}) \qquad (9-68)$$

$$l_{js}=\frac{l_1+l_2}{2}$$

式中 l_{js}——计算跨距（m）；

l_1、l_2——与绝缘子相邻的跨距（m）。

式（9-68）可用于计算穿墙套管承受的作用力，式中 $l_{js}=(l_1+l_{tg})/2$（l_{tg}为套管长度）。

由于母线电动力 F_{max}是作用在母线截面中心线上，而支柱绝缘子的抗弯破坏强度是按作用在绝缘子帽上给定的（如图9-13所示），为了便于比较，必须求出短路时作用在绝缘子帽上的计算作用力 F_{js}：

$$F_{js}=F_{max}H_1/H\ (\mathrm{N}) \qquad (9-69)$$

$$H_1=H+b+h/2$$

式中 H——绝缘子高度（mm）；

H_1——绝缘子底部到母线水平中心线的高度（mm）；

b——母线支持器下片厚度，一般竖放矩形母线 $b=18$mm，平放矩形及槽形母线 $b=12$mm。

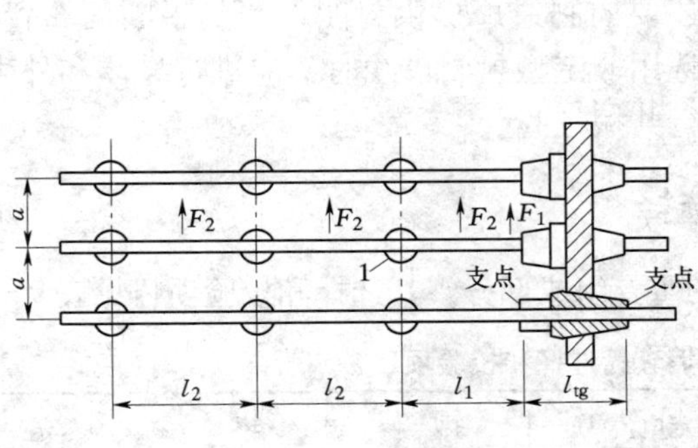

图9-12 绝缘子和穿墙套管所受的电动力

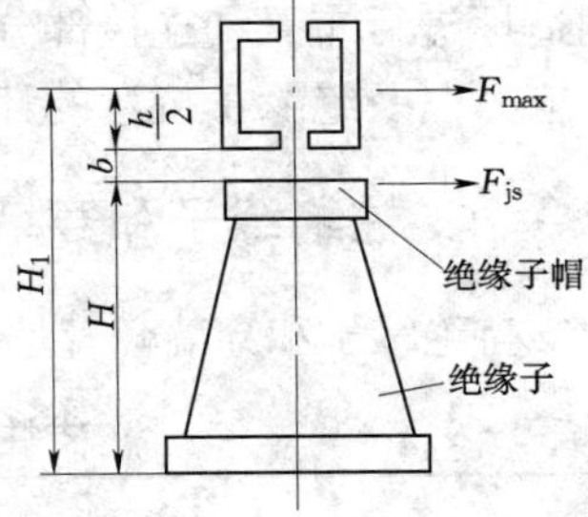

图9-13 绝缘子受力示意图

对于屋内35kV及以上水平装置的支持绝缘子，在进行机械计算时，应考虑母线和绝缘子的自重以及短路电动力的复合作用。屋外支柱绝缘子尚应计及风和冰雪的附加作用。

校验短时荷载作用时，支柱绝缘子及穿墙套管的机械强度安全系数不应小于1.67，即：

$$\frac{1}{1.67}F_{ph} \approx 0.6F_{ph}$$

$$F_{js} \leqslant 0.6F_{ph}(N) \tag{9-70}$$

【例 9-2】 选择10.5kV配电装置汇流母线。已知参数如下：10.5kV 母线短路电流 $I''_z=40kA$，$I_\infty^{(3)}=20kA$，$I_\infty^{(2)}=26kA$，发电机及变压器后备保护的 $t_b=6s$，断路器全开断时间 $t_{kd}=0.2s$，配电装置室最高温度为 30 °C。三相母线水平布置，导体平放，相间距离为0.7m，绝缘子跨距为1.7m。

解：（1）按长期发热允许电流选择截面按图 9-10 所示接线分析，可知母线最大持续工作电流不超过主变压器的最大工作电流 I_{gmax}，故母线最大持续工作电流为：

$$I_{gmax}=\frac{1.05\times 60}{\sqrt{3}\times 10.5}\times 10^3=3464(A)$$

查表选用 3 条 $125\times10mm^2$ 矩形母线，其集肤效应系数 $K_f=1.47$，$I_{y25°C}=3903A$。查表当周围环境温度为 30 °C时，温度修正系数为0.94。

$$I_{y30°C}=0.94\times 3903=3669>3464\ (A)$$

（2）热稳定校验为：

$$t_r=t_{kd}+t_b=0.2+6=6.2\ (s)$$

因 $I_\infty^{(2)}>I_\infty^{(3)}$，故：

$$\beta^{(2)''}=\frac{\sqrt{3}I''_z}{2I_\infty^{(2)}}=\frac{34.6}{26}=1.33$$

因 $t_r>1s$，故不计非周期分量影响。由图 9-4 中，$t=5s$，查等值时间曲线，得 $t_z=4.8s$。

$$t_{dz}=(t_r-5)+t_z=6.2-5+4.8=6(s)$$

正常运行时导体最高温度：

$$\theta=\theta_0+(\theta_y-\theta_0)\frac{I_{gmax}^2}{I_y^2}=30+(70-30)\times\frac{3464^2}{3669^2}=66\ (°C)$$

查表 9-7，$C=88.6$；满足短路时发热的最小导体截面为：

$$S_{min}=\frac{I_\infty^{(2)}}{C}\sqrt{t_{dz}K_f}=\frac{2600}{88.6}\sqrt{6\times 1.47}=871.5\ (mm)$$

小于所选导体截面（$3750mm^2$），故满足热稳定要求。

（3）动稳定校验为

$$m=hb\rho_m=0.125\times 0.01\times 2700=3.375\ (kg/m)$$

$$W_x = bh^2/6 = 0.01 \times 0.125^2/6 = 26 \times 10^{-6}(\mathrm{m}^3)$$

$$I_x = bh^3/12 = 0.01 \times 0.125^3/12 = 1.63 \times 10^{-6}(\mathrm{m}^4)$$

母线自振频率为：

$$f_1 = \frac{N}{l^2}\sqrt{\frac{EI}{m}} = \frac{3.56}{1.7^2} \times \sqrt{\frac{7 \times 10^{10} \times 1.63 \times 10^{-6}}{3.375}} = 226(\mathrm{Hz}) > 200(\mathrm{Hz})$$

故$\beta=1$。

$$i_{ch} = 2.25 \times 40 = 102\ (\mathrm{kA})$$

母线相间应力为：

$$f_x = 1.73 i_{ch}^2 \frac{1}{a} \times 10^{-7} = 1.73 \times 102000^2 \times \frac{1}{0.7} \times 10^{-7} = 2571\ (\mathrm{N/m})$$

母线截面系数 $W=3W_x=3\times26\times10^{-6}=78\times10^{-6}\ (\mathrm{m}^3)$。

$$\sigma_{xj} = \frac{f_x l^2}{10W} = \frac{2571 \times 1.7^2}{10 \times 78 \times 10^{-6}} = 9.5 \times 10^6\ (\mathrm{Pa})$$

同相各条间作用应力。

在图 9－7 曲线中，由于$\frac{b}{h}=0.08$，$\frac{2b-b}{b+h}=\frac{10}{10+125}=0.074$，$\frac{4b-b}{b+h}=\frac{30}{135}=0.222$，可查得母线形状系数 $K_{12}=0.37$，$K_{13}=0.57$。

$$f_t = 8(K_{12}+K_{13})\frac{i_{ch}{}^2}{a} \times 10^{-9} = 8(0.37+0.57) \times \frac{10200^2}{0.01} \times 10^{-9} = 7824\ (\mathrm{N/m})$$

$$l_{lj} = b\lambda\sqrt[4]{h/f_t} = 0.01 \times 1197 \times \sqrt[4]{0.125/7824} = 0.757\ (\mathrm{m})$$

条间允许应力：

$$\sigma_{ty} = \sigma_y - \sigma_{xj} = (69 - 9.5) \times 10^6 = 59.5 \times 10^6\ (\mathrm{Pa})$$

条间衬垫允许最大跨距：

$$l_{tmax} = b\sqrt{2h\sigma_{ty}/f_t} = 0.01 \times \sqrt{\frac{2 \times 0.125 \times 59.5 \times 10^6}{7824}} = 0.436\ (\mathrm{m})$$

为了便于安装，每段绝缘子跨距中设三个衬垫，$l_t=\frac{a}{4}=\frac{1.7}{4}=0.425\mathrm{m}<l_{tj}$。

【例 9－3】 选择100MW 发电机—变压器组的连接母线、支柱绝缘子及穿墙套管。已知：发电机额定电压为 10.5kV，额定电流 6468A，最大负荷利用小时数为 5200h；发电机连接母线上短路电流 $I''_z=35.4\mathrm{kA}$，$I_\infty^{(3)}=17.5\mathrm{kA}$，$I_\infty^{(2)}=22.8\mathrm{kA}$。发电机后备保护的 $t_b=4\mathrm{s}$，断路器全开断时间 $t_{kb}=0.2\mathrm{s}$，地区最热月平均温度为+35 ℃。发电机连接母线三相水平布置，相间距离 $a=0.7\mathrm{m}$。

解：按下列步骤选择。

（1）母线截面和形状选择。由于发电机连接母线负荷电流很大，且属于重要回路，故应按经济电流密度选择其截面。由表 9－6 可知，采用铝母线，当 $T_{\max}=5200\text{h}$ 时，$J=0.9\text{A/mm}^2$，母线经济截面为：

$$S_{\text{j}}=\frac{I_{\text{gmax}}}{J}=\frac{1.05\times6468}{0.9}=7546\ (\text{mm}^2)$$

由于母线电流大，矩形母线已不能满足要求，故选用 2 条较计算截面稍大的标准槽形母线 200×90×12（$h\times b\times c$），$S=8080\text{mm}^2$，$K_{\text{f}}=1.237$，$W_{\text{y}}=46.5\times10^{-6}\text{m}^3$，$I_{\text{y}}=294\times18^{-8}\text{m}^4$，母线允许电流 $I_{\text{y}25^\circ\text{C}}=8800\text{A}$。考虑到环境温度的修正，修正系数：

$$K_{\theta}=\sqrt{\frac{\theta_{\text{y}}-\theta}{\theta_{\text{y}}-\theta_0}}=\sqrt{\frac{70-35}{70-25}}=0.88$$

$$I_{\text{y}35^\circ\text{C}}=8800\times0.88=7744\text{A}>I_{\text{gmax}}$$

（2）校验热稳定。短路热稳定计算时间：

$$t_{\text{r}}=t_{\text{kd}}+t_{\text{b}}=0.2+4=4.2\ (\text{s})$$

因为 $I_{\infty}^{(2)}>I_{\infty}^{(3)}$，故应按 $I_{\infty}^{(2)}$ 进行热稳定校验：

$$\beta^{(2)''}=\frac{I_{\text{z}}^{(2)''}}{I_{\infty}^{(2)}}=\frac{0.87\times35.4}{22.8}=1.35$$

查等值时间曲线 $t_{\text{z}}=3.95\text{s}$。因 $t_{\text{r}}>1\text{s}$，可不计非周期分量的影响，故 $t_{\text{dz}}=t_{\text{z}}=3.95\text{s}$。正常运行时导体最高温度：

$$\theta=\theta_0+\frac{I_{\text{gmax}}^2}{I_{\theta}^2}(\theta_{\text{y}}-\theta_0)=35+\frac{6791.4^2}{7744^2}\times(70-35)=61.92\ ^\circ\text{C}$$

查表 9－7，$C=91$。满足短路时发热的最小导体截面：

$$S_{\min}=\frac{I_{\infty}^{(2)}}{C}\sqrt{t_{\text{dz}}K_{\text{f}}}=\frac{22800}{91}\times\sqrt{3.95\times1.237}=554\ (\text{mm}^2)$$

小于所选截面，故满足热稳定要求。

（3）校验动稳定。计算条间应力：

$$i_{\text{ch}}=2.55I''_{\text{z}}=2.55\times35.4=90.3\ (\text{kA})$$

$$f_{\text{t}}=5i_{\text{ch}}^2\frac{1}{h}\times10^{-8}=5\times90300^2\times\frac{1}{0.2}\times10^{-8}=2039\ (\text{N/m})$$

取 $l_{\text{t}}=0.5\text{m}$，条间应力：

$$\sigma_{\text{tj}}=4.16\frac{i_{\text{ch}}^2l_t^2}{hW_{\text{y}}}\times10^{-9}=4.16\times\frac{90300^2\times0.5^2}{0.2\times46.5\times10^{-6}}\times10^{-9}=0.91\times10^{-6}\ (\text{Pa})$$

相间允许应力：

$$\sigma_{\text{xy}}=\sigma_{\text{y}}-\sigma_{\text{tj}}=(69-0.91)\times10^6=68.09\times10^6\ (\text{Pa})$$

单位长度上相间电动力（β 暂取 1）：

$$f_x = 1.73\frac{i_{ch}^2}{a}\times 10^{-7} = 1.73\times\frac{90300^2}{0.7}\times 10^{-7} = 2015.2\ (\mathrm{N/m})$$

对于双槽形母线 $W=2W_y$，绝缘子间最大允许跨距：

$$l_{max} = \sqrt{10\sigma_{xy}W/f_x} = \sqrt{10\times 68.09\times 10^6\times 2\times 46.5\times 10^{-6}/2015.2} = 5.6\ (\mathrm{m})$$

母线共振校验：

$$m = S\rho_m = 4040\times 10^{-6}\times 2700 = 10.9\ (\mathrm{kg/m})$$

$$f_1 = 200\mathrm{Hz}$$

由式（9－67）可得：

$$l_{max} = \sqrt{\frac{N_f}{f_0}\sqrt{\frac{EI}{m}}} = \sqrt{\frac{3.56}{200}\sqrt{\frac{7\times 10^{10}\times 294\times 10^{-8}}{10.9}}} = 1.56\ (\mathrm{m})$$

上述结果说明，为使母线自振频率≥200Hz 时，绝缘子最大跨距不允许超过 1.56m，故绝缘子距取为 1.5m。

（4）支柱绝缘子选择。根据工作电压和装置地点，屋内部分选 ZC—10F 型支柱绝缘子，其抗弯破坏负荷 $F_{ph}=12250\mathrm{N}$，绝缘子高度 $H=225\mathrm{mm}$（参见图 9－13）：

$$H_1 = H + b + \frac{h}{2} = 225 + 12 + 100 = 337(\mathrm{mm})$$

$$F_x = 1.73\frac{i_{cj}^2}{a}l\times 10^{-7} = 1.73\times\frac{90300^2}{0.7}\times 1.5\times 10^{-7} = 3023\ (\mathrm{N})$$

$$F_{js} = F_x\frac{H_1}{H} = 3023\times\frac{337}{225} = 4528\ (\mathrm{N}) < 0.6F_{ph}$$

屋外部分的支柱绝缘子，考虑冰雪及污秽影响，选用电压高一级的产品 ZPC—35，其验算方法同屋内。

（5）穿墙套管选择。根据工作电压和额定电流，选用 CMWF2—20 母线型套管，套管长度 $l_{tg}=625\mathrm{mm}$，$F_{ph}=39200\mathrm{N}$，套管窗口尺寸为 210mm×200mm> 2×（200mm×90mm）。计算跨度：

$$l_{js} = \frac{l + l_{tg}}{2} = \frac{1.5 + 0.625}{2} = 1.063\ (\mathrm{m})$$

套管受力：

$$F = 1.73\frac{i_{ch}^2 l_{js}}{a}\times 10^{-7} = 1.73\times\frac{90300^2\times 1.063}{0.7}\times 10^{-7} = 2142\ (\mathrm{N}) < 0.6F_{ph}$$

若采用实用计算法校验其热稳定时，其验算方法为：根据实用短路电流计算表可得不同时间的短路电流值，如表 9－10 所示。

表 9 - 10 实用短路电流计算表

短路时间（s）	0	2	4
	I''_z（kA）	$I_{z\frac{td}{2}}$（kA）	I_{ztd}（kA）
三相短路	38.5	15	14.2
二相短路	29.6	21.1	24.0

短路热效应计算时间：

$$t_r = t_{kd} + t_b = 0.2 + 4 = 4.2\ (\text{s})$$

因为 $I_\infty^{(2)} > I_\infty^{(3)}$，故应按二相短路进行热稳定校验，当 t_r>4s 时，可认为短路电流稳定不变：

$$Q_z = \frac{I''^2_z + 10I^2_{z(td/2)} + I^2_{ztd}}{12}t_k + (t_r - t_k)I^2_{ztk}$$

$$= \frac{29.6^2 + 10 \times 21.1^2 + 24^2}{12} \times 4 + 0.2 \times 24^2 = 2083\ (\text{kA}^2 \cdot \text{s})$$

$$Q_f = \frac{T_a}{\omega}I''^2_z = \frac{80}{314} \times 29.6^2 = 223.3\ (\text{kA}^2 \cdot \text{s})$$

$$Q_d = Q_z + Q_f = 2083 + 223.3 = 2306.3\ (\text{kA}^2 \cdot \text{s})$$

查表 9 - 7 知 $C = 91$。

$$S_{min} = \frac{1}{C}\sqrt{Q_d K_f} = \frac{1}{91}\sqrt{2306.3 \times 10^6 \times 1.237} = 586\ (\text{mm}^2)$$

小于所选截面，故满足热稳定要求。

【例 9 - 4】 如图9 - 14所示接线，选择出线电缆。在变电站 A 两段母线上各接有一台 3150kVA 变压器，正常时母线分段运行，当一条线路故障时，要求另一条线路能供二台变压器满负荷运行，T_{max} = 4500h，变电站距电厂 500m，在 250m 处有中间接头，该接头处短路时，I''_z = 18kA，$I_\infty^{(3)}$ = 10kA，电缆采用直埋地下，土壤温度 θ_0 = 20 °C，热阻系数 g = 80，线路主保护 t_b = 0.6s。

解：（1）按经济电流密度选择截面一台变压器：

$$I_{gmax} = \frac{1.05 \times 3150}{\sqrt{3} \times 10.5} = 182\ (\text{A})$$

图 9 - 14 选择出线电缆接线图

查表 9 - 6，铝芯电缆 T_{max} = 4500h，J = 1.4 A/mm²：

$$S_j = \frac{I_{gmax}}{J} = \frac{182}{1.4} = 130\ (\text{mm}^2)$$

选用二根 10kV ZLL12 三芯油浸纸绝缘铝芯铝包铠装防腐电缆，每根电缆 $S=95\text{mm}^2$，$I_{g25^\circ C}=185\text{A}$，正常允许最高温度 60 °C。

（2）按长期发热允许电流校验。考虑一回线故障时负荷的转移，$I'_{gmax}=2\times182=364$（A）。当实际土壤温度为 20 °C时，按式（9－43）可求得电缆载流量的修正系数为 1.07。当电缆间距取 200mm 时，由手册可查得二根并排修正系数为 0.92，故二根电缆允许载流量为：

$$I_{g20^\circ C}=1.07\times0.92\times185\times2=364.2\text{ A}>I'_{gmax}$$

（3）热稳定校验。对于电缆线路中间有连接头者，应按第一个中间接头处短路进行热稳定校验。

$$t_r=t_{kd}+t_b=0.1+0.6=0.7\ (\text{s})$$

$$\beta''=\frac{I''_z}{I_\infty}=\frac{18}{10}=1.8$$

查图 9－4 曲线得 $t_z=1.15\text{s}$，由于 $t_r<1\text{s}$，故应计及短路非周期分量电流的影响：

$$t_{fz}=0.05\beta''^2=0.05\times1.8^2=0.098\ (\text{s})$$

$$t_{dz}=t_z+t_{fz}=1.15+0.098=1.25\ (\text{s})$$

短路前电缆最高运行温度：

$$\theta=\theta_0+(\theta_y-\theta_0)\left(\frac{I'_{gmax}}{I_y}\right)^2=20+(60-20)\times\left(\frac{364}{364.2}\right)^2\approx60\ (^\circ\text{C})$$

由式（9－61）得 $C=67$，热稳定所需最小截面为：

$$S_{min}=I_\infty\sqrt{t_{dz}}/C=10000\sqrt{1.25}/67=166.9\ (\text{mm}^2)<2\times95\ (\text{mm}^2)$$

$$\Delta U\%=\frac{\sqrt{3}I_{gmax}\rho L\times100}{U_eS}=\frac{\sqrt{3}\times364\times0.035\times500\times100}{10500\times2\times95}=0.55\%<5\%$$

结果表明，选二根 ZLL12—3×95 电缆能满足要求。

9.6 互感器的选择

9.6.1 电流互感器的选择

9.6.1.1 电磁式电流互感器的选择

电磁式电流互感器应按一次回路额定电压和电流选择。

电流互感器的一次额定电压和电流必须满足：

$$U_e\geqslant U_{ew}\tag{9-71}$$

$$I_{e1}\geqslant I_{gmax}\tag{9-72}$$

式中 U_{ew}——电流互感器所在电网的额定电压；

U_e、I_{e1}——电流互感器的一次额定电压和电流；

I_{gmax}——电流互感器一次回路最大工作电流。

为了确保所供仪表的准确度，互感器的一次工作电流应尽量接近额定电流。

9.6.1.2 电流互感器种类和型式的选择

在选择互感器时，应根据安装地点（如屋内、屋外）和安装方式（如穿墙、支持式、装入式等）选择其型式。

9.6.1.3 选择电流互感器的准确级和额定容量

为了保证测量仪表的准确度，互感器的准确级不得低于所供测量仪表的准确级。例如，装于重要回路（如发电机、调相机、变压器、自用馈线、出线等）中的电度表或计费的电度表一般采用0.5～1级的，相应的互感器的准确级亦应为0.5级。供运行监视、估算电能的电度表和控制盘上仪表一般采用1～1.5级的，相应的互感器应为1级。供只需估计电参数仪表的互感器可用3级的。当所供仪表要求不同准确级时，应按最高级别来确定互感器的准确级。

为保证互感器的准确级，互感器二次侧所接负荷 S_2 应不大于该准确级所规定的额定容量 S_{e2}，即：

$$S_{e2} \geqslant S_2 = I_{e2}^2 Z_{2f} \tag{9-73}$$

互感器二次负荷（忽略电抗）包括测量仪表电流线圈电阻 r_y、继电器电阻 r_j、连接导线电阻 r_d 和接触电阻 r_c，即：

$$Z_{2f} = r_y + r_j + r_d + r_c(\Omega) \tag{9-74}$$

式中，r_y、r_j 可由回路中所接仪表和继电器的参数求得；r_c 由于不能准确测量，一般可取0.1；仅连接导线电阻 r_d 为未知值，将式（9－74）代入式（9－73）中，整理后得：

$$r_d \leqslant \frac{S_{e2} - I_{e2}^2(r_y + r_j + r_c)}{I_{e2}^2}(\Omega) \tag{9-75}$$

因
$$S = \frac{\rho L_{js}}{r_d}$$

故
$$S \geqslant \frac{I_{e2}^2 \rho L_{js}}{S_{e2} - I_{e2}^2(r_y + r_j + r_c)} = \frac{\rho L_{js}}{Z_{e2} - (r_y + r_j + r_c)}(\mathrm{m}^2) \tag{9-76}$$

式中 S、L_{js}——连接导线截面（m^2）和计算长度（m）；

ρ——导线的电阻率（Ω·m），铜 $\rho = 1.75 \times 10^{-8}$。

式（9－76）表明，在满足电流互感器额定容量的条件下，选择二次连接导线的允许最小截面。式中 L_{js} 与仪表到互感器的实际距离 L 及电流互感器的接线方式有关：

用于对称三相负荷时，测量一相电流，$L_{js}=2L$；采用星形接线，可测量三相不对称负荷，由于中性线电流很小，$L_{js}=L$；采用不完全星形接线，用于三相负荷平衡或不平衡系统中，供三相二元件的功率表或电能表使用，由相量图可知，流过公共导线上的电流为$-\dot{I}_b$，按回路的电压降方程，可以推出$L_{js}=\sqrt{3}L$。

发电厂和变电站应采用铜芯控制电缆。由式（9－76）求出的铜导线截面不应小于1.5mm^2，以满足机械强度要求。

9.6.1.4 热稳定校验

电流互感器热稳定能力常以1s允许通过一次额定电流I_{e1}的倍数K_r来表示，故热稳定应按下式校验

$$(I_{e1}K_r)^2 \geqslant I_\infty^2 t_{dz}(\text{或}\ Q_d) \tag{9-77}$$

9.6.1.5 动稳定校验

电流互感器常以允许通过一次额定电流最大值（$\sqrt{2}I_{e1}$）的倍数K_d（称为动稳定电流倍数），表示其内部动稳定能力，故内部动稳定可用下式校验：

$$\sqrt{2}I_{e1}K_d \geqslant i_{ch} \tag{9-78}$$

短路电流不仅在电流互感器内部产生作用力，而且由于其邻相之间电流的相互作用使绝缘瓷帽上受到外力的作用，因此对于瓷绝缘型电流互感器应校验瓷套管的机械强度。瓷套上的作用力可由一般电动力公式计算，故外部动稳定应满足

$$F_y \geqslant 0.5 \times 1.73 i_{ch}^2 \times \frac{l}{a} \times 10^{-7}(\text{N}) \tag{9-79}$$

式中 F_y——作用于电流互感器瓷帽端部的允许力；

l——电流互感器出线端至最近一个母线支柱绝缘子之间的跨距。

系数0.5表示互感器瓷套端部承受该跨上电动力的一半。

对于瓷绝缘的母线型电流互感器（如LMC型）其端部作用力可用式（9－68）计算，并按式（9－80）校验：

$$F_y \geqslant 1.73 i_{ch}^2 \frac{L_{js}}{a} \times 10^{-7}(\text{N}) \tag{9-80}$$

9.6.2 电压互感器的选择

电压互感器应按一次回路电压、二次电压、安装地点和使用条件、二次负荷及准确级等要求进行选择。

9.6.2.1 按一次回路电压选择

为了确保电压互感器安全和在规定的准确级下运行，电压互感器一次绕组所接电

网电压应在（1.1～0.9）U_{el}范围内变动，即应满足下列条件：

$$1.1U_{el} > U_1 > 0.9U_{el} \quad (9-81)$$

9.6.2.2 按二次回路电压选择

电压互感器的二次侧额定电压应满足保护和测量使用标准仪表的要求。电压互感器二次侧额定电压可按表9－11选择。

表9－11 电压互感器二次绕组额定电压选择

接线型式	电网电压（kV）	型　式	二次绕组电压（V）	接成开口三角的辅助绕组电压（V）
图4－34（a）、（b）	3～35	单相式	100	无此绕组
图4－34（d）$Y_0/Y_0/\triangleright$	110J^*～500J	单相式	$100/\sqrt{3}$	100
	3～60	单相式	$100/\sqrt{3}$	100/3
	3～15	三相五柱式	100	100/3（相）

* J指中性点直接接地系统。

9.6.2.3 装置种类和型式选择

电压互感器的种类和型式应根据安装地点和使用条件进行选择，例如在6～35kV屋内配电装置中，一般采用油浸式或浇注式；110～220kV配电装置一般采用串级式电磁式电压互感器；220kV及以上配电装置，当容量和准确级满足要求时，一般采用电容式电压互感器。

9.6.2.4 按容量和准确级选择

首先根据仪表和继电器接线要求选择电压互感器的接线方式，并尽可能将负荷均匀分布在各相上，然后计算各相负荷大小，按照所接仪表的准确级和容量选择互感器的准确级和额定容量。有关电压互感器准确级的选择原则可参照电流互感器准确级选择。

互感器的额定二次容量（对应于所要求的准确级）S_{e2}应不小于互感器的二次负荷S_2，即：

$$S_{e2} \geqslant S_2 \quad (9-82)$$

$$S_2 = \sqrt{(\sum S_0\cos\varphi)^2 + (\sum S_0\sin\varphi)^2} = \sqrt{(\sum P_0)^2 + (\sum Q_0)^2} \quad (9-83)$$

式中　S_0、P_0、Q_0——各仪表的视在功率、有功功率和无功功率；

$\cos\varphi$——各仪表的功率因数。

由于电压互感器三相负荷常不相等，为了满足准确级要求，通常以最大相负荷进行比较。

计算电压互感器一相的负荷时，必须注意互感器和负荷的接线方式。表 9－12 列出互感器和负荷接线方式不一致时每相负荷的计算公式。

表 9－12　　电压互感器二次绕组负荷计算公式

接线及相量	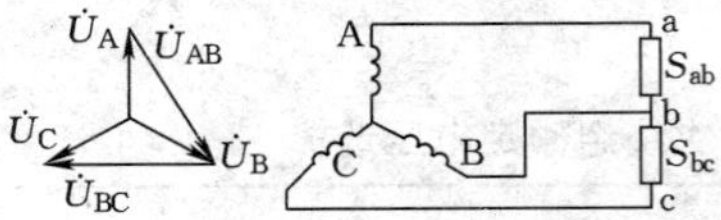	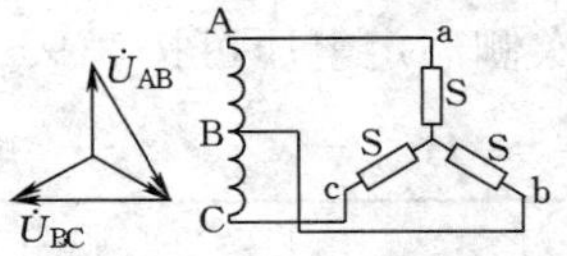	
A	$P_A = S_{ab}\cos(\varphi_{ab} - 30°)/\sqrt{3}$ $Q_A = S_{ab}\sin(\varphi_{ab} - 30°)/\sqrt{3}$	AB	$P_{AB} = \sqrt{3}S\cos(\varphi + 30°)$ $Q_{AB} = \sqrt{3}S\sin(\varphi + 30°)$
B	$P_B = [S_{ab}\cos(\varphi_{ab} + 30°) + S_{bc}\cos(\varphi_{bc} - 30°)]/\sqrt{3}$ $P_B = [S_{ab}\sin(\varphi_{ab} + 30°) + S_{bc}\sin(\varphi_{bc} - 30°)]/\sqrt{3}$	BC	$P_{BC} = \sqrt{3}S\cos(\varphi - 30°)$ $Q_{BC} = \sqrt{3}S\sin(\varphi - 30°)$
C	$P_C = S_{bc}\cos(\varphi_{bc} + 30°)/\sqrt{3}$ $Q_C = S_{bc}\sin(\varphi_{bc} + 30°)/\sqrt{3}$		

【例 9－5】　选择10.5kV母线测量用电压互感器及其高压熔断器。已知：母线上接有馈线 7 回、自用变压器 2 回、主变压器 1 回，共有有功电度表 10 只、有功功率表 3 只、无功功率表 1 只、母线电压及频率表各 1 只、绝缘监视电压表 3 只、电压互感器及仪表接线和负荷分配如图 9－15 和表 9－13 所示。

表 9－13　　电压互感器各相负荷分配（不完全星形负荷部分）

仪表名称及型号	每线圈消耗功率（VA）	仪表电压线圈		仪表数目	AB 相		BC 相	
		$\cos\varphi$	$\sin\phi$		P_{ab}	Q_{ab}	P_{bc}	Q_{bc}
有功功率表 16D1—W	0.6	1		3	1.8		1.8	
无功功率表 16D1—VAR	0.5	1		1	0.5		0.5	
有功电度表 DS1	1.5	0.38	0.925	10	5.7	1.39	5.7	1.39
频率表 16L1—Hz	0.5	1		1	0.5			
电压表 16L1—V	0.2	1		1			0.2	
总　计					8.5	1.39	8.2	1.39

解： 鉴于 10.5kV 为中性点不接地系统，电压互感器除供测量仪表外，还用来作交流电网绝缘监视，因此选用 JSJW—10 型三相五柱式电压互感器（也可选用 3 只单相 JDZJ 型浇注绝缘电压互感器），其一、二次电压为 $10\Big/0.1\Big/\dfrac{0.1}{3}$kV，由于回路中接有计费用电能表，故互感器选用 0.5 准确级。与此对应，互感器三相的额定容量为

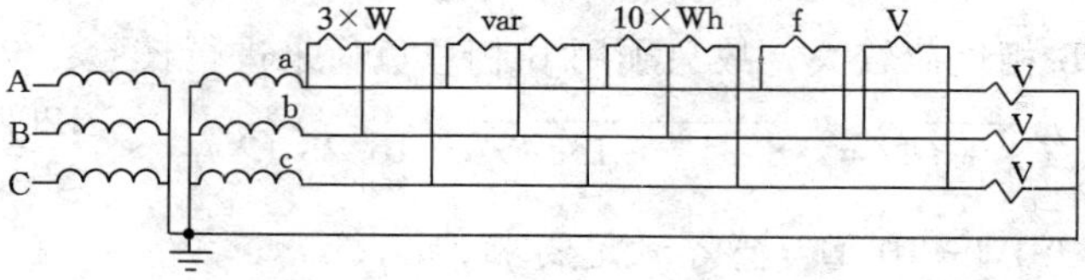

图 9-15 测量仪表与电压互感器的连接图

120VA。电压互感器接线为 $Y_0/Y_0/\triangleright$。

根据表 9-13 可求出不完全星形部分负荷为：

$$S_{ab}=\sqrt{P_{ab}^2+Q_{ab}^2}=\sqrt{8.5^2+13.9^2}=16.3\ (\mathrm{VA})$$

$$S_{bc}=\sqrt{P_{bc}^2+Q_{bc}^2}=\sqrt{8.2^2+13.9^2}=16.1\ (\mathrm{VA})$$

$$\cos\varphi_{ab}=\frac{P_{ab}}{S_{ab}}=\frac{8.5}{16.3}=0.52$$

$$\varphi_{ab}=58.7°$$

$$\cos\varphi_{bc}=\frac{P_{bc}}{S_{bc}}=\frac{8.2}{16.1}=0.51$$

$$\varphi_{bc}=59.3°$$

由于每相上尚接有绝缘监视电压表 V（$P'=0.2$，$Q'=0$），故 A 相负荷为：

$$P_A=\frac{1}{\sqrt{3}}S_{ab}\cos(\varphi_{ab}-30°)+P'_a=\frac{1}{\sqrt{3}}\times16.3\times\cos(58.7°-30°)+0.2=8.45\ (\mathrm{W})$$

$$Q_A=\frac{1}{\sqrt{3}}S_{ab}\sin(\varphi_{ab}-30°)=\frac{1}{\sqrt{3}}\times16.3\times\sin(58.7°-30°)=4.5\ (\mathrm{VAR})$$

B 相负荷为：

$$P_B=\frac{1}{\sqrt{3}}[S_{ab}\cos(\varphi_{ab}+30°)+S_{bc}\cos(\varphi_{bc}-30°)]+P'_b$$

$$=\frac{1}{\sqrt{3}}\times[16.3\times\cos(58.7°+30°)+16.1\times\cos(59.3°-30°)]+0.2$$

$$=8.33\ (\mathrm{W})$$

$$Q_B=\frac{1}{\sqrt{3}}[S_{ab}\sin(\varphi_{ab}+30°)+S_{bc}\sin(\varphi_{bc}-30°)]$$

$$=\frac{1}{\sqrt{3}}\times[16.3\times\sin(58.7°+30°)+16.1\times\sin(59.3°-30°)]$$

$=13.96\ (\text{VAR})$

显而易见，B 相负荷较大，故只须用 B 相总负荷来进行校验：

$$S_B=\sqrt{P_B^2+Q_B^2}=\sqrt{8.31^2+13.96^2}=16.28\ (\text{VA})<\frac{120}{3}\ (\text{VA})$$

因此，所选 JSJW—10 型互感器满足要求。

由于电压互感器一次绕组电流很小，故熔断器只须按额定电压和开断电流进行选择。根据额定电压选用 RN2—10 型［R—熔断器，N—户内，10—额定电压（kV）］，其额定电压为 10kV，最大切断电流为 50kA，大于 10kV 母线短路电流 $I''=40$kA（见例 9-2），故所选熔断器满足要求。

电气设备的主要选择项目如表 9－14 所示。

表 9－14　　电气设备主要选择项目汇总表

设备名称	一般选择项目				特殊选择项目
	额定电压	额定电流	热稳定	动稳定	
敞露母线	—	$KI_y \geqslant I_{gmax}$ 或 $KI_e \geqslant I_{gmax}$	$S_{min}=\frac{1}{C}\sqrt{Q_d K_f}$ 或 $\frac{I_\infty}{C}\sqrt{t_{dz}K_f}$	$\sigma_y \geqslant \sigma_{max}$	$U_1 \geqslant U_{gmax}$ $l_{max} \leqslant$ 共振允许跨距
电缆	$U_{ymax} \geqslant U_{gmax}$，一般情况采用 $U_e \geqslant U_{ew}$			—	$\Delta U \leqslant 5\%\ U_e$
出线电抗器			$I_r\sqrt{t} \geqslant I_\infty\sqrt{t_{dz}}$	$i_{dw} \geqslant i_{ch}$	$x_{ck}\% \geqslant x_k\%$ $=\left(\frac{I_j}{I''_z}-x'_\Sigma\right)$ $\times\frac{I_{ck}U_j}{I_j U_{ck}}\times 100\%$ $\Delta U \leqslant 5\%\ U_e$ $\Delta U_{cy} \geqslant 60\% \sim 70\%\ U_{ew}$
断路器			$I_r^2 t \geqslant I_\infty^2 t_{dz}$ 或 $I_r^2 t \geqslant Q_d$		$I_{ekd} \geqslant I_z$；$i_{eg} \geqslant i_{ch}$
隔离开关					—
电流互感器			$(K_r I_r)^2 \geqslant I_\infty^2 t_{dz}$	$\sqrt{2}K_d I_e \geqslant i_{ch}$	$S \geqslant \frac{\rho L_{js}}{Z_{e2}-(r_y+r_j+r_e)}$ 瓷套式 $F_y \geqslant F_{js}$
套管			$I_r\sqrt{t} \geqslant I_\infty\sqrt{t_{dz}}$	$F_{ph} \geqslant 1.67F_{js}$ 或 $F_{js} \leqslant 0.6F_{ph}$	—
绝缘子		—	—		—
高压熔断器		— $I_e \geqslant KI_{gmax}$	—	—	$I_{ekd} \geqslant I_{ch}$ 有限流电阻者 $I_{ekd} \geqslant I''$
电压互感器	$1.1U_{e1}>U_1>0.9U_{e1}$	—	—	—	$S_{e2} \geqslant S_e$

电气设备的种类和型式是设备选择的重要内容之一，选择时可根据设备安装地点、使用条件、配电装置的型式、运行和检修经验，以及人们的习惯等多种因素综合确定。

习 题 与 思 考 题

9－1　选择电气设备时，短路计算点应如何选择？试说明选择母线分段断路器时其最大持续工作电流和短路计算点应如何确定？

9－2　当汇流母线上各电源的保护计算时间各不相同时，如图 9－1 中 G_1 和 G_2 的 $t_b=6s$，而主变的 $t_b=5.5s$，应如何计算母线短路时的热效应 Q_d？

9－3　何谓经济电流密度？按经济电流密度选择导体截面后，为何还必须按长期发热允许电流进行校验？

9－4　配电装置的汇流母线为何不按经济电流密度选择导线截面？

9－5　如图 9－16（a）所示接线及参数：

（1）设发电机容量为 25MW，最大负荷利用小时 $T_{max}=6000h$，主保护动作时间 $t_{b1}=0s$，后备保护动作时间 $t_{b2}=4s$，母线垂直布置，相间距离为 700mm，周围环境温度 40 °C，试选择发电机回路母线及断路器 QF。

（2）设 10.5kV 出线最大负荷为 560A，出线保护动作时间 $t_{b3}=1s$，若线路上采用

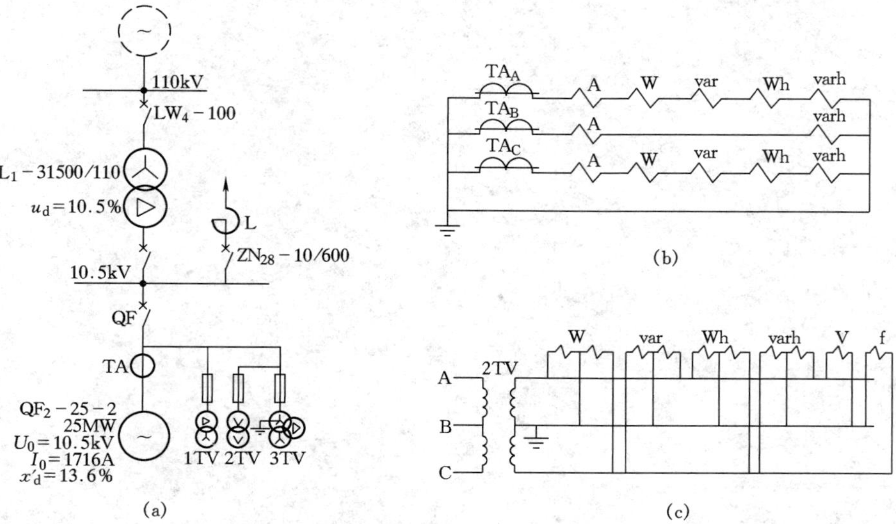

图 9－16　设备选择接线图

ZN_{28}—10 型断路器，选择出线电抗器 L。

（3）设发电机回路装有下列仪表：电流表三只，有功电力表、无功电力表、有功电能表、无功电能表、电压表及频率表各一只，电流及电压互感器接线如图 9－16（b）、（c）所示，互感器距控制室为 60m，试选择电流互感器 TA 及电压互感器 2TV。

第 10 章

电气总布置

【教学要求】 掌握主变场地及电气总体布置的合理确定方式。

10.1 主变场地布置

主变压器是电站和变电站中最重、油量最多的设备之一，且又处于一次接线的纽带地位，其场地布置应着重考虑起吊搬运、防火防爆、进出线方式和通风散热等多方面的问题。此外，其中性点设备与出口避雷器等的布置也应一并考虑。

10.1.1 主变压器的起吊与搬运

目前，220kV 电压等级及以下的发电厂和变电站普遍采用三相油浸式变压器。电压 35kV 及以下电压等级和容量为 6300kVA 以下的变压器一般为整体运输。超过上述电压或容量者，外型尺寸过大，出厂时常卸掉散热器、油枕等附件，但仍带油运输，一般先运抵厂房安装间，利用桥机吊卸，并在完成放油、吊芯检查（对钟罩式为吊盖检查）、附件安装、充油及试验等安装工序后，再经专门的通道搬运就位。可见，厂房桥机要按主变吊重进行校验，桥机吊高还要满足主变吊芯或吊盖高度的要求，否则可在安装间设置主变检修坑（洞）。

主变检修常有以下三种方式：一是拖运至安装间检修；二是就地检修，就地搭设临时性起吊设施，此时无论屋外或屋内布置均应适当增大场地面积和空间范围，室内布置的还要预先埋设吊梁吊环等；三是就近设置变压器检修间。在水电站因有现成的桥机和安装间，应优先选择第一种检修方式。为此，主变要靠近安装间布置，为了利用主厂房的桥机进行起吊检修，要求主变的安装高程最好与安装间高程一致。且至安装间之间设置搬运通道。通道宽度要满足搬运中的变压器至两侧运行中的带电部分的距离不小于 B_1 值。在通道端头要预埋拖运地锚。对电压 110kV 和容量 1000kVA 以上的主变，可酌情采用钢轨运输道，牵引力大为降低（每吨只需 45kg 左右）。

10.1.2　主变的进出线方式

因受地形条件和枢纽建筑物的制约，水电站主变的进出线有时比较复杂，甚至成为影响主变位置的选择和电气总布置的一个制约因素。

10.1.2.1　变压器出线套管的排列规则

对双绕组变压器，站在高压侧看，从左至右为 O、A、B、C、油枕。对侧对应为低压侧的 a、b、c。或站在油枕端看变压器，则左边为高压侧，右边为低压侧，由远至近为 O、A、B、C、油枕。如图 10－1（a）所示。

对三绕组变压器，高压侧与上述相同。中压侧和低压侧套管居同侧，且按中压、低压、油枕的顺序排列，如图 10－1（b）所示。如果变压器两侧电路均有电源，但相序相反，则需将一侧线路倒相，否则不能并列。若两侧电源电路相序相同（或只

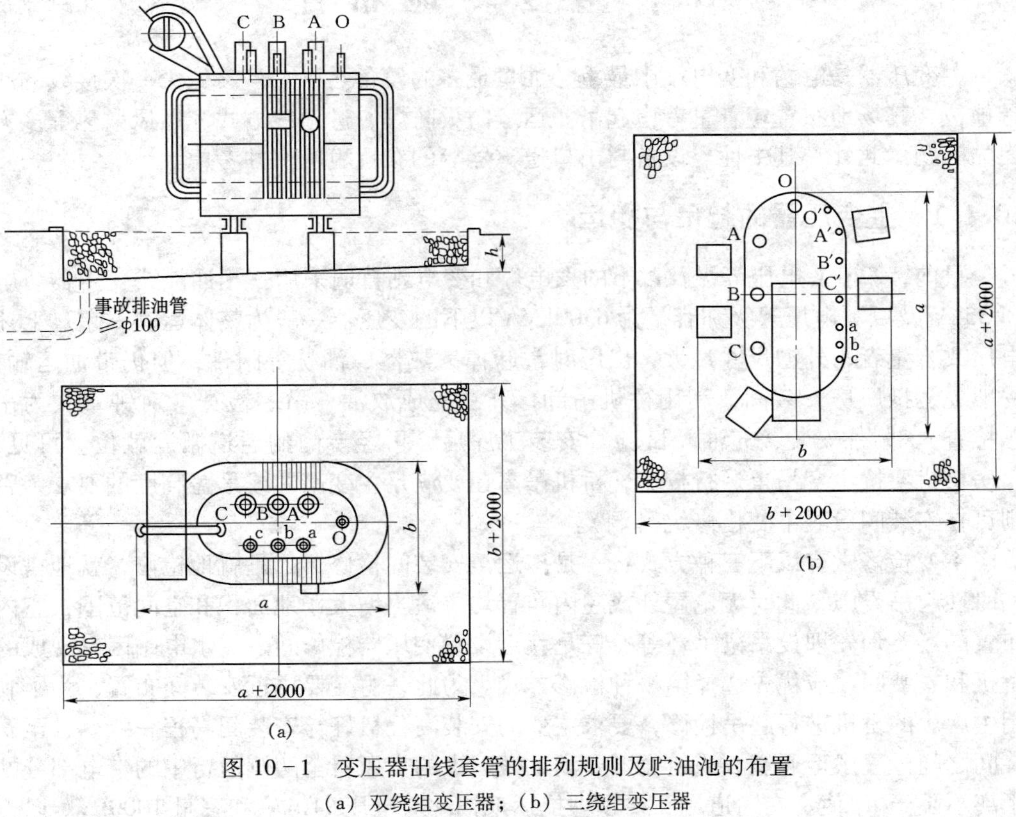

图 10－1　变压器出线套管的排列规则及贮油池的布置

（a）双绕组变压器；（b）三绕组变压器

有单电源)，但与变压器出线套管的相序相反，则可不必倒相，但此时主变压器的接线组别将由 Y，d11 变为 Y，d1，特性相同，但互感器的二次回路需按接线组别相应变动。

10.1.2.2 进出线方式

（1）电缆进（出）线。通常用角钢支架固定电缆头，对多根电缆还要设置小段母线以便接线。该侧不得占据变压器搬运通道，若两侧均采用电缆进线时，变压器只能窄面推进。电缆线路占用空间小，且方便灵活，便于跨越通道和公路等，施工工作量小，缺点是载流量有限，一般并联根数多于 2～3 根时宜改用母线。

（2）硬母线进（出）线。当电路长度不大时，采用硬母线进出线最为方便，电流大小不限，布置线路要尽量减少转弯和错位。接至变压器套管挡要接入母线温度补偿器，以免套管承受母线的温度应力。宽面推进的变压器居搬运通道中的一侧一般不宜采用硬母线。

（3）跳线—架空拉线出线。此出线方式是用架空拉线挂接至变压器附近，再由拉线向变压器出线套管跳线，一般用于变压器高压侧出线。其拉线和跳线均需保证线间距离和 *D* 值的要求。跳线—拉线的具体做法取决于主变和开关站的位置，因而决定于电站的电气总布置。通常的做法有：经变压器门型构架拉出或经电站厂房的墙拉出，但拉线与墙面的角度不应小于 30°。图 10－2 为设置变压器门型构架的出线示意图。图 10－3 为置于坝后和主厂房之间的一台三绕组主变的布置及出线图。

10.1.2.3 主变的防火防爆

防火措施主要不在于着火主变的救灾，而在于其事故排油和隔离，以避免出现火灾的蔓延、扩大，祸及相邻建筑物和邻近主变的设备。

（1）事故排油和储油池。为了防止变压器发生事故时，燃油流失使事故范围扩大，单个油箱的油量在 1000kg 以上的变压器，应设置能容纳 100% 或 20% 油量的储油池或挡油墙，设有容纳 20% 油量的储油池或挡油墙时，应有将油排到安全处，且不应引起污染危害，通常通过储油池底部的排油管迅速将全部油排至安全处。排油管内径的选择应能尽快将油排出，但不应小于 ϕ100mm。当设置有油水分离的总事故储油池时，其容量不应小于最大一个油箱的 60% 油量。储油池和挡油墙的长、宽尺寸，一般较设备外廓尺寸每边相应大 1m。变压器基础应比储油池高 0.1m，储油池四壁应高于屋外场地 0.1m。储油池内铺设厚度不小于 0.25m 的卵石层（卵石直径 0.05～0.08m），储油池底面向排油管侧有不小于 2% 的坡度。

（2）防火隔墙。当变压器着火或防爆玻璃爆破喷油时，应不危及临近变压器或建筑物的安全。因此，主变压器与建筑物的距离不应小于 1.25m，且距变压器 5m 以内的建筑物，在变压器总高度以下及外廓两侧各 3m 的范围内，不应有门、窗和通风

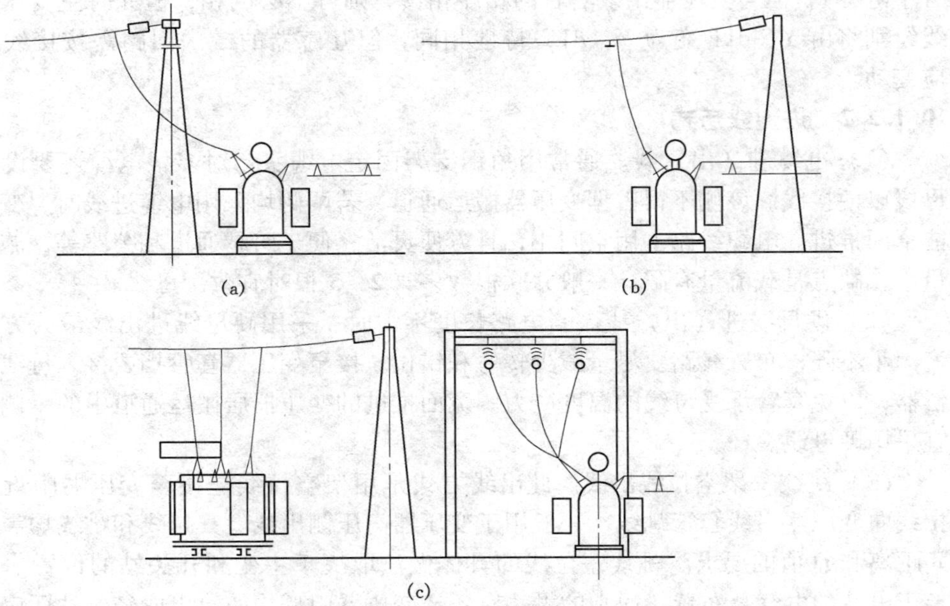

图 10-2 设置变压器门型构架的出线示意图

(a) 前门型构架出线；(b) 后门型构架出线；(c) 侧边门型构架出线

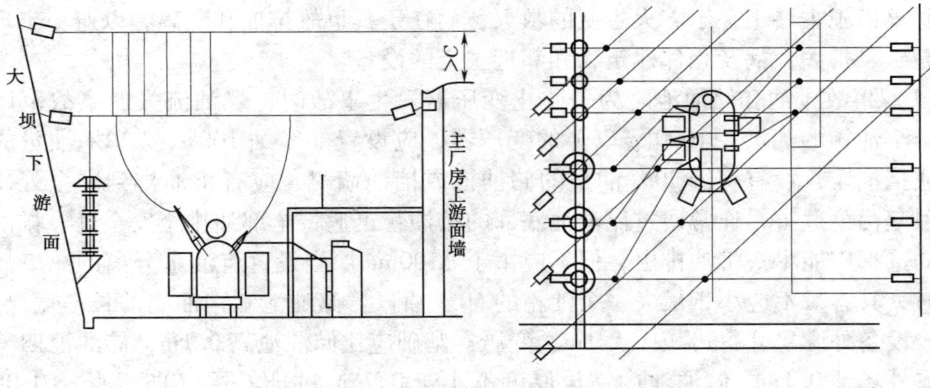

图 10-3 置于坝后与主厂房之间设有中间拉线层的三绕组变压器的布置与出线

口。当变压器的油量超过 2500kg 以上时，两台变压器之间的防火净距不得小于下列数据：

35kV 及以下	5m
63kV	6m
110kV	8m
220kV	10m

如布置有困难应设防火墙。防火墙的高度不宜低于变压器油枕的顶端高程，其长度应大于变压器储油池两侧各1m。若防火墙上设有隔火水幕时，防火墙的高度应比变压器顶盖高出0.5m，长度则不应小于变压器储油池的宽度加0.5m。

10.1.2.4 主变场地的通风散热

变压器的效率很高，但大容量变压器的功率损耗仍属可观，并以热的形式散布于周围空间，屋外的主变压器宜置于开阔通风处。坝后式水电站常将主变置于大坝和主厂房之间，如果再增设一些隔墙，显然对通风散热不利。此外，屋外主变既要增强辐射散热，又要减少日照的影响，外表以灰色漆为好。

屋内布置的主变间应有自然或强迫排风设施，热空气要直接排向屋外，且不得对流返回主厂房内。有的小电站将主变置于安装间旁作半屋外布置，其热量大部分散向主厂房内，加剧了夏天厂房内的高温对运行十分不利。屋内主变不受强日光照射，宜外着黑色漆以加强辐射散热。

10.2 电气总布置

发电厂变电站的电气总布置设计，是全厂、站总布置设计的重要组成部分，科学性强，涉及面广。因此，要和各专业密切配合协调，权衡利弊，通过技术经济比较，选择占地少、投资省、建设快、运行安全经济、管理方便的总布置方案。

水电站的总体布置受地形、地质条件和水利枢纽及其他建筑物的限制，一般不能采用标准的布置方案，不同的水电站，随着这些条件的不同，采用的布置方案也不同。

10.2.1 电气总布置的原则

（1）缩短发电机、开关室、主变压器和开关站之间的连接线。电气总布置首先应满足电气主接线所表明的生产顺序要求，应使设备相互靠近，布置紧凑，这样既可减少电能损耗，缩短连接导线和电缆的长度，使电缆敷设方便，又可以减少事故和故障几率；同时，便于设备的正常维护巡视和定期检修。即使事故发生也能及时处理，不使事故扩大。

（2）为保证大型设备（如发电机、变压器等）的运输、安装和检修的方便，尽量缩短运输距离。要求主厂房、中控室、主变压器和开关站之间交通方便。并使主变压器、发电机与主厂房的安装间在同一高程，以便于运行维护和检修。

(3) 尽量减少电气设备及其连线与水力机械设备及管路的交叉和干扰。

(4) 保证进线和出线方便，尽可能减少架空导线交叉。

(5) 远近期结合，留有发展余地。总电气布置应按批准的规划容量进行设计，并留有发展余地。规划容量偏大或偏小，都将导致总平面布置的不合理。偏大造成浪费，偏小则将使布置拥挤混乱，影响安全运行，产生不良后果。要妥善处理好分期建设。初期建筑集中布置以便于分期购地和利于扩建，减少前、后期工程在施工和运行上的相互影响。初期工程要为后期工程创造较好的施工条件，后期工程施工要尽量避免影响运行。

(6) 布置紧凑合理，尽量节约用地。各设备宜集中布置，减少占地面积，充分合理地利用空间。并注意利用荒地、劣地、坡地，少占或不占农田。在地形条件狭窄的工程，可将控制楼、通信楼、试验室、检修间等功能相近或互有联系的电工建构筑物采用多层联合布置。

(7) 结合地形地质，因地制宜布置：

1) 依据不同的自然地形，确定各级配电装置的型式及其相互间的平面组合，选择合理的布置位置。在此基础上，灵活布置附属设施及站前建构筑物。

2) 高压配电装置等主要建构筑物，要尽量沿自然等高线布置，以减少土石方工程量，避免高填深挖和减少基础埋设深度，便于场地排水。

3) 山区发电厂、变电站的主要建构筑物，不宜紧靠山坡，否则应有防止塌方而危及电气设备和建构筑物的有效措施。屋内配电装置，主控楼、主变压器、并联电抗器、调相机等主要建构筑物及大型设备，应布置在土质均匀、地基承载力较大的地段。要避开断层、溶洞，以及可能发生滑坡、崩塌等不良地质构造的地段。还要尽量不破坏山体的自然地貌，以保证山体固有的平衡，减少不安全因素。

(8) 符合防火规定，预防火灾和爆炸事故。为确保发电厂、变电站的长期安全运行，建构筑物布置要严格执行《建筑设计防火规范》的有关规定。道路设计要考虑消防车的通行，使消防车能迅速达到火灾地点，及时扑灭电工建筑物区内的火灾。

10.2.2 电气总布置

10.2.2.1 中控室的位置确定基本要求

中控室是发电厂、变电站操作和监视的中心地点，其位置确定应满足的基本要求是：

(1) 值班人员有良好的环境（噪声干扰和静电感应小，有较好的防潮、通风和采光），有利于安静和专心地工作。

（2）便于监视屋外配电装置，有利于值班人员与各级电压配电装置和主要车间联系，以便迅速进行各种操作。

（3）尽可能缩短中控室与配电装置、机组间联系的控制电缆长度。

10.2.2.2 中控室的布置方式

中控室的布置应满足位置确定的基本要求，下面以水电站为例，介绍中控室的布置方式。中控室一般紧靠主厂房上游、下游或一端布置。

（1）中控室布置在主厂房上游侧副厂房的中间位置，可使中控室到各发电机的距离最近，对机组的巡视和与主厂房运行人员联系方便，一般还能节约电缆投资。

（2）中控室布置在主厂房一端，自然采光和通风条件较好，能适应电站分期建设的要求，同时易于使中控室处于主厂房和升压站的适中位置，对地形陡峻的电站可减少开挖量。

（3）中控室布置在尾水平台以上，距发电机近，并能节省控制电缆，低水头河床式电站尾水平台宽，可供布置，但中控室低于最高尾水位时，下游墙面不能开窗，对采光和通风不利，且尾水管振动较大，对中控室的影响比中控室布置在主厂房上游侧手进水钢管振动的影响大。

一般当机组台数不多时，可将中控室布置在主厂房一端；机组台数较多（例如4台及以上），尤其是单机容量又较大时，最好能将中控室布置在主厂房上游侧，也可布置在下游侧。究竟采用那种布置方式，要结合电站的具体情况，通过全面的分析比较而定。

10.2.2.3 配电装置位置确定

发电机电压配电装置一般采用屋内成套配电装置即高压开关柜。通常布置在发电机开关室内，发电机开关室应尽量靠近发电机，且最好与中控室等布置在与发电机层相同高程的副厂房内，常在开关室和中控室下统一设一层净高约 2 ~ 3m 的电缆层，布置开关室的进出线和中控室的进出控制电缆。如系发电机—变压器单元或扩大单元接线时，还可按单元或扩大单元分散设置开关室，这样可使开关室分别靠近相应单元的发电机，可缩短发电机连接线；并有利于按扩大单元分期施工和分区维护运行；而且清晰对称，可减少误操作的可能性；尤其便于将中控室布置在副厂房的中间位置。

10.2.2.4 电缆构筑物的确定

常用电缆构筑物有电缆隧道、电缆夹层、电缆沟、电缆竖井等。电缆隧道和电缆沟的结构如图 10 - 4 所示。电缆构筑物的选择取决于发电厂、变电站各电工建筑物的布置以及机组容量大小、结构型式等。各发电厂和变电站电缆构筑物的选择各不相同。

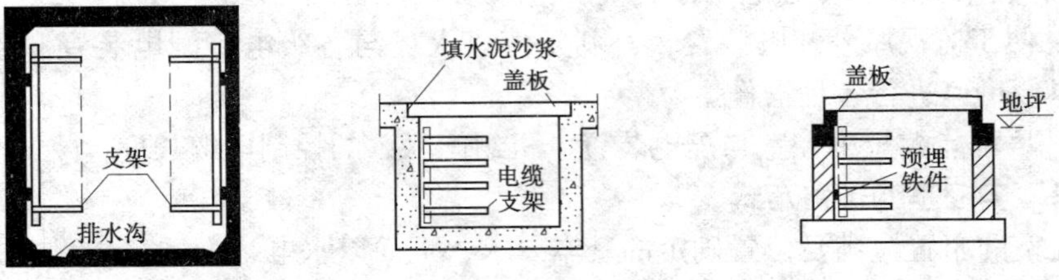

(a)　(b)　(c)

图 10-4　电缆隧道和电缆沟结构示意图
(a) 电缆隧道；(b) 屋内电缆沟；(c) 屋外电缆沟

(1) 在发电厂、变电站中屋内电缆敷设主要采用电缆沟。当属于下列情况时采用电缆隧道：①同一通道的地下电缆数量众多，电缆沟不足以容纳时；②同一通道电缆数量较多，且位于有腐蚀性液体或经常有地面水流溢的场所；③含有 35kV 以上高压电缆，或穿越公路、铁路等地段。若屋内中控室，继电保护室，高、低压开关室为分层布置，在中控室、继电保护室或高、低压开关室等有多根电缆汇聚的下部，应设有电缆夹层。电缆夹层净高一般在 2～3m 之间，过高和过低都不便于电缆作业。

(2) 屋外配电装置的主要电缆通道，宜采用电缆沟，当电缆数量多，电缆沟不足以容纳时，则采用电缆隧道。

(3) 垂直走向的电缆，宜沿墙、柱敷设，当数量较多，或含有 35kV 以上高压电缆时，应采用电缆竖井。

(4) 立式机组的发电机层楼板下通常采用电缆吊架或桥架，吊桥架最低层离地面距离不应低于 2m。

(5) 其他分散的电缆，由于电缆根数较少，可根据实际情况采用直埋、穿管、架空敷设等方式。

无论电缆构筑物采用那种型式，均应采取措施防止水、小动物进入构筑物内，并有防止电缆着火延燃的措施。

10.2.2.5　电缆走向

电缆的起、止点及其所经路线叫做电缆走向或电缆走线。从整体看，电缆走向有集中走线和分散走线两种方式。电缆两端所接电气设备的位置各不相同，但若将设备按所在位置分片，众多的电缆常有大致相同的走向。为了节约电缆的基础工程，并简化电缆布置，常将两片之间的电缆在片间按同一方向集中走线，而在各片场地内部按设备的不同位置分散走线。

发电厂、变电站厂房结构复杂，电缆走线要与厂房结构和枢纽布置紧密结合，还要处理好大量与机电设备、管路、母线等的相互干扰问题。合理的电缆走向设计可以节约大量的电缆及其基础工程费用，并且便于电缆的维护和检修，取得良好的技术经济效果。

10.2.2.6 升压站位置确定

在地形条件允许的情况下，开关站应尽量与主变压器布置在一起，成为升压站；升压站位置的选择同样必须紧密结合电站的型式、地形和地质等具体条件。升压站布置时应尽量靠近主厂房以缩短升压站与主厂房之间的连接线，并便于运行人员经常巡视。若主变压器和开关站分开布置，应使开关站尽量靠近主变压器和主厂房，以缩短主变压器和开关站之间的连接线。升压站或开关站应有公路相通，以便于设备搬运，此外，在选择升压站或开关站位置时，应考虑进线和出线的方便。

10.2.3 电气总布置实例

10.2.3.1 引水式电站的电气总布置

如图 10－5 所示为一引水式电站，电站厂房位于某河流左岸，电站装机容量为 2×3200kW，机组为卧式机组，出线两回，出线电压等级为 35kV，发电机电压侧为单元接线，35kV 侧为单母线接线，主变为两台双绕组变压器，容量均为 4000kVA。发电机电压配电装置和 35kV 配电装置均采用屋内成套配电装置，6kV 采用固定式高压开关柜，35kV 采用手车式高压开关柜。电站的主、副厂房和升压站均布置在同一高程。6kV 高压开关室和厂房值班室布置在主厂房机组段的左侧；中控室、35kV 高压开关室和升压站依次布置在主厂房下游段。厂房安装间布置在机组段的上游侧。该电站布置较为紧凑，巡视检查方便。由于地形条件的限制，中控室、35kV 高压开关室和升压站距厂房安装间较远，且运输不是很方便。发电机出线只能采用电缆，且电缆的走向较长。

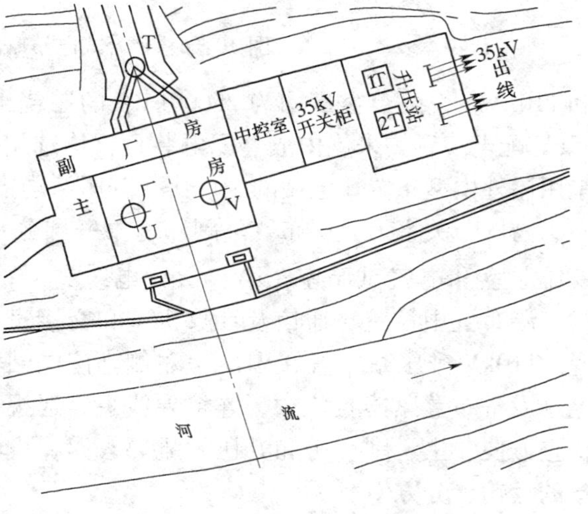

图 10－5 引水式电站厂区电气总布置

10.2.3.2 混合式电站的电气总布置

如图 10－6 所示，该电站厂房位于某河右岸坡上，电站为混合式电站，有库容，可进行日调节。电站装机容量为 2×8000kW，出线三回，出线电压等级分别为 35kV

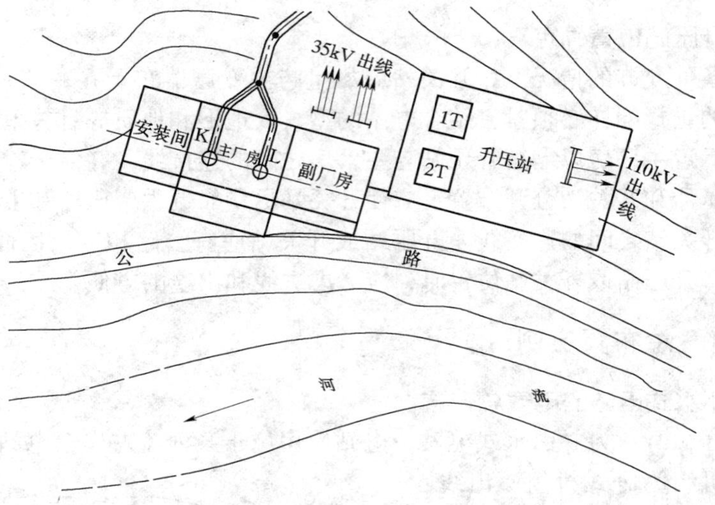

图 10－6 混合式电站厂区电气总布置

和 110kV，设两台容量均为 25000kVA 的三绕组变压器。其发电机电压配电装置和 35kV 配电装置均采屋内成套配电装置，均选用手车式高压开关柜；110kV 配电装置采用屋外中型布置。电站的副厂房，升压站均集中布置在主厂房的上游段。其中中控室、高压开关室为分层布置。副厂房第一层分别布置 6kV、35kV 高压开关室、自用变压器室和电气试验室；第二层为电缆夹层；第三层布置中控室、通信及计算机室和交接班室。110kV 升压站布置在副厂房左侧。该电站电气设备布置紧凑且集中，连接导线短，巡视检查方便。主、副厂房和升压站毗邻公路，设备的运输十分方便。

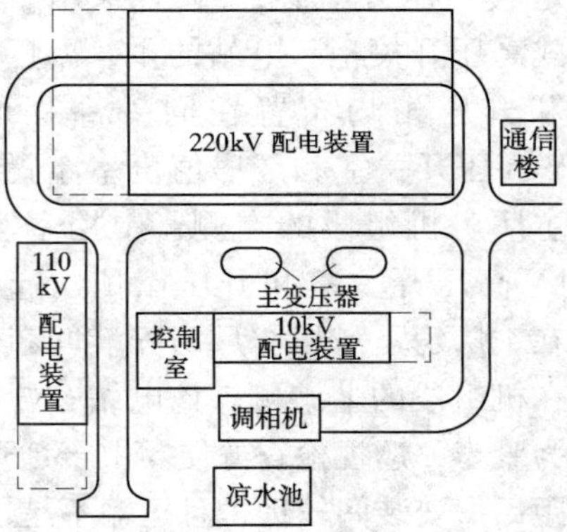

图 10－7 220kV 变电站电气总布置

10.2.3.3 变电站电气总布置

变电站主要由屋内、屋外配电装置、主变压器、控制室以及辅助设施等组成。在 220kV 变电站中常设有调相机室。变电站的电气总布置应根据城市规划、交通和水源等外界条件，依据配电装置的电压等级、出线方向和方式，出线走廊的条件、地形情况等因素，并满足防火及环境保护要求，因地制宜地进行设计。图 10－7 为 220kV 变电站的电气总布置。

习题与思考题

10－1　主变压器的布置应注意哪几方面的实际问题？变压器的推进方式与出线方式有何关系？

10－2　电气总布置的原则有哪些？

10－3　中控室位置确定的基本要求有哪些？如何选择中控室的位置？

10－4　电缆构筑物有哪些型式？如何确定电缆构筑物？

10－5　电气设备位置确定以后，电缆走向有何重要意义？

附录　高压断路器、高压隔离开关、高压熔断器、高压电流互感器的技术数据

附表 1　　**常用高压断路器的技术数据**

型号	额定电压（kV）	额定电流（A）	断流容量（MVA）	额定开断电流（kA）	极限通过电流（kA）	最大关合电流峰值（kA）
SN10—10Ⅰ/630	10	630	300；200（6kV）	16	40	40
SN10—10Ⅰ/1000	10	1000	300；200（6kV）	16	40	40
SN10—10Ⅱ/1000	10	1000	500；300（6kV）	31.5	80	80
SN10—10Ⅲ/1250	10	1250	750；500（6kV）	43.3	130	125
SN10—10Ⅲ/2000	10	2000	750；500（6kV）	43.3	130	125
SN10—10Ⅲ/3000	10	3000	750；500（6kV）	43.3	130	125
DW5—10	10	50；100	30	1.8	7.4	
DW5—10G		200	50	2.9		
DW8—35	35	1000	1000	16.5	41	
DW12—35	35	1600				
DW6—35	35	400	350 400	5.8 6.6	19	
SN10—35	35	1000	1000	16	40	40
SW2—35Ⅰ SW2—35Ⅱ* SW2—35ⅡC	35	1500	1500	24.8	63.4	
SW6—110GA	110	1200	4000	21	55	

型号	热稳电流（kA）	固有分闸时间（s）	合闸时间（s）	三相油重（kg）	总重（kg）	配用操动机构型号
SN10—10Ⅰ/630	16（2s）	≤0.06	≤0.2	6	106	CD10Ⅰ；CT7；CT8
SN10—10Ⅰ/1000	16（2s）	≤0.06	≤0.2	6	106	CD10Ⅰ；CT7；CT8
SN10—10Ⅱ/1000	31.5（2s）	≤0.06	≤0.2	8	128	CD10Ⅱ；CT7；CT8
SN10—10Ⅲ/1250	43.3（2s）	≤0.06	≤0.2	9	144	CD10Ⅱ
SN10—10Ⅲ/2000	43.3（2s）	≤0.06	≤0.2	13	183	CD10Ⅲ
SN10—10Ⅲ/3000	43.3（2s）	≤0.06	≤0.2	13	203	CD10Ⅲ
DW5—10	4.2（1s）； 2.9（5s）			60	210	
DW5—10G						

续表

型 号	热稳电流（kA）	固有分闸时间（s）	合闸时间（s）	三相油重（kg）	总重（kg）	配用操动机构型号
DW8—35	16.5（4s）	≤0.07	≤0.3	380	1470	CD11—X
DW12—35		≤0.06	≤0.25			
DW6—35	11（1s）；6.6（4s）	≤0.1	≤0.27	360	1420	CS2；CD10
SN10—35	16（4s）	≤0.06	≤0.25	15	255	CD10
SW2—35 Ⅰ SW2—35 Ⅱ * SW2—35 ⅡC	24.8（4s）			100	1200	CD3—XG； CT2—XGⅡ
SW6—110GA	21（45）	≤0.05	≤0.2	300	2160	CY3

* SW2—35 型断路器Ⅰ型不带电流互感器；Ⅱ型带电流互感器；ⅡC 型带电流互感器且为手车式。

附表 2　　高压隔离开关的技术数据

型 号	额定电压（kV）	额定电流（kA）	极限通过电流峰值（kA）	5s 热稳电流（kA）	操动机构型号
GN6—6T/200；GN8—6T/200 GN6—6T/400；GN8—6T/400 GN6—6T/600；GN8—6T/600	6	200 400 600	25.5 40 52	10 14 20	CS6—1T （CS6—1）
GN6—10T/200；GN8—10T/200 GN6—10T/400；GN8—10T/400 GN6—10T/600；GN8—10T/600 GN6—10T/1000；GN8—10T/1000	10	200 400 600 1000	25.5 40 52 75	10 14 20 30	CS6—1T （CS6—1）
GN2—10/2000 GN2—10/3000	10	2000 3000	85 100	51 70	CS6—2 CS7
GN2—35T/400 GN2—35T/600 GN2—35T/1000	35	400 600 1000	52 64 70	14 25 27.5	CS6—2T
GW4—35；	35	600 1000	50 80	15.8（4s） 23.7（4s）	CS11G
GW4—35D		2000	104	46（4s）	CS8—6D
GW5—35G；GW5—35GD	35	600 1000	72 83	16（4s） 25（4s）	CS17
GW8—35	35	400			CS8—5

附表 3 高压熔断器的技术数据

产品型号	额定电压（kV）	额定电流范围（A）	最大切断电流（kA）	最大切断容量（MVA）	切断极限短路电流最大峰值（kA）	参考价格（元）
RN1—6	6	2、3、5、7.5、10、15、20	20	≥200	5.2	30
		30、40、50、75	20	≥200	14	30
		100	20	≥200	19	40
		150、200、300	20	≥200	25	40
RN1—10	10	2、3、5、7.5、10、15、20	12	≥200	4.5	30
		30、40、50	12	≥200	8.6	30
		75、100	12	≥200	15.5	40
		150、200	12	≥200	—	75
RN2—10	3	0.5	100	≥500	160	28
	6	0.5	85	≥1000	300	28
	10	0.5	50	≥1000	1000	18
RW3—10	10	3、5、7.5、10、15、20、25、30	—	30≤S≤100	—	35～65
RW3—10	10	40、50、60、75、100、150、200				140～177
RW4—10/50	10	3～50	—	5≤S≤100	—	45～73
RW4—10/100	10	30～100	—	10≤S≤200	—	45～73
RW7—10/50—75	10	50	—	10≤S≤75	—	
RW7—10/100—100		100	—	30≤S≤100	—	
RW7—10/200—100		200	—	30≤S≤100	—	
RW7—10/50—75GY		50	—	10≤S≤75	—	
RW7—10/10—100GY		10	—	30≤S≤100	—	
RW1—35	35	0.5、3、5、7、10、15、20、25、30、40、50、75、100		≥400	8	390 元/组
RW10—35/0.5	35	0.5（保护电压互感器）		≥2000		130 元/台
RW10—35/2		2（以下保护电力线路）		≥600		
RW10—35/3		3		≥600		
RW10—35/5		5		≥600		
RW10—35/7.5		7.5		≥600		
RW10—35/10		10		≥600		
RW5—35/50	35	50		≥200		160
RW5—35/100	35	100		≥400		160

附表 4　　高压电流互感器的技术数据

型　号	额定一次电流（A）	准确度等级	额定二次负荷（Ω） 0.5 级	1 级	3 级	10%倍数	1s 热稳定（倍）	动稳定（倍）	参考价格（元）
LA—10	5～200	0.5	0.4			<10	90	160	230
		1		0.4		<10			
		3			0.6	≥10			
	300～400	0.5	0.4			<10	75	135	
		1		0.4		<10			
		3			0.6	≥10			
	500	0.5	0.4			<10	60	110	
		1		0.4		<10			
		3			0.6	≥10			
	600～1000	0.5	0.4			<10	50	90	
		1		0.4		<10			
		3			0.6	≥10			

型　号	额定一次电流（A）	准确度等级	额定二次负荷（Ω） 0.5 级	1 级	D 级	10%倍数	1s 热稳定（倍）	动稳定（倍）	参考价格（元）
LAJ—10	20～200	0.5	1			<10	120	215	230～255
		1		1		<10			
		D			1.2	≥15			
	300，400，500，600，800	0.5	1			<10	100～50	180～90	
		1		1		<10			
		D			1.2	≥15（10）			
LDZJ1—10	300 400 500	0.5	0.8			<10	75	135	230～270
		1		1		<10			
		D			1.2	≥15			
	600，800，1000，1200，1500	0.5	1.2			<10	50	90	
		1		1.6		<10			
		D			1.6	≥15			
LDZ1—10	300,400,500,600,800,1000	0.5	0.4			<10	80～50	140～90	210～225
		1		0.6	0.6	≥15			
LMZ1—10	2000 3000	0.5	1.6			<10			320
		1		2.4		<10			
		D			2	≥10			
LFZ2—10	20～400	0.5	0.4				120(5～200A)	210(5～200A)	220
		3		0.6		10	80(300A,400A)	160(300A,400A)	

续表

型号	额定一次电流（A）	准确度等级	额定二次负荷（Ω）0.5级	额定二次负荷（Ω）1级	额定二次负荷（Ω）D级	10%倍数	1s热稳定（倍）	动稳定（倍）	参考价格（元）
LFZD2—10	75～400	0.5 D	0.8		1.2	15	120(5～200A) 80(300A,400A)	210(5～200A) 160(300A,400A)	230
LQJ—10	5～100 150～400	0.5/3 0.5/3	0.4 0.4		1.2（3级） 1.2（3级）	6/10 6/10	90 75	225 160	220
LQJC—10	150～400	0.5/C 1/C	0.4	0.4	1.2 0.6	6/15	65～70	150	270
LZJC—10 LZJC—10A	5～400 600～800 1000	0.5 3 C	0.4 0.6	0.6 0.8	0.6 1.2		75 50 50	150 100 90	238

型号	额定一次电流（A）	准确度等级	额定二次负荷（Ω）0.5级	额定二次负荷（Ω）1级	额定二次负荷（Ω）3级	额定二次负荷（Ω）D级	10%倍数	1s热稳定（倍）	动稳定（倍）	参考价格（元）
LCW—35	15～1000	0.5 3	2	4	2		28 5	65	100	1400
LCWD—35	15～1000	D 0.5	1.2	1.2 3	3	0.8	35 35	65	150	1500

型号	额定一次电流（A）	出头连接	电流比	额定二次负荷（Ω）0.5级	额定二次负荷（Ω）1级	额定二次负荷（Ω）3级	额定二次负荷（Ω）10级	互感器接法	参考价格（元）
LR—35	50～150	A—B A—C	50/5 75/5	低于10级				两台互感器并联	65
		A—D	100/5				0.8		
		A—E	150/5				0.8	两台互感器串联或单独使用	
	100～300	A—B	100/5				0.8	两台互感器并联	
		A—C A—D A—E	150/5 200/5 300/5			 0.8	0.8 1 3	两台互感器并联或单独使用	
	200～600	A—B A—C A—D A—E	200/5 300/5 400/5 600/5		 0.6	 0.8 1.2 3	1 3 4 	两台互感器串联或单独使用	

参 考 文 献

1 尹厚丰，应明耕．水电站电气设备．北京：中国水利水电出版社，1996
2 朱英浩．新编变压器实用技术问答．沈阳：辽宁科学技术出版社，1999
3 华北电业管理局．变电运行技术问答．北京：中国电力出版社，1976
4 刘光源．电工类实用手册大系 实用维修电工手册（第二版）．上海：上海科学技术出版社，1993
5 金续曾．实用电气控制线路图册．第2版．北京：中国电力出版社，1999
6 曾祥富．电工技能与训练．北京：高等教育出版社，2001
7 于长顺．发电厂电气设备．北京：水利电力出版社，1991
8 虞放．电气一次设备运行与维修．第2版．南京：河海大学出版社，1991
9 上海市电子电器技术学会．常用高低压电器手册．上海：上海科学技术出版社，1992
10 《电工手册》编写组．电工手册．第3版．上海：上海科学技术出版社出版，1994
11 水利电力部西北电力设计院．电力工程电气设计手册．电气一次部分．北京：水利电力出版社，1989
12 水电站机电设计手册编写组．水电站机电设计手册．电气一次．北京：水利电力出版社，1982
13 宗士杰．发电厂电气设备及运行．北京：中国电力出版社，2003
14 强尧臣．小型水电站机电设计手册．北京：中国电力出版社，1996
15 许建安．中小型水电站电气设计手册．北京：中国水利水电出版社，2002
16 西北电力设计院．电力工程设计手册．第1册．北京：水利电力出版社，1994
17 焦留成主编．供配电设计手册．北京：中国计划出版社，1999
18 林莘主编．现代高压电器技术．第2版．北京：机械工业出版社，2002
19 陈慈萱主编．电力工程基础．北京：中国电力出版社，2003
20 吴希在主编．电力工程．武汉：华中理工大学出版社，2003